普通高等教育"十二五"规划教材

河南科技大学教材出版基金项目

U0062433

Visual FoxPro 程序设计教程

王爱珍　范伊红　主　编

石　静　张兵利　聂世群　副主编

普杰信　主　审

电子工业出版社

Publishing House of Electronics Industry

北京·BEIJING

内 容 简 介

本书依据教育部《关于进一步加强高等学校计算机基础教学的意见暨计算机基础教学基本要求》和计算机等级考试（二级 Visual FoxPro）考试大纲编写，按照循序渐进的科学原则组织内容。知识体系完整、结构清晰、叙述简洁、例题典型丰富，可操作性强。学习本书能够掌握使用 Visual FoxPro 开发可视化数据库应用程序的技术，有益于科学合理地进行数据管理。

本书内容分为四部分，第一部分介绍数据库系统基础知识，第二部分介绍 Visual FoxPro 语言基础、表文件操作和数据库操作，第三部分介绍结构化查询语言——SQL，第四部分介绍 Visual FoxPro 程序设计基础、可视化编程和数据库应用系统开发实例。

本书不仅提供所有例题和开发实例的源代码、所有习题的电子版参考答案、电子课件，还提供具有自主学习、辅导答疑、提交作业及实验报告、自动考试、自动判卷和自动产生成绩单等功能的网络教学平台。

本书适合作为高等学校非计算机专业数据库技术类课程的教材，也可作为全国计算机等级考试的培训教材，同时也是计算机程序设计人员的参考书。

图书在版编目（CIP）数据

Visual FoxPro 程序设计教程/王爱珍，范伊红主编. —北京：电子工业出版社，2013.8

普通高等教育"十二五"规划教材

ISBN 978-7-121-21106-5

Ⅰ. ①V… Ⅱ. ①王… ②范… Ⅲ. ①关系数据库系统－程序设计－高等学校－教材 Ⅳ. ①TP311.138

中国版本图书馆 CIP 数据核字（2013）第 174531 号

策划编辑：袁　玺
责任编辑：郝黎明　　文字编辑：裴　杰
印　　刷：北京京师印务有限公司
装　　订：北京京师印务有限公司
出版发行：电子工业出版社
　　　　　北京市海淀区万寿路 173 信箱　邮编　100036
开　　本：787×1 092　1/16　印张：16.5　字数：422.4 千字
印　　次：2013 年 8 月第 1 次印刷
定　　价：33.00 元

前　言

Visual FoxPro 是 Microsoft 公司推出的一款优秀的可视化数据库编程工具，具有开发工具完备丰富、网络及数据库支持、多媒体及图形化操作等特点，界面友好，功能强大。其数据库建立和维护功能是许多高级语言所没有的，其应用程序开发技术具有可视化的特征。可以使用 Visual FoxPro 数据管理功能，创建和维护数据库，可以使用 Visual FoxPro 的面向对象编程方法，快速设计、开发先进的可视化数据库应用系统。

本书依据教育部《关于进一步加强高等学校计算机基础教学的意见暨计算机基础教学基本要求》和计算机等级考试（二级 Visual FoxPro）的考试大纲编写，按照循序渐进的科学原则组织内容，知识体系完整、结构清晰、叙述简洁、例题典型丰富、可操作性强。

本书通过在第 1 章专门介绍数据库设计、在第 4 章把数据库和视图整合为一章等方法介绍数据库，强化了数据库的概念，突出了数据库在数据库管理系统的中心地位。在结构化查询语言——SQL、Visual FoxPro 程序设计基础和可视化程序设计各章中都围绕第 4 章"学生成绩管理数据库"设计例题，使这些章节浑然一体，突出了数据库管理系统（DBMS）在数据系统中的核心地位。通过小型数据库应用程序开发方法与开发实例介绍，理出了应用程序开发的头绪，给出了使用项目管理器把数据库、表单、报表、菜单等各类分离的文件组织成一个有机的整体，并通过连编、发布和安装生成应用软件的方法，具有较强的实用性。

全书共分 8 章，分别介绍数据库系统基础知识、Visual FoxPro 语言基础、Visual FoxPro 表文件操作、Visual FoxPro 数据库操作、结构化查询语言——SQL、Visual FoxPro 程序设计基础、可视化程序设计和小型数据库应用程序开发方法和开发实例。

本书由长期从事一线教学的教师和具有 Visual FoxPro 实际项目编程经验的工程技术人员编写，获得了河南科技大学教材出版基金项目的资助。全书由普杰信教授负责主审，王爱珍、范伊红担任主编，石静、张兵利、聂世群担任副主编。王爱珍编写了第 1 章的 1.1～1.5 节、第 4 章、第 5 章；聂世群编写了第 1 章的 1.6 节及习题、第 2 章；石静编写了第 3 章；张兵利编写了第 6 章；范伊红编写了第 7 章李敏编写了第 2、3、4 章的习题。湖北工业大学杨桦参加了第 4、5 章数据库的设计及调试工作，洛阳市教育局装备与实验管理中心李九红参加了第 6 章 SQL 代码的调试工作，太极计算机股份有限公司王耀辉参加了第 7、8 章程序的调试工作。

在本书的编写过程中，参阅并引用了诸多同行的文献资料，在此向他们致意。

由于作者学术水平有限，书中错误和不妥之处在所难免，敬请读者批评指正。

编　者

2013 年 7 月

目　　录

第1章 Visual FoxPro 基础

数据库技术正广泛应用于政府、研究机构和企业管理等诸多领域。以关系模型为基础的 Visual FoxPro 数据库管理系统作为数据库技术的普及软件之一，具有一整套功能强大的数据处理命令、性能完善的编程语言、先进的可视化编程技术，应用十分广泛。

1.1 数据库技术的产生与发展

20 世纪 50 年代至今，随着计算机软硬件的不断发展、数据处理软件的不断出现，数据处理技术经历了由低级到高级、由简单到逐步完善的发展历程。数据处理的核心是数据管理，数据管理的发展分为人工管理、文件系统、数据库系统和网络化数据库系统 4 个阶段。

1.1.1 人工管理阶段

20 世纪 50 年代中期以前，由于硬件方面没有磁盘之类的可以随机访问、直接存取的外部存储设备，软件方面没有数据库管理系统，数据不便保存和管理。数据处理主要有人工完成。这个阶段数据管理存在以下问题：

① 由应用程序自身解决数据的逻辑结构、物理结构、输入和输出，原始数据和处理结果不能保存。

② 数据与程序为一个整体，数据不具有独立性，应用程序的设计及维护负担繁重。

③ 一个程序中的数据不能被其他程序使用，不能共享，数据冗余度大。

1.1.2 文件管理阶段

20 世纪 60 年代末至 70 年代，计算机软、硬件技术快速发展，计算机应用拓展到了非数值数据处理的领域。硬件方面有了磁盘等大容量的存储设备，软件方面出现了操作系统，FORTRAN、BASIC 等高级语言，数据与程序均可以文件形式保存在存储设备上，故称为文件管理阶段。例如，可以在文本编辑器中输入数据，并以 .dat 类型文件单独存储，使用程序对数据文件进行打开、读/写和关闭等各种处理操作。

与人工管理阶段相比，文件系统管理数据的效率和数量都有了很大提高。这个阶段数据管理的特点如下：

① 数据能够长期保存、维护和查询。

② 数据和程序具有一定的独立性，但其间存在着一对一的关系，任何一方的改变都要求另一方进行相应改变，不利于系统扩充、移植和推广。

③ 由于数据文件和程序文件存在一对一关系，不同程序间数据文件不能共享，数据文件中的数据仍然存在着大量的重复，冗余度高，容易导致数据不一致性。

文件系统最大的缺点就是不能解决数据冗余和数据独立性问题。

1.1.3 数据库系统阶段

为提高数据的共享性、一致性和完整性，降低冗余度，人们开始研究怎样合理组织数据结构、集中统一管理数据，数据处理的专门软件——数据库管理系统应运而生。

数据库管理系统的核心是将应用程序需要的数据组织成数据库统一管理，用户在数据库管理系统的支持下，围绕数据库开发各种数据处理应用程序，产生各种决策信息，这种技术称为数据库技术。20 世纪 80 年代开始，计算机处理能力不断增强，硬件价格不断下降，性价比不断提高，计算机应用迅速普及，数据库管理系统软件的使用越来越普遍，特别在管理领域更为突出。Visual FoxPro 是应用最广泛的数据库管理系统软件之一。

数据库管理系统利用操作系统提供的输入/输出控制和文件访问接口，为用户提供了大量的数据存储和维护命令。

用户在安装了数据库管理系统软件的计算机系统上开发数据处理应用程序。数据库系统的结构如图 1-1 所示。

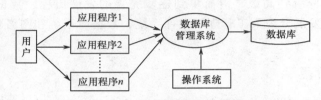

图 1-1　数据库系统阶段示意图

数据库系统阶段的主要特点：

① **数据结构化**。采用特定的数据模型，把数据存储于有一定结构的数据库文件中，实现了数据的独立和集中管理。

② **数据共享性高**。数据库中的数据能被多个应用程序共享、为多个用户服务。

③ **数据独立性高**。用户的应用程序与数据的逻辑结构及数据的物理存储方式无关，减少了应用程序维护和修改的成本。

④ **数据冗余度低**。数据之间能够建立一定的联系，可以减少数据的冗余。

⑤ **数据统一控制**。数据库管理系统提供了各种控制功能，包括数据的并发控制、安全性控制和完整性约束，可以防止多用户同时访问数据时产生数据不一致性，能够防止非法用户存取数据，可以保证数据的正确性和有效性。

这一阶段的数据库系统存放于一台计算机中，由服务器统一管理和运行，属于服务器/客户端（C/S）体系结构。

1.1.4 网络化阶段

随着计算机网络的普及，数据库技术由 C/S 体系结构发展到浏览器/服务器（B/S）体系结构，进入网络化阶段。Visual FoxPro 提供了 B/S 的专用工具，在客户端通过浏览器能够访问远程服务器上的数据，具有功能强、速度快和图形化用户界面等特点，能够进行高级数据查询和报表处理，与 ODBC（开放式数据库连接）数据源或服务器的本地语法等功能紧密地结合，为用户提供功能强大的 B/S 解决方案。

1.2　数据库系统的基本概念

数据库系统的核心是数据库管理系统，主要功能是收集和存储要处理的数据，并对这些数据进行查询、组织和维护，支持用户针对某一领域开发数据库应用系统。

1.2.1　数据与数据处理

1. 数据（Data）

数据是指存储在某一介质上能够识别的物理符号。

客观世界的万事万物通过一组物理符号描述。例如，"张三，男，身高1.73米，1985年10月20日生"描述了一个具体的人。这些物理符号进行规范和抽象后，能够以文件的方式保存在计算机的外存上。数据有型和值之分，型指数据的结构，值是型的一组具体赋值。如姓名、性别，身高和出生日期等组成的结构是型，张三、男、1.73和1985-10-20等是值。

在数据管理系统中，数据的值是固定的，但有多种表现形式。如出生日期1985年10月20日可用﹛^1985-10-20﹜、10/20/85等多种形式表示。

在数据库技术中，数据的概念已经拓宽到了非文字数据领域。凡能为计算机所接受和处理的各种字符、数字、图形、图像、声音和视频等都是数据。

2. 数据处理（Data Process）

数据处理通过对数据的存储、分类、排序、检索和统计等操作，将数据转换成信息，为人们的工作和决策提供必要的帮助或依据。例如，在Visual FoxPro中通过对学生成绩数据的统计，可以按成绩筛选学生，为选拔学生提供数据依据。

对数据的采集、整理、存储、分类、排序、检索、维护、统计和传输等一系列加工处理过程称为数据处理。

1.2.2　数据库

数据库（DataBase，简称DB）顾名思义就是存储数据的仓库。在数据库系统中，各种数据集合以数据文件的方式存储在计算机的存储设备上，通过一定的方式组成数据库。数据库不仅包括数据本身的描述，还包括数据之间的联系。例如，教学管理包括的数据有学生基本信息数据、选课数据、成绩数据等，在Visual FoxPro中，依据这三类数据，通过数据库设计器创建3个表文件，组成一个数据库，通过主键和外键建立表文件间的联系，并设置完整性约束。

在数据库系统中，把存储在计算机内具有结构的数据集合称为数据库。

数据库的特点如下：

① 具有统一、最佳的数据结构，数据冗余小。

② 数据可为多用户、多种应用服务，共享性好。

③ 数据库与应用程序完全分离，对数据的修改不影响应用程序的功能，独立性高。

④ 能够保证数据的可靠性、一致性和完整性，防止非法用户访问，安全控制机制严密。

1.2.3 数据库管理系统

数据库管理系统（Database Management System，DBMS）是实现数据处理的计算机系统软件，是数据库系统的核心。它提供了对数据库资源的管理、控制等一整套接口，便于用户操作数据库。

数据库管理系统的功能如下。

① 数据定义：提供数据定义语言（DDL），用于建立和维护数据库、创建数据表的联系和完整性约束等。

② 数据操纵：提供数据操作语言（DML），用于对数据库中的数据进行编辑、查询、存储、组织、备份和恢复等。

③ 数据控制（DCL）：提供对数据库的安全性、完整性和并发控制等。

④ 数据字典（DD）：存放描述数据库中基本表的信息，是数据库中有关数据的数据。对数据库的操作通过查阅数据字典进行。数据字典主要包括字段名、字段类型、主键、外键、数据项、数据结构、数据流、数据存储、处理过程等内容。

目前，比较流行的大型数据库管理系统有 Oracle、DB2、SQL Server 等，这些系统都建立在关系模型的基础上，并借助于集合代数的概念和方法处理数据，具备强大的联机和事务处理能力，具有极强的并发性、安全性和稳定性，广泛应用于银行、税务、电信等大中型企业中。小型关系数据库管理系统有 Visual FoxPro、Access 等，易安装、易使用，具有视窗化的窗口操作界面，简单易学。Visual FoxPro 集数据存储、维护、统计、查询、应用程序设计为一体，特别适合初学者开发小型数据库应用系统。

1.2.4 数据库应用系统

数据库应用系统（Database Application System，DBAS），指程序员在数据库管理系统支持下，面向某一类实际问题开发的应用软件系统。例如，在 Visual FoxPro 支持下，可以开发以数据库为基础的财务管理系统、人事管理系统、图书管理系统、教学管理系统、进销存管理系统、专家诊断系统等，电子商务、电子政务、网络查询等也属于数据库应用系统范畴。

1.2.5 数据库系统

数据库系统（Database System，DBS），是指引进数据库技术后的计算机系统，能够实现有组织的动态存储大量相关数据、提供数据处理和信息资源共享。数据库系统包括计算机软/硬件系统、数据库管理系统、数据库应用系统、数据库管理员和用户。

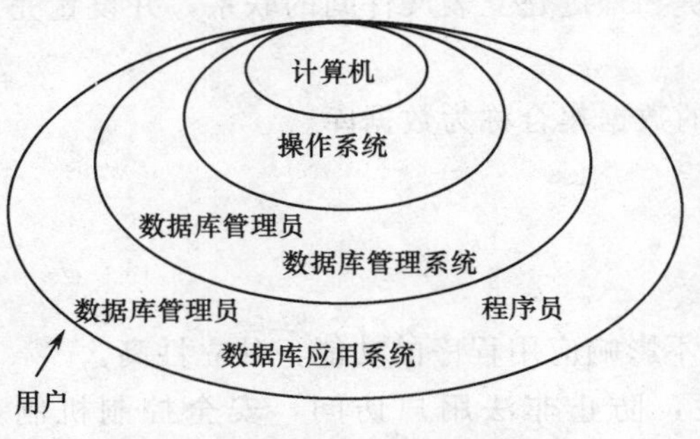

数据库管理员负责管理和控制数据库系统。用户通过数据库应用系统提供的用户接口使用数据库。Visual FoxPro 应用程序的接口方式有菜单驱动、图形显示、表格操作等，简明直观，方便快捷。DB、DBS、DBMS，三者之间的关系是 DBS 包含 DB 和 DBMS。DBMS 包含 DB。数据库系统层次结构如图 1-2 所示。

图 1-2　数据库系统层次结构图

1.3　概念模型和数据模型

面向某一类事物开发应用软件，首先要做的是分析这一事物中数据的性质和内在联系，然后设计和组织数据库，并存储到计算机中。

客观现实世界在人们头脑中的反应称为概念世界，通常用概念模型描述概念世界。把概念模型中产生的数据存储到计算机中形成数据世界，概念模型在数据世界中以数据模型描述。

1.3.1　概念模型的基本概念

1. 实体

客观存在并可以相互区分的事物对象称为实体。例如，教师、学生、销售员、图书、产品、建筑物、树木、选课、课程、工资、销售、借阅和诊断等都是实体。

2. 实体的属性

在数据库系统中，实体的特征称为属性。例如，产品实体由产品号，产品名，单价，备注等若干属性描述，销售员实体由工号，姓名，工作日期，工资等若干属性描述。

3. 实体型与实体集

若干属性的集合表示一种实体的类型，称为实体型。同类型的实体集合称为实体集。如产品实体型可以描述为（产品号，产品名，单价，备注），产品实体型的取值可以有多组，每组取值代表一种产品，例如（1001，冰箱，3500，壁挂变频）是产品实体集的一个实体。

在 Visual FoxPro 中，用"表"存放实体集，"表头"描述实体型。即实体的属性，表的每一行对应一个实体。

4. 联系

实体集之间的对应关系称为联系，反应现实世界事物之间的相互关联。例如，学生通过选课与课程建立关系，销售员通过销售与产品建立联系，校长通过任职与学校建立联系。联系也可视为一个实体，有具体的属性，例如成绩是选课的属性、销售数量是销售的属性。

实体集之间的联系有三种类型。

① 一对一联系

如果实体集 A 中的一个实体只对应于实体集 B 中的一个实体，反之亦然，则这两个实体集之间具有一对一联系，记为 $1:1$。如学校与校长两个实体集，一个校长只能任职于一个学校（不能兼职），所以学校与校长两个实体集是一对一联系。

在 Visual FoxPro 中，一对一的联系表现在主表的每一行只能在子表中找到一行与之对应。

② 一对多联系

若实体集 A 中的一个实体对应于实体集 B 中的多个实体，反过来，实体集 B 任一实体在实体集 A 中只有唯一实体与之对应，则这两个实体集之间具有一对多的联系，记为 $1:n$。如学生与学校两个实体集，一个学校可以有多个学生，每个学生属于一个学校，所以学校与学生两个实体集之间是一对多联系。

在 Visual FoxPro 中，一对多的联系表现在主表的每一行可以在子表中找到多行与之对应。

③ 多对多联系

若实体集 A 的多个实体对应于实体集 B 中的多个实体，反之亦然，则这两个实体集之间具有多对多的联系，记为 $m:n$。例如销售员实体集中的一个销售员可以销售产品实体集的多种产品，反之，产品实体集的每一个产品可以被销售员实体集中的多个销售员销售。所以产品实体集与销售员实体集存在多对多联系。

在 Visual FoxPro 中，多对多的联系表现在主表的每一行可以在子表中找到多行与之对应，反之亦然。

实体及其属性，实体之间的联系形成概念模型。

5. 用 E-R 图描述实体及其实体间的联系

为了更加清晰的描述实体属性和实体之间的联系，人们使用了很多方法，其中最常用的是实体－联系方法（Entity Relationship approach），简称 E-R 图。

E-R 图规定，用矩形、椭圆型、菱形等几何形状加必要的文字注释，分别表示实体、属性和联系，用无向线将这些几何形状连起来，并用 1、m、n 标注联系类别。

例如，学校与校长、学校与学生、销售员与产品 3 个实体及其联系的 E-R 图，分别如图 1-3（a）、（b）和（c）所示。

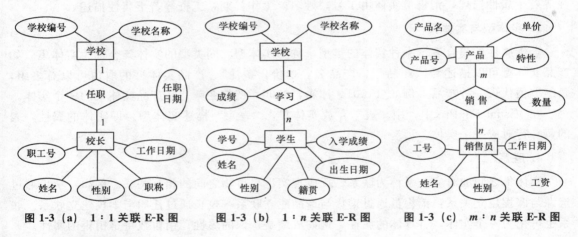

图 1-3（a）　1：1 关联 E-R 图　　图 1-3（b）　1：n 关联 E-R 图　　图 1-3（c）　$m:n$ 关联 E-R 图

1.3.2　数据模型

数据模型是严格定义的一组概念的集合，这些概念精确地描述了实体的静态属性、动态属性和约束条件，反映客观事物及其联系的数据结构和组织形式。

任何一个数据库都基于某种数据模型，常见的数据模型分为三种：层次模型、网状模型和关系模型，按照所支持的数据模型，数据库分为层次数据库、网状数据库和关系数据库三种类型。

1. 层次模型

现实世界中组织机构设置具有层次结构的特征。如学校下属有多个处室和学院，处室下有多个科室，学院下有多个教研室，由高到低具有层次结构。最高层只有一个：学校，其他各层都有多个，但都只属于一个上层。在进行学校管理数据处理时，很自然地想到先存储最高层"学校"的信息，然后依次存储其他各层的数据，并且分别说明它们所属的上层，总体像一棵树，人们把这种用树形结构表示实体及其联系的模型称为层次模型。在这种模型中，数据被组织成由"根"开始的"树"，每个实体由根开始沿着不同的分支放在不同的层次上，最底层的实体称为"叶"，其他各层的实体称为结点，学校实体的层次结构如图1-4所示。层次模型的主要特点如下：

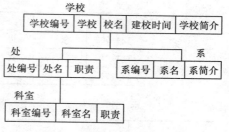
图1-4　学校实体层次结构

① 有且仅有一个无双亲的结点。

② 除根结点以外的子结点，有且仅有一个父结点。

层次模型具有一对多的特点，直接表示一对一、一对多的联系，不能表示多对多的联系。

2. 网状模型

为了处理多对多的联系，对层次模型加以改造，允许模型中的任一结点都可以有零个、一个或多个双亲，任意两个结点都可以有联系，这种转变使层次变成了网状，以网状结构表示实体及其联系的模型称为网状模型。网状模型的主要特点如下：

① 允许结点有多于一个的父结点。

② 可以有一个以上的结点没有父结点。

学生、课程和学习成绩属于网状结构，如图1-5所示。

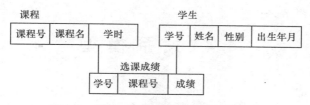

图1-5　学生、课程和学习成绩网状结构

层次模型、网状模型在物理存储时，每个结点都作为一条记录，用链接指针实现记录之间的联系，即用指针将所有数据捆绑在一起，数据库的修改和扩充较难实现，访问过程和访问路径复杂，改变结构就要改变程序，软件设计的工作量较大。

3. 关系模型

二维表是日常办公中常采用的数据记录形式，按照二维表形式组织数据，难度将会大大降低。基于这种思想，20世纪70年代初，美国IBM公司约瑟夫实验室的研究员埃德加·考特博士提出了关系模型的理论。

关系模型以集合论的关系概念为基础，无论实体还是实体间的联系均由单一的结构类型——关系表示。关系指满足一定条件的二维表，是一种逻辑结构，用户和程序员不必了解表的物理存储方式，存取路径由DBMS的优化机制完成，表结构的改变一般不涉及应用程序。

用二维表结构表示实体及其联系的模型称为关系模型。在关系模型中操作对象和操作结果都是二维表即关系。目前，关系模型是数据库系统的主流模型。学生成绩管理中学生、选课成绩和课程3个实体的关系模型可表示为表1-1至表1-3。

表 1-1　学生基本信息表

学号	姓名	性别	出生日期	籍贯	入学成绩
1241002	张间	男	1990-11-20	新疆和田	480
1241013	张青闪	女	1991-03-15	河南洛阳	528
1241015	王吉星	男	1991-10-26	安徽蚌埠	549

表 1-2　成绩表

学号	课程号	成绩
1241012	2012	95
1241013	2012	88
1241015	3010	75

表 1-3　课程表

课程号	课程名	学时
2012	计算机基础	40
1112	数学	80
3010	舞蹈	20

关系模型的特点如下：

① 数据结构单一

关系模型中，实体和实体之间的联系，都用关系表示。关系对应于一张二维数据表，概念简单，操作方便。

② 关系规范化

关系具有规范化要求和坚实的理论基础。

③ 关系操作具有严格的理论基础

关系操作建立在数学概念基础上。

1.4　关系模型

1.4.1　关系术语

1. 关系

理解关系的概念，必须先了解集合运算中的笛卡儿积。

笛卡儿（Cartesian Product）积：设 $A1$，$A2$，…，An 是 n 个集合，在集合 $A1$ 中任取一个元素 $x1$，在集合 $A2$ 中任取一个元素 $x2$……在集合 An 中任取一个元素 xn，组成一个有序的新元素，这些元素组成的集合称为集合 $A1$，$A2$，…，An 的笛卡儿积，记为 $A1 \times A2 \times \cdots \times An$，即 $A1 \times A2 \times \cdots \times An = \{(x1, x2, \cdots, xn) \mid x1 \in A1, x2 \in A2, \cdots, xn \in An\}$。

n 元关系：集合 $A1$，$A2$，…，An 的笛卡儿积的一个有关系的子集合称为 n 元关系。

例如：求以下 3 个集合的笛卡儿积。

集合 1：姓名(张三、李娟红、王吾邻)；

集合 2：性别(男，女)；

集合 3：出生日期(1990-11-20，1991-30-15，1991-10-26)。

按照笛卡儿积的运算法则，3 个集合的笛卡儿积如表 1-4 所示。

在表 1-4 中选取一个有关系的子集，如表 1-5 所示，对应于真实存在的 3 个职工实体，取名 zg1，根据关系的定义，zg1 称为三元关系。

表 1-4　三元笛卡儿积表

姓名	性别	工作日期	姓名	性别	工作日期
张三	男	1990-11-20	李娟红	女	1990-11-20
张三	男	1991-03-15	李娟红	女	1991-03-15
张三	男	1991-10-26	李娟红	女	1991-10-26
张三	女	1990-11-20	王吾邻	男	1990-11-20
张三	女	1991-03-15	王吾邻	男	1991-30-15
张三	女	1991-10-26	王吾邻	男	1991-10-26
李娟红	男	1990-11-20	王吾邻	女	1990-11-20
李娟红	男	1991-03-15	王吾邻	女	1991-03-15
李娟红	男	1991-10-26	王吾邻	女	1991-10-26

在笛卡儿积中，集合至少有两个，所以关系至少为两元。

对关系的描述称为关系模式，一个关系模式对应于一个关系的结构，其格式为

关系名(属性名 1，属性名 2，…，属性名 n)

关系 gz1 的结构可表示为：zg1(姓名，性别，出生日期)

2. 元组

二维表中的每一行称为一个元组，一个元组对应一个实体。例如 zg1 关系中第 2 至 4 行都是元组，对应 3 个职工实体。

表 1-5　三元关系 zg1

姓名	性别	工作日期
张三	男	1990-11-20
李娟红	女	1991-03-15
王吾邻	男	1991-10-26

3. 属性

二维表中的一列称为一个属性，属性包括属性名和属性值。例如关系 zg1 中共有 3 列，即有 3 个属性，每列第一行单元格内的文字是属性名。

4. 域

域指关系中属性的取值范围。例如，关系 zg1 中姓名的取值范围是一定长度的字符串，性别的取值范围是"男"和"女"，出生日期的取值范围则是一个日期值。

5. 关键字

能够唯一标识一个元组的属性或属性组合称为关键字。单个属性组成的关键字称为单关键字，多个属性组合的关键字称为组合关键字。关键字的属性值不得为空（null），空值的含义是"未知"、"不确定"。关键字不是唯一的，可以选定一个关键字唯一标识记录，称为主关键字，一个关系只能有一个主关键字。

例如，若在表 1-5 中增加一个元组，王吾邻，男，1991-10-26，则与原有关系中的最后一个元组完全相同，两个人姓名、性别和出生日期都相同，这种情况是存在的，也就是说表中的 3 个属性及其组合都不能唯一标识元组。现将表 1-5 增加一列"工号"属性，修改为表 1-6。

工号的属性值都不相同，能够唯一标识元组，所以"工号"可以作为 zg1 关系的主关键字。

单属性关键字称为单关键字，多个属性组成的关键字称为组合关键字，关键字的属性值不能为空。

表 1-6　四元关系 zg2

工号	姓名	性别	工作日期
1002	张三	男	1990-11-20
1005	李娟红	女	1991-03-15
1008	王吾邻	男	1991-10-26

关系中的关键字不是唯一的,凡能够唯一标识元组的属性或属性组合称为候选关键字。在候选关键字中确定一个作为关键字,称为该关系的主关键字,主关键字也称主键,每个关系只能有一个,而候选关键字可以有多个。

6. 外部关键字

如果一个关系的属性或属性组合不是本关系的主关键字或候选关键字,而是另外一个关系的主关键字或候选关键字则称其为外部关键字,也称外键。

在 Visual FoxPro 中,一个关系对应一个表文件,简称表。关系名对应表名,属性名对应字段名。表的结构称为表模式,表示为

表名(字段名 1[数据类型[,宽度]],字段名 2[数据类型[,宽度]],…)

省略数据类型和宽度,表模式可以简单表示为

表名(字段名 1,字段名 2,…,字段名 n)

除字段名行外,表中其他各行的每一行称为一条记录,换句话说,表是记录的集合。表中的每一列称为一个字段,用数据类型限定字段的取值范围,对应于关系中的域,行列交叉单元格中的数据称为数据项。

例如,表 1-6 中关系表示的表模式:zg2(工号,姓名,性别,出生日期)

除第一行外,表 1-6 共有 3 行 4 列,即表内有 4 个字段,3 条记录。工号字段是表的关键字。

关系与 Visual FoxPro 数据表的术语对照如图 1-6 所示。

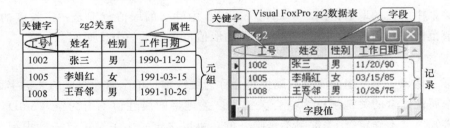

图 1-6　关系与 Visual FoxPro 数据表的术语对照

7. 数据的完整性

数据的完整性指关系间必须遵循的制约和依存关系,以保证数据的正确性、有效性和相容性。关系数据库完整性规则为

① 用户自定义完整性(包括域完整性):用于对数据表中字段的类型、值域和字段的有效规则约束。例如,成绩>0。

② 实体完整性:主键不能空(null),也不能有相等值。

③ 参照完整性:外键的值必须与关联关系的主键的值(或 null)对应。

1.4.2 关系模型的特点

关系是一种规范化的二维表，关系模型并不是把日常手工管理的各种表格直接存放到数据库中，要对关系进行规范，使它具有以下特点：

① 关系中的每一个列分量是最基本的数据单位，不可再分。

例如，下面的"联系方式"应取消，只保留固定电话、E-mail、QQ 号、传真即可。

联系方式			
固定电话	E-mail	QQ 号	传真

② 关系中每列数据具有相同类型的属性值，各列顺序任意，属性名不得相同。

③ 关系中每行代表一个具体实体，各行顺序任意，不得有完全相同的行（元组）。

1.4.3 E-R 模型转换为关系模型

E-R 模型描述了实体的名称、属性和实体之间的联系，E-R 模型转换为关系模型，就是将概念世界的实体模型转化为数据世界的关系模型，进而使用关系数据库管理系统处理数据。

E-R 模型转换为关系模型的形式很多，但应遵循如下规则：

1. 实体类型的转换

将每个实体型转换成一个关系模型，实体的属性即为关系的属性。

2. 联系的转换

（1）1∶1 联系

两个实体型转换成两个关系模式，关系模式中可加入另一关系模式的键和联系的属性。

（2）1∶n 联系

两个实体型转换成两个关系模式，在 n 端实体型转换成的关系模式中加入 1 端实体型转换成的关系模式的键和联系类型的属性。

（3）m∶n 联系

两个实体型及联系转换成 3 个关系模式，在联系转换成的关系模式中增加两端实体类型的键为其属性，而键为两端实体键的组合。

根据 E-R 模型转换为关系模型的转换规则，可将图 1-3（a）、（b）、（c）的 E-R 图转换为关系模型。

① 将具有 1∶1 联系的图 1-3（a）所示的 E-R 图转换为关系模式：

校长关系(职工号，姓名，性别，职称，工作日期，任职日期)

学校关系(学校编号，学校名称，校长号，任职日期)

② 将具有 1∶n 联系的图 1-3（b）所示的 E-R 图转换为关系模式：

学校关系(学校编号，学校名称)

学生关系(学校编号，学号，姓名，性别，籍贯，出生日期，入学成绩，成绩)

③ 将具有 m∶n 联系的图 1-3（c）所示的 E-R 图转换为关系模式：

关系 1：产品(产品号，产品名，单价，特性)

关系 2：销售员(工号，姓名，性别，工作日期)

联系：销售(工号，产品号，数量)。

关系 1、关系 2 及其联系销售的关系模型如图 1-7 所示。

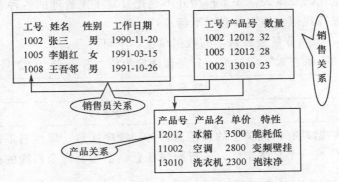

图 1-7　销售员－产品－销售关系模型

其中，销售员关系的工号没有重复值，做主关键字，产品关系的产品号没有重复值，做主关键字，销售关系中的工号和产品号分别是销售员关系和产品关系的关键字，它们的组合做销售关系的关键字，通过工号和产品号将 3 个关系联系起来。

1.4.4　关系运算

关系运算分为传统的集合运算和专门的关系运算两种类型，传统的集合运算是关系运算的基石。关系运算的对象和结果仍然是关系。

1. 传统的集合运算

除笛卡儿积外，传统的集合还包括并、差、交三种类型。

对于两个具有相同结构的关系 R 和 S，并、差、交三种运算的含义如下：

并：属于 R 或者属于 S 的元组组成的集合。

差：属于 R 但不属于 S 的元组组成的集合。

交：既属于 R 又属于 S 的元组组成的集合。

2. 专门的关系运算

专门关系运算有选择、投影和连接三种类型。关系数据库的任何查询操作都由三种基本运算组合而成。传统的集合运算是专门的关系运算的基石。

（1）选择

从关系中找出满足给定条件的元组，组成新的关系的操作称为选择运算。

选择是从行的角度（即水平方向）抽取记录。经过选择运算得到的结果形成新的关系，其关系模式不变，其中的元组是原关系的一个子集。

例如，从表 1-1 中选择性别等于"男"的元组，得到如表 1-7 所示的男生新关系：

表 1-7　选择操作得到新关系

学号	姓名	性别	工作日期	籍贯	入学成绩
1241002	张间	男	1990-11-20	新疆和田	480
1241015	王吉星	男	1991-10-26	安徽蚌埠	549

这个新关系的结构与原关系结构相同，是原关系的子集。

（2）投影

从关系中指定若干属性组成新的关系的操作称为投影运算。

投影是从列的角度进行的运算，相当于对关系进行垂直分解。经过投影运算可以得到一个新关系，所包含的属性个数最多与原表相等，属性的排列顺序可与原表不同。

例如，使用投影运算，从表1-1中抽取学号、姓名两个属性，得到表1-8所示的新关系，该关系与原关系的元组数相同，但属性个数不同。

（3）连接

连接运算将两个关系拼接成一个更多属性的关系，连接过程通过连接条件控制，连接条件中包含两个关系的公共属性或语义相同且可比的属性。连接的结果生成一个新的关系，满足条件的元组成为新关系的元组。

例如，在产品－销售－销售员关系模型中，查询工号为"1002"销售员销售的产品号和数量，得到如表1-9所示的具有两个元组的新关系，其结果是三个关系的连接。

表1-8　投影操作得到新关系

学号	姓名
1241002	张间
1241013	张青闪
1241015	王吉星

表1-9　连接操作得到新关系

工号	产品号	数量
1002	12012	32
1002	13010	23

关系数据库的任何查询操作都由连接、选择、投影等三种基本运算组合而成。选择和投影运算的操作对象可以是单个关系。连接运算的操作对象是两个以上的关系，若有更多关系对象需要连接，则两个关系连接之后，再与第三个关系连接，以此类推。

在关系数据库管理系统Visual FoxPro的命令中，使用记录范围、for/while短语实现选择运算，fields短语实现投影运算，join短语实现连接运算。

1.5　关系数据库及其设计

1.5.1　关系数据库

按照关系模型建立的数据库称为关系数据库。关系数据库以文件的方式存储在计算机中，每个关系数据库可以包含多个以二维数据表为基础的数据表文件，每个数据表对应于一个关系。关系数据库以完备的理论基础、简单的数据模型、说明性的查询语言和简便的使用方法等优点得到广泛应用。

1.5.2　关系数据库设计

好的数据库设计能够有效合理地整合数据资源，减少数据维护工作量，快速获得精准的查询结果，从而大大提高开发效率，降低后期维护成本。

1. 关系数据库设计原则

① 按照主题，把要解决的问题抽象成若干张二维表，避免大而杂

首先分离需要作为单个主题而独立保存的信息，确定主题之间有何联系，以便在需要时把正确的信息组合在一起。通过将不同的信息分散在不同的表中，可以使数据的组织和维护

工作更简单，保证建立的应用程序具有较高的性能，增强数据的独立性和共享性。

例如，产品销售管理系统中，把产品编号、名称、类别等信息组织成"产品基本信息表中"，把产品编号、保管员编号、价格、生产日期、数量等信息组织成"仓库信息表"，把工人、管理人员、销售员和保管员的工号、姓名、性别、出生日期、部门、工作日期等信息组织成"职工信息表"，而不是将这些数据统统放在一起作为一个表。

② 避免表间出现重复字段

除外部关键字之外，尽量避免表间出现重复字段，把数据冗余降到最低，防止在插入、删除和更新时造成数据的不一致。例如上述销售关系中，无须保存姓名和产品名称。

③ 表中的字段必须是原始数据或基本数据元素，不应包括能够从其他字段值推导或计算出的字段。例如，职工基本信息表包括基本数据元素"出生日期"，无须设置可通过出生日期计算得到的"年龄"字段。

④ 表间通过外键建立联系

表间有一对一、一对多、多对多的关联关系，依靠外键维系，保证表的结构合理。

例如，销售员信息表通过工号与职工基本信息表建立联系，通过产品编号与产品基本信息表建立联系。

2. 关系数据库设计的步骤

① 需求分析，包括信息需求、处理需求、安全性和完整性需求。

② 根据需求分析和关系数据库设计原则①，确定数据库应包含表的数量，应当避免出现多个一对一表，能合并的尽量合并。如销售员、仓库保管员可以合到职工表中。

③ 根据需求分析和关系数据库设计原则②、③，确定每张表中字段名及其类型。

④ 根据关系数据库设计原则④，研究怎样通过纽带表把多对多联系的两个表拆分成两对一对多联系表，并确定各个表的外键。纽带表必须包含两表的主关键字。例如，销售员和产品是多对多关系，可以建立包含产品编号和销售员工号为组合关键字的销售业绩表，作为纽带表，销售员与销售业绩、产品与销售业绩这两队表都是一对多关系。

⑤ 根据需求分析，设计用户自定义完整性、实体完整性、参照完整性，以保证数据的正确、有效和相容。

⑥ 设计求精，对设计进一步分析和评审，查找其中的错误并修正设计方案。

需求分析能够保证数据库设计准确合理，提高系统开发效率，避免在系统开发中间甚至结束以后，由于数据库设计问题，变更数据库和程序代码，这样容易引入更多的程序错误，带来更大更多的麻烦。

Visual FoxPro 以关系模式为基础，将一个关系模型存储为一个数据库文件，将一个关系保存为一个表文件，通过数据库设计器、表设计器建立数据库文件和表文件，通过新建或添加方式将表文件组织成关系数据库，通过建立表间关系将多个表组成一个有机的整体，通过表间关系设置参照完整性，保证数据的完整统一。

1.5.3 关系数据库设计举例

【例 1-1】学生成绩管理系统数据库设计。

1. 需求分析设计

根据学生成绩管理需求，系统需完成下面各项信息的添加、删除、修改和查询等功能。

① 学生基本信息管理。

② 教师管理。

③ 成绩管理。

④ 课程管理。

2. 确定关系数据库中的表

根据系统需求，数据库中应有学生基本信息表、教师信息表、成绩表、课程表、专业表和学院名表。

3. 确定表中所需字段

① 学生基本信息表(学号♯，姓名，性别，出生日期，是否入团，学院代号，专业代号，年级，籍贯，入学成绩，手机，QQ，照片，备注)。

② 教师信息表(教师工号♯，教师姓名，职称，学院代号)。

③ 课程表(课程代码♯，课程名，学分，周学时，考核方式，课程性质，课程类别)。

④ 成绩表(学号♯，课程代码♯，教师工号♯，学期，成绩)。

⑤ 学院名表(学院代号♯，学院名称)。

⑥ 专业表(专业代号♯，专业名称)。

说明：加"♯"的字段表示主键、或组合主键。

4. 确定表间联系

教师、课程与学生间存在多对多联系，使用成绩表变为两个 1：n 关系。学生成绩管理系统数据库设计如图 1-8 所示。

图 1-8　学生成绩管理系统数据库设计图

【例 1-2】商品销售管理系统数据库设计。

1. 需求分析设计

商品进销存管理系统需完成下面各项信息的添加、删除、修改和查询管理。

① 销售员管理。

② 商品存储管理。

③ 商品销售管理。

④ 客户管理。

2. 确定关系数据库中的表

根据需求分析需要完成的功能，商品销售管理数据库中应包含客户信息表，职工信息表，商品表、库存表和销售表。

3. 确定表中所需字段

① 客户表(客户号♯，客户名，联系人，地址，电话，城市，邮编，备注)。

② 用户表(职工号♯，姓名，用户密码)。包括销售员、系统管理员、保管员等。

③ 库存表(商品编号♯，商品名称，计量单位，数量，最小库存报警，备注)。

④ 供应商表(供应商编号、供应商名称，地址，电话)。

⑤ 销售表(职工号，商品编号，客户号，销售日期，销售数量，备注)。

4. 确定表间联系

销售员和库存、库存和客户存在 $m : n$ 联系，销售表作为联系表将它们变为 $1 : n$ 关系。产品进销存管理系统关系数据库设计如图 1-9 所示。

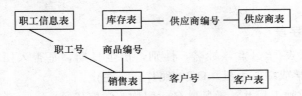

图 1-9 商品销售管理系统关系数据库设计图

为保证数据的正确性、有效性和相容性，还要对上述数据库进行完整性设置。

数据库设计完成后，应回头研究一下设计方案，是否存在字段和表的缺失、多余，关键字是否合适等问题，最后确定方案。

1.6 Visual FoxPro 概述

1.6.1 Visual FoxPro 简介

Visual FoxPro 的前身是 xBASE 产品，由美国 Ashton-Tate 公司、Fox Software 公司相继推出。1992 年，微软公司在收购 Fox Software 公司后，对其进行了不断的升级换代，1998 年推出了 Visual FoxPro 6.0。近年来，虽然微软公司增大了它的各项性能指标，增强了它的网络功能和兼容性，Visual FoxPro 7.0、Visual FoxPro 8.0 和 Visual FoxPro 9.0 也先后出现，但使用方法没有大的改变。目前中文版 Visual FoxPro 6.0 仍为数据库语言教学的主流软件。

Visual FoxPro 提供了大量的专有数据库操作命令，具有非过程化的特点，与自然语言接近，使用起来容易上手；它支持标准 SQL 语言的绝大部分命令，增强了自身的功能和通用性。

Visual FoxPro 支持结构化程序设计，在语法上和大多数程序设计语言一样，具有高级语言功能。

面向对象编程像搭积木一样简单，不需要写一条代码就可做出漂亮的程序界面。动作按钮的代码中可直接写查询、插入、更新、删除等 SQL 语句，使数据访问更加容易。Visual FoxPro 6.0 至 9.0 提供了丰富的控件、表单、菜单、报表、标签等，支持面向对象的可视化程序设计，能够开发 Windows 应用程序。

Visual FoxPro 支持 ActiveX 技术，可以很容易和其他应用程序生成的文档进行集成，例如在数据库应用程序中可以集成 Word、Excel、图像、声音和视频等多种文档。

1.6.2 Visual FoxPro 安装和系统组成

1. 系统安装

解压 Visual＿FoxPro6.0＿CN.rar 到计算机任一目录下，该目录窗口中有两个对象，如图 1-10 所示。

图 1-10　Visual _ FoxPro6. 0 _ CN 文件夹包含的文件

打开其中的文件夹"foxpro6.0"，可见窗口中包含如图 1-11 所示的内容。

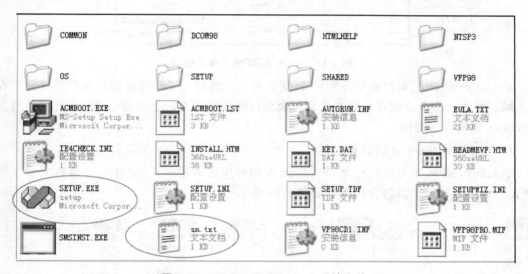

图 1-11　Visual _ FoxPro 6. 0 系统文件

双击打开其中的 sn. txt 文件，复制序列号并关闭，双击 SETUP. EXE 打开 Visual Fox-Pro 安装向导，按照向导提示，分别选择接受协议、输入序列号和用户名（自定义）、设置安装路径（例如 C:\Program Files）即可安装成功。

2. Visual FoxPro 6. 0 系统的可执行文件

Visual FoxPro 安装成功后，在自动建立的安装目录 C:\Program files \ Microsoft Visual Studio \ Vfp98 下存放系统文件，其中 VFP6. EXE 为系统主文件。

3. Visual FoxPro 6. 0 的启动

方法 1：Visual FoxPro 6. 0 安装成功后会在"开始"菜单的"程序"中增加"Microsoft Visual FoxPro 6. 0"快捷方式，单击它即可打开 Visual FoxPro 6. 0。

方法 2：打开 Visual FoxPro 6. 0 系统文件夹，例如 C:\Program Files \ Microsoft Visual Studio \ Vfp98，双击其中的系统主文件，"VFP6. EXE"即可打开 Visual FoxPro 6. 0。

方法 3：在桌面上建立 Visual FoxPro 主文件的快捷方式，双击它即可打开 Visual FoxPro 6. 0。

注意：首次启动 Visual FoxPro 6. 0，会显示"欢迎界面"，应注意单击其中的"以后不再显示"。

1.6.3 Visual FoxPro 的主窗口

Visual FoxPro 启动成功后出现的系统主窗口如图 1-12 所示。

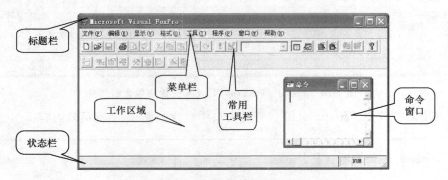

图 1-12 Visual FoxPro 系统主窗口

Visual FoxPro 主窗口包括标题栏 、菜单栏、工具栏、工作区域和状态栏等部分，在工作区域上浮着一个命令窗口，形成了窗口套窗口的独特界面，关闭命令窗口，外观上与其他 Windows 应用程序类似。

1. Visual FoxPro 6.0 的菜单栏

Visual FoxPro 菜单栏与其他 Windows 应用程序基本相同。"文件"、"编辑"、"显示"、"格式"和"工具"菜单包含的内容如图 1-13 所示。

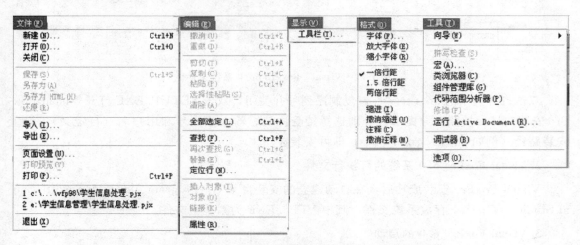

图 1-13 "文件"、"编辑"、"显示"、"格式"、"工具"菜单

从图 1-13 可以看出，菜单的内容与 Word 基本相同，下面仅就 Visual FoxPro 6.0 常用菜单或菜单项进行说明。

（1）"文件"菜单中的还原、导入、导出的功能

还原：把当前文件还原成最后保存的版本。例如，正在编辑一个程序文件，做了部分改动后想改回保存前的样子，就可用"还原"菜单项，而不用一步一步执行"撤销"命令。

导入：导入 Visual FoxPro 文件或其他应用程序文件（如 Excel 文件），导入的这些文件可以直接转化成 Visual FoxPro 可用的表文件。

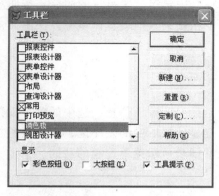

图 1-14 "工具栏"对话框

导出：将 Visual FoxPro 文件导出到其他应用程序文件中。表文件可以导出成多种文件格式，如 Excel 文件、FoxPro 旧版本格式文件、以逗号分隔的文本文件等。

（2）"显示"菜单中"工具栏"功能

单击"工具栏"菜单项后，会弹出如图 1-14 所示的对话框，可以选择要打开的工具栏。

注意：如果打开了项目管理器、数据库设计器、表设计器、表单设计器之后，"显示"菜单的菜单项将会自动增加相关菜单项。

（3）"格式"菜单

在 Visual FoxPro 6.0 的命令窗口、程序设计器窗口等窗口内可以编辑文字，这些窗口通称为编辑窗口，"格式"菜单用于设置其中文字的格式。

字体：用于设置编辑窗口中文字的字号、字形。

放大/缩小字体：放大/缩小字体编辑窗口内文字的大小。

缩进/撤销：对选定的内容缩进/撤销 1 个制表位。对于 1 个制表位占据几个字符的位置，可以在"编辑"菜单的"属性"菜单项内设置。

注释：将选定的文字变为注释，这时文字一般会变成绿色。注释仅是一段说明性的文字。Visual FoxPro 6.0 支持的注释符有"＊"和"＆＆"两种。可以使用"撤销注释"还原。

改变输出屏幕上文字的显示格式：先按下"Shift"键，再单击"格式"菜单中的"屏幕字体"菜单项，打开"字体"对话框，可以设置输出屏幕的字体、字号。

（4）"工具"菜单

向导：提供了一系列的向导工具，可引导用户一步步快速创建表、查询、表单、报表、标签等对象。

宏：可以对用户录入的命令进行录制并保存为一个宏文件，在需要时可以按快捷键执行宏。宏是一系列命令的集合，执行宏就是按顺序执行宏中的各个命令。

调试器：使用调试器可以调试程序（PRG 文件）、表单（SCX 文件）中的代码，可以在代码中设置断点、查看变量的值、查看堆栈、单步执行等。通过调试器可以找到程序中的错误。

选项：提供了一系列 Visual FoxPro 6.0 工作环境参数设置。例如，设置文件默认访问路径。

2. 工具栏

工具栏是 Visual FoxPro 6.0 中最常用的命令集合。可在图 1-14 所示的工具栏对话框中设置打开和关闭。其中"常用"工具栏默认选中，显示在主界面中。如果想打开或关闭其他工具栏，可在此对话框中用鼠标单击工具栏选项前方块选择并确定。

3. 工作区域

Visual FoxPro 6.0 工作区域包含两部分：输出屏幕和命令窗口。

命令窗口浮在输出屏幕上，可以任意拖放大小和位置，并见随时可以关闭和打开。在命令窗口内输入命令后按回车键，系统即执行命令，也可在其中选定已执行过的命令，按回车再一次执行该命令，甚至可以把命令窗口中的一系列命令粘贴到其他编辑窗口中。使用命令窗口比使用菜单更灵活。

工作区域为主窗口中的白色区域，用于显示命令的执行结果。

4. 状态条

状态条位于系统窗口的最下方，用于显示命令执行后的一些输出信息、选中的菜单项信息息或当前状态。例如，打开一个数据表后，在状态条中会显示表所在的工作区、表文件所在路径、当前记录号、表中总记录数及打开方式等，还能够同步显示菜单选项的功能。

1.6.4 Visual FoxPro 工作环境设置

Visual FoxPro 6.0 的工作环境有一系列参数控制，在进行应用系统开发时，用户需要根据自己的习惯定制开发环境。定制的内容包括主窗口标题、默认目录、项目、编辑器、调试器及表单工具选项、临时文件存储、拖放字段对应的控件和其他选项等。环境设置可使用选项对话框、在命令窗口或应用程序中使用 set 命令组、建立配置文件等方法实现。初学者一般使用选项对话框方式。

一般情况下创建文件之前，应将用户拟存放文件的目录设置成默认目录。改变默认目录的方法有下面两种。

① 菜单方式：在 Visual FoxPro 系统窗口中，单击"工具"菜单中的"选项"，打开如图 1-15 所示的"选项"对话框。

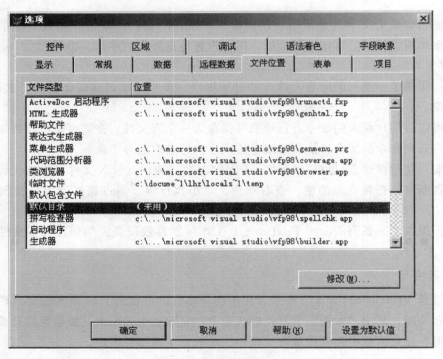

图 1-15 "选项"对话框

对话框中提供了 Visual FoxPro 6.0 各种环境参数设置，其中"文件位置"选项卡中的"默认目录"最常用。"默认目录"项用于设置 Visual FoxPro 6.0 默认打开、保存文件时的路径，所有打开、保存文件的操作都首先在此目录下进行。若未设置默认目录，系统默认 Visual Fox-Pro 的安装目录 C:\Program Files \ Microsoft Visual Studio \ Vfp98 为默认目录。

② 命令方式

在命令窗口中输入 defult 命令。命令格式为

      set default to<路径名>

【例 1-3】 设置 e:\vf 为默认目录

① 菜单方式

单击"工具"菜单中的"选项"，打开"'选项'命令"对话框。

在图 1-15"选项"对话框中单击"文件位置"，并选中"默认目录"项，单击"修改"按钮修改，在弹出的"更改文件位置"对话框中，选中"使用（U）默认目录"复选框，在其中的文本框中输入拟存文件的用户目录，或者单击文本框右侧的浏览按钮□，打开"选择目录"对话框进行选择，最后单击"确定"按钮即完成设置。例如，若已在 e 盘根目录下建立文件夹 vf，可在文本框中输入 e:\vf 做为默认目录，如图 1-16 所示。

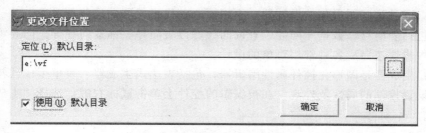

图 1-16　设置默认目录

这样，打开或保存文件在不指定具体路径的情况下都会在此目录下进行。

注意操作过程中，默认路径会随着用户的重新选择自动改变，若想每次打开 Visual FoxPro 都保留上面做的设置，可单击选项对话框中的"设为默认值"按钮。

② 命令方式

      set default to e:\vf

1. 6. 5　Visual FoxPro 的工作方式

Visual FoxPro 的工作方式有三种，分别是菜单、命令和程序方式。

1. 菜单方式

菜单工作方式主要使用 Visual FoxPro 系统主菜单完成。例如，使用"文件"菜单中的"新建"命令或常用工具栏上的"新建"按钮，即可打开如图 1-17 所示的"新建"对话框。在此对话框中选择要创建的文件类型，单击"新建文件"或"向导"按钮即可打开相应的设计器，建立相关文件。

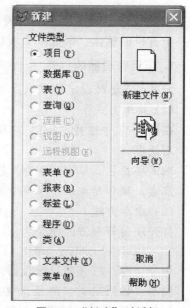

图 1-17　"新建"对话框

2. 命令方式

命令工作方式就是在命令窗口输入命令并回车，系统即执行该命令。例如，在命令窗口输

入 create e:\vf＼student 命令并回车，系统即直接打开表设计器，供用户输入表结构和记录数据，在 e:\vf＼建立表文件 student. dbf。

3. 程序方式

若需要连续操作多条命令，或操作中包含分支和循环，则需在程序设计器中输入这些命令，保存为程序文件（. prg），运行文件即得到结果。

菜单方式和命令方式操作简单、直接，但退出系统后不能保存，适合初学者使用。菜单方式的每一个操作都将同步显示在命令窗口中，操作时注意观察。程序方式可以永久记忆，减少重复劳动。

1.6.6 Visual FoxPro 设计器、向导、生成器

为便于程序开发，Visual FoxPro 6.0 提供了设计器、向导及生成器等辅助开发工具，简化了程序开发过程、提高了程序开发效率。

设计器：包括数据库设计器、表单设计器、查询设计器、视图设计器、报表设计器和菜单设计器等。通过这些图形化的设计器，不用写一条代码就可设计各种对象。

向导：包括表向导、数据库向导、查询向导、报表向导、标签向导等。向导可以引导开发人员一步一步快速完成各种常用对象的设计。

生成器：生成器是图形化控件属性编辑器，包括表达式生成器、表单生成器都可用于帮助用户快速设置控件的属性及外观。在被编辑的控件上单击鼠标右键，选择"生成器"即可打开生成器。

1.6.7 Visual FoxPro 的项目管理器及项目文件

Visual FoxPro 6.0 使用工程的概念，将数据处理实例做为一个项目，使应用系统集合成一个有机的整体，形成一个项目文件（. pjx）。项目文件通过项目管理器建立。

1. 项目管理器的打开

设 e:\vf 已经设定为默认目录，使用菜单方式或命令方式都可以打开项目管理器。

（1）菜单方式

在图 1-17 中选择"项目"，单击"新建文件"命令按钮，即出现如图 1-18 所示的"创建"对话框。

输入项目名，单击"保存"按钮，出现如图 1-19 所示"项目管理器"对话框。

注意：操作结束后，观察命令窗口同步出现了创建项目命令 create project。

（2）命令方式

打开项目管理器的命令为

create｜modify[[<路径>] <项目名>]

命令功能：打开项目管理器，在<路径>下创建一个以<项目名>为名的项目文件。

说明：如果缺省<路径> 在系统默认目录下创建项目，缺省<项目名>将首先打开图 1-18所示的项目"创建"对话框如果给出项目名而不给出<路径>，将不出现"创建"对话框。create 用于新建项目，modify 用于打开已经存在的项目，进行编辑。

2. 项目管理器的组成

项目管理器上部是"全部"、"数据"、"文档"、"类"、"代码"和"其他"等 5 个选项卡

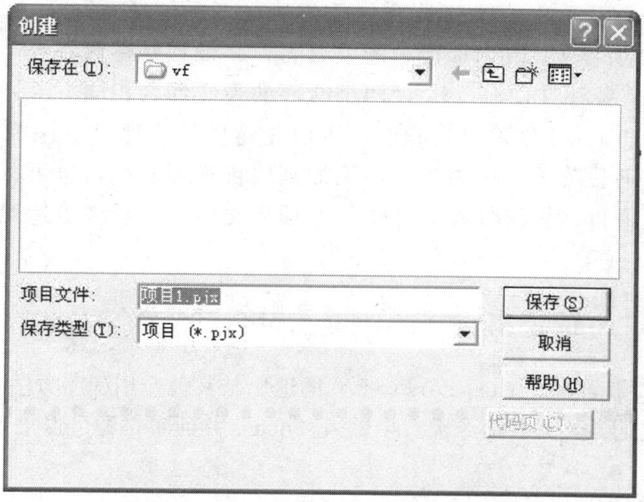

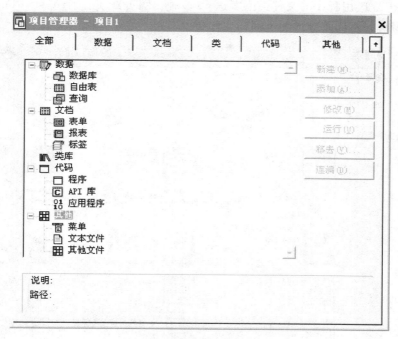

图 1-18 "创建"对话框

图 1-19 "项目管理器"对话框

标签，各选项的内容在"全部"选项卡下均可见。右侧是"新建"、"添加"、"修改"、"运行"、"移去"和"连编"等 6 个命令按钮，其内容会随选项的不同而变化。各命令按钮的含义如下。

新建：按照选中的文件类型创建文件，如数据库、表、程序等。

添加：按照选中的文件类型添加文件。

修改：修改选中的文件。

运行：运行选中的文件。如程序、表单等。

移去：将选中的文件移出项目。

连编：把项目连编成应用程序（.app）或可执行文件（.exe）。

注意：项目设计器打开时，"显示"菜单内容自动增加"项目"菜单。

将图 1-18 中的"项目 1"改为拟命名的项目名，并设置好存储路经，则创建一个实际的项目文件（.pjx）及其备注文件（.pjt），两个文件的主文件名相同。

使用 Visual FoxPro 6.0 创建应用程序，可以先建项目，通过"添加"或"新建"的方法将数据库、表、代码、菜单、报表等文件添加到项目管理器中，也可以先创建应用程序的各种文件，然后创建项目，再将各种文件添加到项目文件中，后者更适用于初学者，本书采用后者。

1.6.8 Visual FoxPro 的退出

作为 Windows 应用程序，Visual FoxPro 6.0 的退出与其他应用程序方法基本相同，但增加了使用"quit"命令退出的方法，在命令窗口中输入"quit"并回车，即可退出 Visual FoxPro 系统。

1.6.9 Visual FoxPro 的文件类型

Visual FoxPro 应用程序的文件类型多达 50 多种。图 1-20 是一个 Visual FoxPro 应用系统的部分文件窗口，不同图标代表不同的文件类型。

图 1-20　Visual FoxPro 的文件类型

Visual FoxPro 常见文件类型如表 1-10 所示。

表 1-10 Visual FoxPro 常见文件类型

扩展名	文件类型	扩展名	文件类型	扩展名	文件类型
.dbc	数据库	.err	编译错误	.lbt	标签备注
.dct	数据库备注	.exe	可执行程序	.lbx	标签
.dcx	数据库索引	.app	生成的应用程序	.prg	程序
.dbf	表	.qpr	已生成的查询程序	.fxp	已编译程序
.fpt	表备注	.qpx	已编译的查询程序	.frt	报表备注
.cdx	复合索引	.mnt	菜单备注	.frx	报表
.idx	单索引	.mnx	菜单	.sct	表单备注
.pjt	项目备注	.mpr	已生成的菜单程序	.scx	表单
.pjx	项目	.mpx	已编译的菜单程序	.ico	图标文件

小　结

　　本章介绍了数据库技术的形成和发展、数据库系统的概念、数据模型及其分类，简单介绍了关系数据库管理系统。其中 E-R 模型、关系运算、关系数据库设计、Visual FoxPro 的工作方式和界面组成、命令窗口的特点及使用、命令书写规则和项目管理器是本章的学习重点。

习　题　1

一、选择题

1. 数据库系统常见的数据模型为＿＿＿＿。
   A. 网状模型、链状模型和层次模型　　　B. 层次模型、网状模型和环状模型
   C. 层次模型、网状模型和关系模型　　　D. 链状模型、关系模型和层次模型
2. 关系运算的结果是＿＿＿＿。
   A. 属性　　　　B. 元组　　　　　C. 关系　　　　　　D. 关系模式
3. 数据库系统包括数据库、计算机软/硬件系统、＿＿＿＿、数据库应用系统、数据库管理员和用户。
   A. 操作系统　　　B. 文件系统　　　C. 数据集合　　　D. 数据库管理系统
4. 关系数据库中一个关系可以用一张二维表表示，对应于 Visual FoxPro 中的＿＿＿＿。
   A. 数据库　　　B. 记录　　　　C. 表文件　　　　D. 字段
5. 关系数据库的三种基本运算不包括＿＿＿＿。
   A. 比较　　　　B. 选择　　　　C. 连接　　　　　D. 投影
6. 一个学生可以选修不同的课程，很多学生可以选同一门课程，则课程与学生这两个实体之间的联系是＿＿＿＿。
   A. 一对一联系　　B. 一对多联系　　C. 多对多联系　　D. 无联系
7. 在关系理论中，把能够唯一确定一个元组的属性或属性组合称为＿＿＿＿。
   A. 排序码　　　B. 关键字　　　　C. 域　　　　　　D. 外码
8. 投影运算是从关系中选取若干＿＿＿＿组成一个新的关系。
   A. 字段　　　　B. 记录　　　　C. 表　　　　　　D. 关系

9. 在关系模型中，为实现"关系中不允许出现相同元组"的约束应使用_____。

   A. 临时关键字   B. 主关键字   C. 外部关键字   D. 索引关键字

10. Visual FoxPro 项目管理器的选项卡不包括_____。

   A. 文档   B. 代码   C. 程序   D. 数据

二、填空题

1. 用二维表的形式表示实体及其之间联系的数据模型称为_____。

2. 数据管理技术发展分为_____、_____、_____和_____等 4 个阶段。

3. Visual FoxPro 有_____、_____和_____等三种工作方式。

4. 在项目管理器的右侧有 6 个命令按钮，这 6 个命令按钮会随着所选文件类型的不同而动态改变，初次打开时 6 个命令按钮分别是_____、_____、_____、_____、_____和_____。

5. Visual FoxPro 6.0 系统主文件的名字是_____。

第 2 章　Visual FoxPro 语言基础

Visual FoxPro 不仅属于一种数据库管理系统，同时也是一种程序设计语言。本章主要介绍数据类型、常量、变量、函数、运算符和表达式等程序设计的语言基础。

2.1　Visual FoxPro 数据类型

在计算机中，为了方便对数据进行管理，通常按照数据结构对数据进行分类，具有相同数据结构的数据属于同一类。同一类数据的全体称为一个数据类型。数据类型是数据的一个属性，它决定数据的范围和运算方式。

2.1.1　Visual FoxPro 的数据类型

1. 字符型（Character）

字符型数据可以由汉字、字母、数字、空格和其他 ASCII 字符构成，用字母 C 表示。字符型数据表示文本数据，不具有计算功能。比如，"abc"、"洛阳牡丹"、"471003"。

2. 数值型

数值型数据由数字（0～9）、小数点、符号（＋、－）和幂 E 组成。数值型数据表示数量的大小，能够参加数值运算。在表示形式中，数值型数据中小数点和正负号各占一个字符位。在 Visual FoxPro 系统中，根据存储、表达形式与数值范围的不同，数值型数据包括以下 4 种类型：

（1）数值型（Numeric）

数值型数据由数字（0～9）、小数点、符号（＋、－）和幂 E 组成，用字母 N 表示。取值范围是 $-0.9999999999E+19 \sim +0.9999999999E+20$，表示长度最大为 20 位。如 123、$-0.123$、$3E-6$ 等。

（2）浮点型（Float）

浮点型数据是数值型数据的一种，用字母 F 表示。功能与数值型数据等价，只是表示形式上采用浮点形式，通常用来表示计算精度要求高的数据。

（3）双精度型（Double）

双精度型数据用于存储精度更高且位数固定的数值，用字母 B 表示。其长度占用 8 个字节，取值范围是 $\pm 4.94065645841247E-324 \sim \pm 1.79769313486232E308$。

注意：只有字段变量才能使用该类型。

（4）整型（Integer）

整型用于表示整数，用字母 I 表示。其长度占用 4 个字节。其取值范围 $-2147483647 \sim 2147483646$。如 123、$-78$。

3. 日期型（Date）

日期型数据表示日期，用字母 D 表示。默认格式 {ˆyyyy/mm/dd}，其中 yyyy 表示月份，dd 表示日期，mm 表示年份，长度固定 8 位。如 {ˆ2012/12/23} 表示 2012 年 12 月 23 日。

4. 日期时间型（DateTime）

日期时间型数据可以表示日期和时间，用字母 T 表示。默认格式 {ˆyyyy/mm/dd hh：mm：ss}，其中 mm、dd、yyyy 和日期型数据表示意义相同，hh 表示小时，mm 表示分钟，ss 表示秒。其长度占用 8 个字节，前 4 个字节表示日期，后 4 个字节表示时间。

5. 逻辑型（Logical）

逻辑型数据用于表示逻辑数据，描述逻辑判断的结果，用字母 L 表示。长度占用 1 位。

6. 备注型（Memo）

备注型用来存储数据块，即不定长度的字符，用字母 M 表示。是字符型数据的特殊形式，其字段长度固定为 4 个字节。备注型数据没有数据长度限制，仅受限于磁盘空间的大小。

备注型数据只用于表中字段类型的定义，它的实际内容存放在与表文件同名的备注文件（.fpt）中。在实际应用中，如果字段内容不超过 254 个字符（127 个汉字），为方便查询和显示，最好不用备注型。

7. 通用型（General）

通用型用于存储 OLE（Object Linking and Embedding，链接与嵌入）对象数据，用字母 G 表示，字段占用长度固定 4 个字节。通用型数据中 OLE 对象可以是电子表格、Word 文档、图片、视频等各种对象。

通用型数据只用于表中字段类型的定义，它的实际内容也存放在与表文件同名的备注文件（.fpt）中。

8. 货币型（Currency）

货币型数据专门用来表示货币数值，用字母 Y 表示，其占用字段宽度固定为 8 个字节。默认保留 4 位小数，当小数位数超过 4 位时，四舍五入到 4 位。

2.1.2 常量

常量是在命令或程序中值保持不变的数据项。Visual FoxPro 中常量分为 6 种类型。

1. 数值型常量

数值型常量即常数，表示一个数值的大小，由数字、小数点和正负号组成。例如 314、3.14、-77、-3.14。其中很大或很小、有效位数不多的一些数值用科学计数法表示，如 3.14E6 表示 3.14×10^6，3.14e-6 表示 3.14×10^{-6}，在此，3.14 为尾数，表示有效位数，6 和-6 为阶码，表示幂指数。

2. 字符型常量

字符型常量是由 ASCII 字符、汉字和特有符号组成的字符型数据。字符常量又称为字符串，用双引号""、单引号''或方括号［］定界符括起来。

字符型常量的定界符必须成对出现，前后一致，如果某种定界符本身也是字符串的内容，该字符串应用其他的定界符作为其定界符。

如"河南科技大学"、'123'、[洛阳牡丹]、"'我'的英语表示：'I'"。特别要注意空串（""）和包含一个空格的字符串（" "）的不同。

3. 日期型常量

日期型常量用严格日期格式 {^yyyy/mm/dd} 表示。分隔符可以是斜杠（/）、连字符（—）、句点（.）和空格，其中斜杠是系统在显示日期型数据时使用的默认分隔符。

日期型数据和日期时间型数据的输入格式与输出格式不完全相同，Visual FoxPro 系统通过命令设置日期输出格式。

① 使用 set century on | off 设置日期是否显示世纪值，其中 on 表示显示世纪值，用 4 位数字表示年份，日期数据共显示 10 位；off 表示不显示世纪值，用 2 位数字表示年份，日期数据共显示 8 位。

例如在命令窗口输入如下命令：

```
set century off
? {^2012/11/15}          && 在工作窗口显示 11/15/12
set century on
? {^2012/11/15}          && 在工作窗口显示 11/15/2012
```

② 使用 set date to american | ansi | mdy | ymd | dmy | short | long 设置日期不同的显示格式，包括年月日的顺序及分隔符的样式，系统默认是 american（美国）格式。

例如在命令窗口中执行以下 3 条命令和结果显示如下：

```
? {^2012—11—15}          && 在工作窗口显示 11/15/12
set date to ymd          && 日期格式以年月日格式显示
? {^2012—11—15}          && 在工作窗口显示 12/11/15
```

各种日期格式设置所对应的日期输出格式如表 2-1 所示。

表 2-1　系统日期格式

设置值	日期格式
american	mm/dd/yy
ansi	yy. mm. dd
mdy	mm/dd/yy
ymd	yy/mm/dd
dmy	dd/mm/yy
short	Windows 默认短日期格式
long	Windows 默认长日期格式

4. 逻辑型常量

逻辑常量只有逻辑真和逻辑假两个值。逻辑真常量表示形式有：.T.、.t.、.Y. 和 .y.。逻辑假常量表示形式有：.F.、.f.、.N.、.n.。前后两个句点为逻辑型常量的定界符，否则会被误认为变量名。

5. 货币型常量

货币型常量用于表示货币值，为了和数值型常量区分，在其前面要加一个 $ 符号。货币型数值常量采用固定的 4 位小数，多于 4 位小数自动四舍五入，例如 $84.345767 将被转换成＄84.3458。

2.1.3 变量

变量与常量不同，变量是在命令操作或程序运行中可以改变其数值的数据项。每一个内存变量都必须有一个名称，用户通过名称访问变量。在 Visual FoxPro 系统中，变量分为字段变量、内存变量 2 类。内存变量又可分为普通内存变量和数组变量，数组变量可视为一种特殊的内存变量。

1. 变量命名规则

（1）英文字母、汉字打头，后可跟字母、数字、汉字、下画线。虽然中文版 Visual FoxPro 系统允许使用汉字为各类数据变量命名，但为了提高执行效率，不提倡使用。

（2）不能使用空格，句号，叹号，或@、＄、♯、&、＊、? 等字符。

（3）不能和系统关键字、标准函数名重名。

（4）不区分大小写。

（5）长度：字段名、索引标识名 1～10 个字符，其他 1～128 个字符。

2. 字段变量

在 Visual FoxPro 中，数据表中字段名即字段变量名。字段变量属于多值变量。字段变量的数据类型与该字段定义的类型一致。

3. 内存变量

内存变量是存储在内存中的一个临时单元，变量值就是存储在这个单元里的数据，在操作期间变量的值通过内存变量名读｜写。

内存变量的类型取决于变量值的类型，内存变量的类型包括字符型（C）、数值型（N）、货币型（Y）、逻辑型（L）、日期型（D）和日期时间型（T）。在 Visual FoxPro 中，用赋值命令为内存变量赋值，就建立了一个内存变量，变量的类型依据赋值的数据类型不同而不断改变，变量的数据类型最终取决于最后一次所赋值的数据类型。

（1）内存变量赋值命令

格式 1：＜内存变量名＞＝＜表达式＞

功能：将＜表达式＞的运算结果赋给指定的内存变量。

注意：每次只能给一个内存变量赋值。

例如：

a＝3	&& 创建内存变量 a,并赋值为 3,a 的类型为 3 的类型,即数值型
a＝3＋5	&& 表示把数值 8 赋值给变量 a,a 的类型为数值型。
a＝{^1990/09/08}	&& 表示把日期数据赋给 a,a 的类型为日期型。

注意："＝"的左边必须为合法的变量名，例如 a＋1＝3 是错误的。

格式 2：store＜表达式＞to＜内存变量名 1 [，内存变量名 2，…] ＞

功能：将＜表达式＞的运算结果赋给指定内存变量表中的各个内存变量。多个内存变量之间以逗号分隔。

例如：store 3＋5 to v1，v2 表示把表达式 3＋5 的结果赋给变量 v1 和 v2。

（2）显示内存变量或表达式值的命令

格式：? /?? ＜表达式表＞［at＜列号＞]

功能：计算表达式的值，并在屏幕当前行<列号>位置开始显示各表达式的值。

说明：

① ?：先回车换行，然后计算并输出表达式的值。

② ??：在屏幕的当前位置，计算并输出表达式的值。

③ <表达式表>：如有多个表达式则以逗号分隔，输出的表达式值之间用空格分隔。

④ ?<表达式表> at <列号>：指定表达式值从当前行指定列开始显示输出。at 对输出内容的定位只对它前面的一个表达式有效，如有多个表达式必须用多个 at 分别定位输出。

例如给内存变量赋值并显示结果。

```
A＝123                    && 用命令"＝"给变量 A 赋值为 123
? A                      && 在工作窗口显示:123
store 12 to A，B，C        && 用命令"store"同时给多个变量赋值
? A，B，C                  && 在工作窗口显示:12      12      12
B＝"洛阳"                  && 重新给变量赋值
A＝"河南"
? A at 10,B at 20         && 在工作窗口显示:      河南      洛阳
```

注意：如果内存变量和表中的字段变量同名，用户在引用内存变量时，需要在其名字前加一个 m. 或 m—，也可用 M. 或 M—，用以强调此变量为内存变量，否则系统将访问同名的字段变量。

（3）内存变量的清除命令

格式1：clear memory

功能：清除所有内存变量。

格式2：release<内存变量名列表>

功能：清除指定的内存变量。

格式3：release all ［extended］

功能：清除所有的内存变量。在人机会话的模式下作用与格式1相同。如果出现在程序中，则应该加上 extended 短语，否则不能删除公共内存变量。

格式4：release all ［like<通配符>｜except<通配符>］

功能：选用 like 短语清除与通配符相匹配的内存变量，选用 except 短语清除与通配符不相匹配的内存变量。通配符包括"＊"和"?"，"＊"表示任意多个字符，"?"表示任意一个字符。

4. 数组变量

数组变量是用一个名称组织并按一定顺序排列的一组结构化变量的集合，通过下标区分数组的不同元素。在 Visual FoxPro 中，数组各元素的数据类型取决于最后赋值的数据类型，数组各元素的数据类型也可以不同。

数组变量必须先定义后使用，其命令格式为

dimension｜declare <数组名1>(<下标上限1>[，<下标上限2>])；
　　　　　　　　［，<数组名2>(<下标上限1>[，<下标上限2>])］…

说明：

① 数组名要符合标识符命名规则。

② 数组创建后数组元素的默认值为逻辑假 .F. 。

③ 数组元素用数组名加下标访问，数组元素的下标最小值是1。最大值为下标上限。

④ 下标必须是非负值，具有自动取整功能。可以是常量、变量、函数或表达式。

⑤ 命令格式中用尖括号括起来的内容表示必须填写，用方括号括起来的内容表示二维下标或定义多个数组时使用，竖线表示选择其中之一。

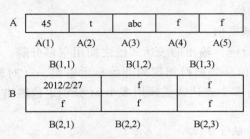

A

45	t	abc	f	f

A(1)　　A(2)　　　A(3)　　　A(4)　　　A(5)

　　　　B(1,1)　　　　　　B(1,2)　　　　B(1,3)

B

2012/2/27	f	f
f	f	f

B(2,1)　　　　B(2,2)　　　　B(2,3)

图 2-1　数组元素的排列

定义了数组后，在内存就分配了相应的内存空间。

例：dimension A（5），B（2，3）

A（1）＝45

A（2）＝.t.

A（3）＝"abc"

B（1，1）＝｛^2012/2/27｝

在内存中数组元素的排列如图 2-1 所示。

在使用数组和数组元素时，要注意以下问题：

① 在赋值和输入语句中使用数组名时，表示将同一个值同时赋给该数组的全部元素；

② 不能同时存在同名的内存变量和数组变量；

③ 数组名不能出现在表达式的右侧，数组元素可以；

④ 可以用一维数组的形式访问二维数组，但反之不行。

【例 2-1】 数组的定义、赋值与引用。

```
dimension a(2),b(2,2)          && 定义两个数组
a＝20                          && 使数组 a 的所有元素值为 20
? a(1),a(2),a(1)＋a(2)         && 在工作窗口显示:20      20      40
b(1,1)＝a(1)                   && 引用数组 a 的元素给数组 b 的元素赋值
? b(1,1)                       && 在工作窗口显示:20
store .t. to b(1,1)           && 元素 b(1,1)重新赋新的逻辑型值
? b(1,1)                       && 在工作窗口显示:.T.
b(1,2)＝[河南科技大学]         && 元素 b(1,2)赋字符型值
b(2,1)＝{^2012/12/25}          && 元素 b(2,1)赋日期值
? b(1,2),b(2,1),b(2,2)        && 工作窗口显示:河南科技大学 12/25/12 .F.
? b(2),b(4)                   && 工作窗口显示:河南科技大学 .F.
```

2.2　常用函数

2.2.1　函数的基本知识

函数是一个固定的程序段，它可以实现指定的运算功能。

1. 函数类型

Visual FoxPro 函数包括两大类：标准函数和自定义函数。标准函数是系统自带的，自定义函数由用户根据需要编写的。本章主要介绍常用标准函数。

在 Visual FoxPro 常用标准函数主要包括以下几种。

（1）数值函数

（2）字符处理函数

（3）数值转换函数

（4）日期函数

（5）测试函数

2. 函数的格式

函数名(参数表)

说明：

① 从程序设计角度看，为了实现某一功能要重复调用相应程序段，把具有相对独立功能的程序段命名即是函数名。在程序中需要完成该功能时，引用函数名即可。

② 括号与函数名之间不能有除空格外等其他字符。

③ 参数表根据函数参数要求，如果需要多个参数，参数之间用逗号分开。

3. 函数的值

函数的返回值即是函数执行后的返回结果。

4. 函数的引用

在程序中是通过对函数的引用来执行函数体。通俗的说，引用函数即调用函数。

例如，在 VF 中，求 $|x|$ 的值。应表示为

abs(x)，其中 abs 是函数名，x 是参数。

abs(−5)即是函数的引用，5 就是函数的返回值。

2.2.2　数值函数

数值函数用于数值运算，它们的参数和函数值都是数值型数据。

1. 绝对值函数

格式：abs(<数值表达式>)

功能：返回指定的数值表达式结果的绝对值。

例如：

```
? abs(−10)        && 在工作窗口显示：      10
? abs(3 * 2−10)   && 在工作窗口显示：      4
```

2. 指数函数

格式：exp(<表达式>)

功能：求以 e 为底、表达式的值为幂的值。

例如：

```
? exp(1)          && 在工作窗口显示：      2.72
? exp(−1)         && 在工作窗口显示：      0.37
```

3. 平方根函数

格式：sqrt(<数值表达式>)

功能：返回指定表达式的平方根，数值表达式的值不能为负，函数返回值也只有正的平方根值。

例如：

```
? sqrt(9)         && 在工作窗口显示：      3.00
? sqrt(3 * 8+9)   && 在工作窗口显示：      5.74
```

4. 取整函数

格式：int(<数值表达式>)

功能：返回指定数值表达式的整数部分，舍掉小数部分。

格式：ceiling(＜数值表达式＞)

功能：返回大于或等于表达式的最小整数。

格式：floor(＜数值表达式＞)

功能：返回小于或等于表达式的最大整数。

例如：

```
? int(17/3)          && 在工作窗口显示:5
? int(-17/3)         && 在工作窗口显示:-5
? ceiling(3.4)       && 在工作窗口显示:4
? ceiling(-4.8)      && 在工作窗口显示:-4
? floor(8.8)         && 在工作窗口显示:8
? floor(-8.4)        && 在工作窗口显示:-9
```

5. 最大值函数和最小值函数

格式：max(＜表达式 1＞，＜表达式 2＞ [，＜ 表达式 3＞…])
　　　min(＜表达式 1＞，＜表达式 2＞ [，＜ 表达式 3＞…])

功能：分别返回数值表达式中最大值表达式和最小值表达式。

说明：表达式和返回值的类型包括字符型、数值型、货币型、双精度型、浮点型、日期型、日期时间型。

例如：

```
? max({^2008/08/08},{^2012/08/08})      && 在工作窗口显示:08/08/12
? min(3.6,int(3.6))                     && 在工作窗口显示:3
```

6. 求余数函数

格式：mod(＜数值表达式 1＞，＜数值表达式 2＞)

功能：返回两个数值相除后的余数。＜数值表达式 1＞是被除数，＜数值表达式 2＞是除数。首先两数分别取绝对值，然后求余。余数的符号与除数相同。若被除数与除数同号，那么函数值即为两数相除的余数；若被除数与除数异号，则函数值为两数相除的余数再加上除数的值。

例如：

```
? mod(10,3),mod(-10,3),mod(-10,-3),mod(10,-3)
```

工作窗口显示结果：　　　1　　　2　　　-1　　　-2

7. 四舍五入函数

格式：round(＜数值表达式 1＞，＜数值表达式 2＞)

功能：返回对＜数值表达式 1＞进行四舍五入后的结果，＜数值表达式 2＞的值表示保留的小数位数。如果＜数值表达式 2＞的值为非负数表示保留小数的位数，＜数值表达式 2＞的值为负数表示返回值整数部分在小数点左端用零代替的位数，＜数值表达式 2＞的值为非整数，先对＜数值表达式 2＞的值取整再四舍五入。

例如：

```
store 123.456 to x
? round(x,3),round(x,2),round(x,1),round(x,0)
? round(x,-3),round(x,-2),round(x,-1),round(x,2.5)
```

工作窗口显示结果：

123.456　　　　123.46　　　　123.5　　　　　123
　　　　0　　　　　100　　　　120　　　123.46

2.2.3　字符函数

字符函数主要对字符型数据进行计算。函数返回值和参数至少一个是字符型数据，它们对字符串进行操作或返回一个字符串。

1. 求字符串长度函数

格式：len(＜字符串＞)

功能：返回字符表达式的字符数（包括空格），函数值为数值型。

例如：

　　? len('洛阳牡丹甲天下')　　　&& 在工作窗口显示：　　14
　　? len("how are you?")　　　&& 在工作窗口显示：　　12

2. 空格函数

格式：space(＜数值表达式＞)

功能：返回由指定空格数组成的字符串。

例如：

　　?"河南"＋space(4)＋"洛阳牡丹甲天下"

在工作窗口显示：河南　　洛阳牡丹甲天下

3. 查找子串函数

格式：at(＜字符串 1＞,＜字符串 2＞,[＜数值表达式＞])

功能：查找字符串 1 在字符串 2 中的起始位置。若存在数值表达式，则根据数值表达式的值 n，查找字符串 1 在字符串 2 中的第 n 次出现的起始位置；若省略数值表达式，则确定第一次出现的起始位置；如果字符串 1 不在字符串 2 中，函数返回值为零。

格式：atc(＜字符表达式 1＞,＜字符表达式 2＞ [,＜数值表达式＞])

功能：atc( )与 at( )类似，但在子串比较时不区分字母大小写。

例如：

　　? at('a','bcd')　　　　　&& 在工作窗口显示:0
　　? at('a','Abcefa')　　　　&& 在工作窗口显示:6
　　? atc('a','Abcefa')　　　 && 在工作窗口显示:1
　　? at('a','abcefa',2)　　　&& 在工作窗口显示:6

4. 大小写转换函数

格式：lower(＜字符串＞)|upper(＜字符串＞)

功能：lower( )将字符串中的大写字母转换成小写字母，其他字符不变。upper( )将字符串中的小写字母转换成大写字母，其他字符不变。

例如：

　　? lower('Visual')　　　　&& 在工作窗口显示:visual
　　? upper('Visual')　　　　&& 在工作窗口显示:VISUAL

5. 取字符串的函数

格式：left(＜字符串＞,＜长度＞)

功能：从<字符串>的左边第一个字符开始截取指定<长度>的子字符串。

格式：right(<字符串>，<长度>)

功能：从<字符串>的右边第一个字符开始截取指定<长度>的子字符串。

格式：substr(<字符串>，<起始位置>[，<长度>])

功能：从<字符串>的指定<起始位置>开始截取指定<长度>的子字符串。若<长度>参数未指定，则函数从起始位置一直截取到最后一个字符。

例如：

    x="How are you!"
    ? left(x, 3)，right(x, 4)，substr(x, 5, 3)，substr(x, 5)

工作窗口显示结果：

How   you!   are   are you!

6. 删除字符串前后空格的函数

格式：trim(<字符串>)|rtrim(<字符串>)

功能：去掉字符串尾部的空格字符。

格式：ltrim(<字符串>)

功能：去掉字符串首部的空格字符。

格式：alltrim(<字符串>)

功能：去掉字符串首部和尾部的空格字符。

例如：

    x="   How are you!   "
    ? trim("   How are you!   "),ltrim("   How are you!   "),alltrim("   How are you!   ")

工作窗口显示结果：

    How are you! How are you!   How are you!

7. 子串替换函数

格式：stuff(<字符表达式1>，<起始位置>，<长度>，<字符表达式2>)

功能：用<字符表达式2>的值替换<字符表达式1>中有<起始位置>和<长度>指明的一个子串。

例如：

    A='Good bye! '
    B='morning'
    ? stuff(A, 6, 3, B)   && 工作窗口显示：Good morning!
    ? stuff(A, 1, 4, B)   && 工作窗口显示：morning bye!

8. 字符串匹配函数

格式：like(<字符表达式1>，<字符表达式2>)

功能：比较两个字符串对应位置上的字符，若所有对应字符匹配，函数返回逻辑真，否则返回逻辑假。

说明：字符表达式1中可以包含通配符 * 和？。*可以与任何数目的字符相匹配，？可以与任何单个字符相匹配。（通配符，就是"可以替代其他字符的符号"）

例如：

    A="abc"

B="abcd"

? like("ab＊", A), like("ab＊", B), like(A, B), like("？b？", A), like("ABc", A)

工作窗口显示：

.T.　　.T.　　.F.　　.T.　　.F.

2.2.4　日期和时间函数

日期时间函数是处理日期型或日期时间型数据的函数，其参数为日期型表达式或日期时间型表达式。

1. 系统日期函数和时间函数

格式：date()

功能：返回当前系统日期，函数返回值为日期型数据。

格式：time()

功能：以24小时制返回当前系统时间，函数返回值为字符型数据。

格式：datetime()

功能：返回当前系统日期时间，函数返回值为日期时间型数据。

例如：

　　? date(), time(), datetime()　　　　&& 在主窗口显示系统的日期和时间

工作窗口显示结果：

12/25/12　　15：40：30　　12/25/12 15：40：30 PM

2. 年份、月份、星期和天数函数

格式：year(<日期表达式>|<日期时间表达式>)

功能：从指定的日期表达式或日期时间表达式中返回年份。

格式：month(<日期表达式>|<日期时间表达式>)

功能：从指定的日期表达式或日期时间表达式中返回月份。

格式：dow(<日期表达式>|<日期时间表达式>)

功能：从指定的日期表达式或日期时间表达式中返回星期的数值，用1～7表示星期日～星期六。

格式：day(<日期表达式>|<日期时间表达式>)

功能：从指定的日期表达式或日期时间表达式中返回月里面的天数。

这4个函数的返回值都为数值型数据。

例如：

　　x={^2012－12－24}

　　? year(x), month(x), dow(x), day(x)

工作窗口显示结果：2012　12　2　24

2.2.5　转换函数

在数据运算时，可以通过转换函数将不同类型的数据统一为同一类型，实现数据类型的一致。

1. 字符型转换为日期型函数

格式：ctod(<字符表达式>)

功能：将＜字符表达式＞值转换成日期型数据。

格式：ctot(＜字符表达式＞)

功能：将＜字符表达式＞值转换成日期时间型数据。

说明：＜字符表达式＞格式要与 set date to 命令设置的格式一致。其中的年份可以用四位，也可以用两位。若用两位，则世纪由 set century to 语句指定。

例如：

```
? ctod('12/24/2012')              && 在工作窗口显示:12/24/12
? ctot('12/24/2012')              && 在工作窗口显示:12/24/12 12：00：00 AM
? ctot('12/24/2012 12：00：00')    && 在工作窗口显示:12/24/12 12：00：00 PM
```

2. 日期型和日期时间型转换为字符型函数

格式：dtoc(＜日期表达式＞|＜日期时间表达式＞[，1])

功能：将日期型数据或日期时间数据的日期部分转换成字符串。

格式：ttoc(＜日期时间表达式＞[，1])

功能：将日期时间数据转换成字符串。

字符串中日期部分的格式与 set date to 语句的设置和 set century on | off 语句有关。时间部分的格式受 set hours to 12 | 24 语句的设置影响。

对 dtoc 来说，如果使用选项 [，1]，则字符串的格式总是 yyyymmdd，共 8 个字符。对 ttoc 来说，若使用选项 [，1]，则字符串的格式总是为 yyyymmddhhmmss，采用 24 小时制，共 14 个字符。例如：

```
? dtoc({^1949/10/01})＋'是中华人民共和国成立的日子！'
? dtoc({^1949/10/01},1)＋'是中华人民共和国成立的日子！'
? ttoc({^1949/10/01})＋'是中华人民共和国成立的日子！'
? ttoc({^1949/10/01},1)＋'是中华人民共和国成立的日子！'
```

工作窗口显示结果：

10/01/49 是中华人民共和国成立的日子！

19491001 是中华人民共和国成立的日子！

10/01/49 12：00：00 AM 是中华人民共和国成立的日子！

19491001000000 是中华人民共和国成立的日子！

3. 数值型转换为字符型函数

格式：str(＜数值表达式＞[，＜长度＞[，＜小数位数＞]])

功能：将＜数值表达式＞的值按要求转换成字符串，并在转换过程中自动进行四舍五入。

说明：转换规则要求把＜数值表达式＞转换成字符串，若转换后字符串长度小于等于参数＜长度＞，则按＜小数位数＞截取小数部分，并在字符串的首部补空格，让转换后字符串长度等于参数＜长度＞的值。若转换后字符串长度大于参数＜长度＞，则优先取整数部分而自动调整小数位数，使转换后字符串长度等于参数＜长度＞的值。若＜长度＞值小于＜数值表达式＞值的整数部分位数，则返回一串星号（＊）。小数点和负号均占一位。

通常，＜小数位数＞的默认值为 0，＜长度＞的默认值为 10。例如：

```
store －123.456 to n
?"n＝"＋str(n, 8, 3)
? str(n, 9, 2), str(n, 6, 2), str(n, 3), str(n, 6), str(n)
```

工作窗口显示结果：

n＝－123.456

　－123.46　－123.5　***　　－123　－123

4. 字符型转换为数值型函数

格式：val(＜字符串表达式＞)

功能：将由数字符号（包括正负号、小数点、乘幂的 E）组成的字符型数据转换成相应的数值型数据。若字符串内出现非数字字符，则转换到此字符结束；若字符串的首字符不是数字字符，则返回数值 0.00，但忽略前导空格。

例如：

```
store "－123" to x          && 给变量 x 赋值
store "45.2" to y           && 给变量 y 赋值
store "a23" to z            && 给变量 z 赋值
store "12a23" to w          && 给变量 w 赋值
? val(x＋y), val(x＋z), val(z＋y), val(w)
```

工作窗口显示结果：

－12345.20　　－123.00　　0.00　　12.00

5. 字符转换 ASCII 码的函数

格式：asc(＜字符表达式＞)

功能：将字符表达式首字符的 ASCII 码值返回，函数返回值为数值型。

例如：

```
? asc('abc')               && 在工作窗口显示:97
? asc('12')                && 在工作窗口显示:49
```

6. ASCII 码转换为字符函数

格式：chr(＜数值表达式＞)

功能：将数值表达式的值转换为相应字符，函数返回值为字符型。

例如：

```
? chr(65)                  && 在工作窗口显示:A
? chr(65＋33)              && 在工作窗口显示:b
```

7. 宏替换函数

格式：&＜字符型变量＞[.]

功能：替换出字符型变量的内容，即 & 的值是变量中的字符串。若该函数与其后的字符无明确分界，则要用"."作函数结束标识。宏替换可以嵌套使用。

例如：

```
store '洛阳牡丹' to x
store 'x' to y
? y, &y                    && 在工作窗口显示:x 洛阳牡丹
```

2.2.6　测试函数

1. null 值测试函数

格式：isnull(＜表达式＞)

功能：判断一个表达式的运算结果是否为 null 值，若是则返回逻辑真，否则返回逻辑假。null 代表表达式的值是不确定的暂时没有有效的数据，但是和未赋值是不同。

例如：

```
store . null. to x
? x, isnull(x)                    && 在工作窗口显示:. NULL. T.
```

2. "空"值测试函数

格式：empty(＜表达式＞)

功能：判断表达式的运算结果是否为"空"值，为"空"值返回逻辑真，否则返回逻辑假。不同类型数据的"空"值，有不同的规定，如表 2-2 所示。

表 2-2　不同类型数据的"空"值规定

数据类型	空值规定	数据类型	空值规定
数值型	0	字符型	空串、空格、制表符、回车、换行
浮点型	0	日期型	空（如 ctod（''））
整型	0	日期时间型	空（如 ctot（''））
双精度型	0	逻辑型	. F.
货币型	0	备注字段	空

例如：

```
X=""
Y=0. 0
Z=. F.
W=1
? empty(X), empty(Y), empty(Z), empty(W)
```

工作窗口显示结果：

```
. T .        . T .        . T .        . F .
```

3. 表头测试函数

格式：bof([＜工作区号＞|＜表别名＞])

功能：测试记录指针是否指向第一条记录之前。如果参数为空，表明测试当前表文件，否则测试指定表文件。如果指针指向表文件的第一条记录之前，返回逻辑值真，否则返回逻辑值假。如果在指定工作区没有打开表文件，函数返回逻辑值假。如果表文件中不包含任何记录，函数返回值为真。

如图 2-2 显示了表文件的逻辑结构，表中有 N 条记录，分别指出了 BOF、TOP、BOTTOM、EOF 在表中所处的位置。

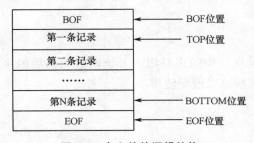

图 2-2　表文件的逻辑结构

4. 表尾测试函数

格式：eof([＜工作区号＞|＜表别名＞])

功能：测试记录指针是否指向最后一条记录之后。如果参数为空，表明测试当前表文件，否则测试指定表文件。如果指针指向表文件的最后一条记录之后，返回逻辑值真，否则返回逻辑值假。如果在指定工作区没有打开表文件，函数返回逻辑值假。如果表文件中不包含任何记录，函数返回值为真。

5. 记录个数测试函数

格式：reccount([＜工作区号＞|＜表别名＞])

功能：返回表文件中的记录个数。如果参数为空，返回当前表文件记录个数，否则返回指定表文件记录的个数。如果指定工作区上没有打开表文件，函数返回 0。

reccount 返回的是表文件中物理上存在的记录个数，不管记录是否被逻辑删除以及 set deleted 的状态如何，也不管记录是否被过滤（set filter），该函数都会把它们考虑在内。

6. 记录号测试函数

格式：recon()

功能：返回当前记录的记录号。

7. 检索测试函数

格式：found()

功能：测试是否找到符合要求的记录。如果找到该记录返回逻辑值真，否则返回逻辑值假。

8. 数据类型测试函数

格式：vartype(＜表达式＞[,＜逻辑表达式＞])

功能：测试＜表达式＞的数据类型，返回一个大写字母。其中表达式用定界符定界。字母的含义如表 2-3 所示。

表 2-3 vartype 的函数返回值

返回的字母	代表的数据类型	返回的字母	代表的数据类型
C	字符型或备注型	G	通用型
N	数值型、整型、浮点型或双精度型	D	日期型
Y	货币型	T	日期时间型
L	逻辑型	X	null 值
O	对象型	U	未定义

若＜表达式＞是一个数组，则根据第一个数组元素的类型返回相应类型的字母。若＜表达式＞的运算结果是 null 值，而＜逻辑表达式＞值是真，就返回＜表达式＞的原数据类型，若＜逻辑表达式＞值为假或缺省，则返回字母 X。

例如：

```
y＝10
store 10 to x
store . null. to y
store $ 11. 2 to z
? vartype(x), vartype(y), vartype(y, . T. ), vartype(z)
```

工作窗口显示结果：

```
N    X    N    Y
```

9. 条件测试函数

格式：iif(<逻辑表达式>，<表达式 1>，<表达式 2>)

功能：测试<逻辑表达式>的值，若为逻辑真，函数返回<表达式 1>的值，否则，函数返回<表达式 2>的值。<表达式 1>和<表达式 2>的类型不要求相同。

例如：

  X=20

  Y='abc'

  ? iif(X>20，Y+'字符'，Y)，iif(X=20，Y+'字符'，Y)

工作窗口显示结果：

abc abc 字符

2.3 运算符与表达式

表达式是由常量、变量、函数通过运算符连接成的有意义的式子。根据表达式运算结果的数据类型，运算符可以分为数值运算符、字符运算符、日期运算符、逻辑运算符和关系运算符 5 类。

一个表达式中如果包含多个不同的运算符，为了保证运算结果的正确性和合理性，必须按优先级次序：括号>算术运算和日期时间运算>字符串运算>关系运算>逻辑运算执行。若多个同一级别的运算符同时出现，则要按照在表达式中的先后排列顺序计算。所以学习表达式必须注意参加运算的运算符的优先级。

2.3.1 数值表达式

数值表达式由算术运算符连接数值型常量、变量和函数形成，最终运算结果是数值型数据。数值表达式中算术运算符的结合性是从左到右，其优先级顺序及其含义如表 2-4 所示。

表 2-4 算术运算符及其优先级

运算符	功能	优先级	表达式举例
（ ）	形成表达式的子表达式	1	(3+4)＊8
—	取相反数	2	—（—10+3）
＊＊或^	乘方	3	2＊＊2、2^2
＊、/、%	乘、除、求余	4	2＊10、10/2、10%2
+、—	加、减	5	5+3、5—3

例如：

  A=10   && 给变量 A 赋值

  B=20   && 给变量 B 赋值

  ? A—B，—B，A^B，A＊B+1 && 显示表达式的结果

工作窗口显示结果：

—10   —20   1.000000E+20   201

【例 2-2】计算数学表达式 $\sqrt[3]{3 \times 4 + 3^2}$ 的值。

X=(3＊4＋3＊＊2)＊＊(1/3)   && 把表达式的值赋给变量 X

? X   && 在工作窗口显示:2.76

【例 2-3】 算术表达式的综合应用。

? asc('12')－30

? val("123a34")＋val("45")＋val("a22")

? int(val("1234.5")), int(val("1234.5"))/10, int(val("1234.5"))%10

? int(int(val("1234.5"))/10)%10, int(int(val("1234.5"))/100)%10

? int(int(val("1234.5"))/1000)

? len(dtoc(date( )))＋len(ttoc(date( )))

工作窗口结果显示：

19

  168.00

  1234   123.4000   4

          3   2

        1

   28

2.3.2 字符表达式

字符表达式由字符串运算符将字符型数据连接起来形成，其运算结果仍是字符型数据。字符串运算符有两个"＋"和"－"，运算级相同，如表 2-5 所示。

表 2-5　字符运算符

运算符	功能	优先级	表达式举例
＋	连接前后两个字符串	1	"河南"＋"洛阳"
－	连接前后两个字符串，并将前字符串的尾部空格移到合并后的新字符串的尾部	1	"河南"－"洛阳"

例如：

A="河南 "   && 变量赋值

B="洛阳牡丹"   && 变量赋值

? A＋B, A－B   && 在工作窗口显示:河南 洛阳牡丹   河南洛阳牡丹

【例 2-4】 字符表达式的综合应用。

A="How do you do?"

B="How are you?"

? substr(a, 5, 3)＋substr(b, 9, 3)＋"?"

? substr(a, 5, 3)－substr(b, 9, 3)＋"?"

? left(B, at('do', A, 2))＋right(B, at('do', A, 2))

工作窗口显示：

do you?

doyou ?

How a you?

2.3.3 日期时间表达式

日期时间表达式由日期时间运算符将日期时间型数据或与数值常量连接形成，其运算结果仍为日期型数据。日期时间运算符有两个"＋"和"－"，运算级相同。

日期时间的格式必须遵照规则，不能任意组合，合法的日期时间表达式格式如表 2-6 所示，其中＜天数＞和＜秒数＞都是数值表达式。

表 2-6　日期和时间表达式格式

格式	结果及类型
＜日期＞＋＜天数＞	日期型。指定日期若干天后的日期
＜天数＞＋＜日期＞	日期型。指定日期若干天后的日期
＜日期＞－＜天数＞	日期型。指定日期若干天前的日期
＜日期＞－＜日期＞	数值型。两个指定日期相差的天数
＜日期时间＞＋＜秒数＞	日期时间型。指定日期时间若干秒后的日期时间
＜秒数＞＋＜日期时间＞	日期时间型。指定日期时间若干秒后的日期时间
＜日期时间＞－＜秒数＞	日期时间型。指定日期时间若干秒前的日期时间
＜日期时间＞－＜日期时间＞	数值型。两个指定日期时间相差的秒数

例如：

```
A＝{^2012/12/25}                          && 变量赋日期值
B＝{^2012/12/25 12：35：34}               && 变量赋日期时间值
? A－5,5＋A，A－{^2012/12/27}，B＋25      && 显示表达式结果
```

工作窗口显示结果：

```
12/20/12   12/30/12        －2   12/25/12   12：35：59   PM
```

【例 2-5】时间表达式的综合举例。

```
? date()                           && 显示当前日期
? year(date())－1990               && 当前年份与 1990 年的差值
? month(date())＋3,day(date())＋4  && 当前月份之后的 3 个月、4 天后的日子
```

工作窗口显示：

```
04/04/13
          23
7        8
```

2.3.4　关系表达式

关系表达式由关系运算符将两个运算对象连接起来形成，关系运算符的作用是比较两个表达式的大小。其运算结果为逻辑型数值真或假，分别用 .T. 和 .F. 表示。关系运算符及其含义如表 2-7 所示。

表 2-7　关系运算符及其含义

运算符	功能	优先级	表达式举例
＜、＜＝	小于、小于等于		20＜4　20＜＝4＊5
＞、＞＝	大于、大于等于		20＞4　20＞＝4＊5
＜＞、#、！＝	不等于	相同	20＜＞4
＝	等于		20＝4
＝＝	字符串精确比较		"abc"＝＝"abcabc"
＄	判断子串 1 是否是子串 2 的子串		"abc" ＄ "abcabc"

注意：运算符＝＝和 ＄ 仅适用于字符型数据。

1. 大小比较

（1）关系表达式运算时，注意比较的基本原则。原则如下：

① 数值型和货币型数据直接按数值的大小比较。

② 日期和日期时间型数据比较时，越早的日期或时间越小，越晚的日期或时间越大。

③ 逻辑型数据比较时，逻辑真大于逻辑假。

④ 字符型数据比较时，可按 Machine（机器码）、拼音（PinYin）或笔画数（Stroke）的次序来比较大小。首先按第一个字符比较大小，当第一个字符相同时，则按第二字符比较大小，以此类推。西文字符默认按 ASCII 码的大小比较，汉字默认按拼音排列顺序比较。

注：设置字符比较次序的命令是：set collate to "＜排序次序名＞"。

（2）排序次序名必须放在引号中。次序名可以是"Machine"、"Pin Yin"或"Stroke"。

① Machine（机器）次序：西文字符是按照字符的 ASCII 码值排列的，ASCII 值从小到大依次为空格、数字（0~9）、大写字母（A~Z）、小写字母（a~z）；汉字用汉字的机内码来比较大小。例如，"a"＜"b"，"a"＞"A"，"ab2"＞"ab1"，"1"＞"022"这些表达式均为真。

② Pin Yin（拼音）次序：字符串比较大小时按字母拼音顺序排序，对西文字符而言，空格在最前面，然后是大写字母（A~Z），最后是小写字母（a~z）。

③ Stroke（笔画）次序：无论中文、西文，按照书写笔画的多少来排序。

例如：

```
? 12＞ $ 12                          && 工作窗口显示结果 .F.
? {^2012/12/12}＞＝{^2012/12/12}     && 工作窗口显示结果 .T.
? 5＋3＜9                            && 工作窗口显示结果 .T.
? .F. ＞.T.                          && 工作窗口显示结果 .F.
?"ABC"＜"ABCD"                       && 工作窗口显示结果 .T.
?"张三"＞"李四"                       && 工作窗口显示结果 .T.
```

2. 子串包含比较

（1）"$"是子串包含测试运算符。

命令格式：＜字符串1＞$＜字符串2＞

功能：判断字符串 1 是否是字符串 2 的子串，如果是子串结果为逻辑真，否则为逻辑假。

例如：

```
store"河南"to s1
store"河南科技大学" to s2
?s1 $ s2，s2 $ s1                    && 在工作窗口显示：.T..F.
```

注意：当变量和字符串字符重名时，要分清各自的含义。例如 a 与"a"，前者是变量名，可以存放不同类型的数据，后者是常量，代表了固定值字符 a。

3. 字符串精确比较

使用"＝＝"比较两个字符串时，不受 set exact 的设置，只有两个字符串长度相同，字符相同，排列相同时返回逻辑值真，否则返回逻辑值假。

使用"＝"比较两个字符串时，要受到 set excat on | off 的影响，当 set excat 设置为 off 时，要比较到字符串 2 的末位为止。当 set excat 设置为 on 时，要比较到两个字符串的末位为止。

【例 2-6】符串相等判断表达式举例。

```
set exact off
```

```
store "河南" to s1
store "河南洛阳" to s2
store "河南 " to s3
? s1==s2, s2==s1, s1==s3, s3==s1, s2==s3, s3==s2        && 输出表达式结果
```
工作窗口显示结果：
```
.F.  .F.  .F.  .F.  .F.  .F.
? s1=s2, s2=s1, s1=s3, s3=s1, s2=s3, s3=s2             && 输出表达式结果
```
工作窗口显示结果：
```
.F.  .T.  .F.  .T.  .F.  .F.
set exact on
? s1==s2, s2==s1, s1==s3, s3==s1, s2==s3, s3==s2        && 输出表达式结果
```
工作窗口显示：
```
.F.  .F.  .F.  .F.  .F.  .F.
? s1=s2, s2=s1, s1=s3, s3=s1, s2=s3, s3=s2             && 输出表达式结果
```
工作窗口显示：
```
.F.  .F.  .F.  .T.  .F.  .F.
```

注意：在本例中要特别注意比较 set excat 后分别使用 off 和 on 时，"=="和"="进行字符串比较的使用与区别。

2.3.5 逻辑表达式

逻辑表达式是由逻辑运算符将关系表达式连接起来的式子，结果为逻辑值。表 2-8 为逻辑运算符的功能。表 2-9 为逻辑运算真值表。

表 2-8 逻辑运算符的功能

运算符	功能	优先级
( )	形成表达式	高
.not. 或!	逻辑非	↓
.and.	逻辑与	
.or.	逻辑或	低

表 2-9 逻辑运算真值表

A	B	A.and.B	A.or.B	.NOT.A
.T.	.T.	.T.	.T.	.F.
.T.	.F.	.F.	.T.	.F.
.F.	.T.	.F.	.T.	.T.
.F.	.F.	.F.	.F.	.T.

逻辑表达式举例。

（1）用逻辑表达式表示查询数学、外语 80 分以上，计算机、物理、化学 3 门课程中至少有 1 门也达到 80 分以上的学生的查询条件。

数学>=80 and 外语>=80 and（计算机>=80 or 物理>=80 or 化学>=80）

（2）逻辑表达式举例。
```
store .T. to a
store .F. to b
? a and b, a or b, .NOT.a        && 在工作窗口显示:.F.    .T.    .F.
```

小　结

本章介绍了 Visual FoxPro 的各类数据类型、常量和变量，运算符，表达式和函数。它们是数据处理的基本元素，数据加工和处理的基础，初学者应于重视。

习　题　2

一、选择题

1. Visual FoxPro 表中的字段是一种＿＿＿＿。
   A. 常量　　　　　　B. 变量　　　　　　C. 函数　　　　　　D. 运算符

2. 备注型字段的数据内容存放在扩展名为＿＿＿＿的文件中。
   A. .fpt　　　　　　B. .dbf　　　　　　C. .mem　　　　　　D. .txt

3. STR（119.87，7，3）的值是＿＿＿＿。
   A. 119.87　　　　　B. "119.87"　　　　C. 119.870　　　　　D. "119.870"

4. 以下数据哪些不是字符型数据＿＿＿＿。
   A. 01/01/98　　　　B. "01/01/97"　　　C. '12345'　　　　　D. ［ASDF］

5. 字符型数据的最大长度是＿＿＿＿。
   A. 20　　　　　　　B. 254　　　　　　 C. 10　　　　　　　 D. 65K

6. 以下常量哪些是合法的数值型常量＿＿＿＿。
   A. 123　　　　　　 B. 123＋E456　　　 C. "123.456"　　　　D. 123＊10

7. 下列表达式中不符合 Visual FoxPro 语法要求的是＿＿＿＿。
   A. 12/23/2012　　　B. T＋t　　　　　　C. 1234　　　　　　 D. 3y＞15

8. 在逻辑运算中，依照哪一个运算优先原则＿＿＿＿。
   A. .not. ＞ .or. ＞ .and.　　　　　　　 B. .not. ＞ .and. ＞ .or.
   C. .and. ＞ .or. ＞ .not.　　　　　　　 D. .or. ＞ .and. ＞ .not.

9. 已知 D1 和 D2 为日期型变量，下列 4 个表达式中非法的是＿＿＿＿。
   A. D1－D2　　　　 B. D1＋D2　　　　　C. D1＋28　　　　　D. D1－36

10. 设有一字段变量"姓名"，目前值为"王华"，又有一内存变量"姓名"，其值为"李杰"，则命令"? 姓名"的值为＿＿＿＿。
    A. 王华　　　　　　B. 李杰　　　　　　C. "王华"　　　　　 D. "李杰"

11. 设字段变量"工作日期"为日期型，"工资"为数值型，则要想表达"工龄大于 30 年，工资高于 1500、低于 3000 元"这一命题，其表达式是＿＿＿＿。
    A. 工龄＞30 and 工资＞1500 and 工资＜3000
    B. 工龄＞30 and 工资＞1500 or 工资＜3000
    C. int((date()－工作日期)/365)＞30 and（工资＞1500 and 工资＜3000）
    D. int((date()－工作日期)/365)＞30 and（工资＞1500 or 工资＜3000）

12. 下列说法中正确的是＿＿＿＿。
    A. 若函数不带参数，则调用时函数名后面的圆括号可以省略

B. 函数若有多个参数，则各参数间应用空格隔开

C. 调用函数时，参数的类型、个数和顺序不一定要一致

D. 调用函数时，函数名后的圆括号不论有无参数都不能省略

13. 设 X＝"河南"，Y＝"河南洛阳"，则下列表达式中值为 . T . 的是_____。

　　A. X＝Y　　　　　　B. X＝＝Y　　　　　C. X＄Y　　　　　D. X＞Y

14. 设某数据库中有 10 条记录。用函数 eof() 测试结果为 . T . ，此时当前的记录号为____
____。

　　A. 10　　　　　　　B. 11　　　　　　　C. 0　　　　　　　D. 1

15. 执行下列命令后，显示结果是_____。

X＝20

Y＝30

Z＝"X＋Y"

? 50＋&Z

　　A. 50＋&Z　　　　B. 50＋X＋Y　　　　C. 100　　　　　D. 数据类型不匹配

二、操作题

（一）熟悉 Visual FoxPro 6.0 的程序操作环境

操作步骤：

（1）启动 Visual FoxPro 6.0，单击任务栏的"开始"按钮，打开开始菜单，从中选择"程序"，在后面的下一级菜单中选择"Microsoft Visual FoxPro 6.0"程序组，单击"Microsoft Visual FoxPro 6.0"。

（2）熟悉 Visual FoxPro 6.0 界面。主界面主要包括：标题栏、菜单栏、工具栏、命令窗口和工作窗口。

在命令窗口输入命令，例如：

A＝2

B＝3

? A＋B

如图 2-3 所示。

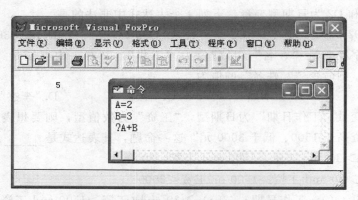

图 2-3　变量的赋值和命令的执行格式

命令窗口提供了用户和 Visual FoxPro 交互的一种方式。在该窗口输入一条命令，按回车键后，Visual FoxPro 就执行该命令。在工作区窗口可显示执行结果，要及时了解命令执

行状态，从而更好地实现交互效果。窗口中插入点可上下移动，移到执行过的命令行上按回车键或修改执行过的命令后按回车键可再次执行该命令。

（3）退出 Visual FoxPro 6.0，在"命令"窗口中，输入"quit"命令并回车。

（二）设定工作目录

练习：设定自己的工作目录，目的是将 Visual FoxPro 6.0 创建的文件保存在默认目录中，方便自己查找和修改。

操作步骤：

（1）利用 Windows 资源管理器建立一个自己的目录（文件夹），如 d:\myVFP

（2）选择"工具"菜单中的"选项"命令，弹出"选项"对话框，在对话框中选择"文件位置"选项卡，再选择"默认目录"项。

（3）单击"修改"按钮，弹出"更改文件位置"对话框，选中"使用默认目录"复选框，在文本框里输入自己的目录或单击右边的按钮选择自己的目录，然后单击"确定"按钮。

（4）在"选项"对话框中，单击"设置为默认值"按钮，然后单击"确定"按钮，完成设置。

（三）练习表达式的使用方法

1．在命令窗口输入下面各命令，在工作窗口观察表达式的结果。

（1）?3＋5*8

（2）?3＞5*8

（3）?.t.and.f.

（4）?"abc"＋"def"

（5）?3＞5*8 and"abc"

2．掌握定义内存变量，并给内存变量赋值。在命令窗口输入下面各命令，在工作窗口观察表达式的结果。

（1）A＝2   && 实现定义内存变量 A，且赋值为数值2。

（2）store 3 to X，Y   && 实现定义内存变量 X，Y，且同时赋值为数值3。

（3）store"abc" to M   && 实现定义字符变量 M，且赋值为字符"abc"。

（4）?A，X，Y，M，A+X，M+"rty"&& 观察工作窗口显示结果。

（5）clear   &&clear 命令的作用是清除工作窗口的内容。

3．掌握常用函数调用。

（1）? abs(－50)

（2）? len（"全国计算机等级考试"）

（3）? ltrim(" How are you!")

（4）? at('a','abcd')

（四）操作练习题

1．在 D 盘根目录下建立一个文件夹"姓名的字母缩写"，并将其设置为 Visual FoxPro 6.0 的默认文件输出位置。

2．指出下列表达式的类型，计算表达式的值，并上机验证结果。

（1）100＋50/2 * 3

（2）123＋456＞34 * 67％568/32 and '123'＋'456' $ '0123456789'

(3) 'Abc'>'abc'

(4) .t. and .f. or not .f. or .t.

(5) "河南洛阳 "＋"牡丹花会特色"

(6) "河南洛阳 "－"牡丹花会特色"

3. 写出下列函数表达式的结果，并上机验证。

(1) iif("AB"＝"A", "AB"－"CD", "AB"＋"CD")

(2) 假定系统日期是 2013 年 3 月 27 日，有如下命令：

　　N＝(year(date())－1900)％100，执行后 N 的值应为_____。

(3) at("教授", "副教授")

(4) store "375" to x

　　store "12" to y

　　? y $ t

(5) left("Visual FoxPro", 6)

(6) empty(space(10))

(7) store ctod("12/04/1902")to dt

　　dt＝year(dt)

　　? dt

(8) like("edit", "edi? ")

(9) P＝"全国计算机等级考试"

　　substr(P, int(len(P)/2)，2)

(10) cName＝"李小明"

　　XM＝"cName"

　　? &XM＋"你好!"

第 3 章　Visual FoxPro 表文件操作

在关系数据库管理系统中，数据以表的形式存储和管理。表在 Visual FoxPro 中以表文件的形式存在，数据库中的所有数据都存放在表文件中。表的结构设计是否合理，表中数据的冗余度、共享性和完整性的高低，直接影响表的使用效率和质量。本章主要介绍表的概念及其操作。

3.1　Visual FoxPro 命令介绍

3.1.1　Visual FoxPro 命令

Visual FoxPro 中的工作既可以通过菜单和工具栏上的按钮来完成，又可以通过在命令窗口中输入命令来实现。每条命令都由命令动词和一些可选的短语构成，命令动词规定了该命令要完成的功能，短语是对执行的命令进行一些限制性的说明。

3.1.2　Visual FoxPro 命令的语法格式

1. Visual FoxPro 命令的基本语法格式为

＜命令动词＞［＜范围子句＞］［＜条件子句＞］［＜字段名 1，字段名 2…＞子句］

命令格式中语法标识符的意义和用法如下：

＜＞：必选项，必须写具体内容。

［］：可选项，可根据实际需要选用或省略该项内容。

｜：或。左右两边的内容选写一个。

…：省略。

，：间隔符。

2. Visual FoxPro 命令的短语

Visual FoxPro 一般的命令都包括数量不等的可选短语，常见形式如下。

① 范围

范围确定命令操作的记录范围，对应于关系运算中的选择运算。有以下四种形式。

all	所有记录
next ＜n＞	从当前记录起的连续 n 条记录
record ＜n＞	第 n 条记录
rest	从当前记录起到最后一条记录止的所有记录

② 条件

条件短语有以下两种形式。

for ＜条件＞：选择表中符合条件的所有记录。

while ＜条件＞：从当前记录开始选择符合＜条件＞的记录，遇到第一个不满足条件的记录即结束。

条件短语以条件为依据选择记录，对应于关系运算中的选择运算。

注意：若一条命令中同时有 for 子句和 while 子句，则优先处理后者。

③ fields

fields 短语的格式：fields ＜字段名表＞

fields 短语确定需要操作的字段，对应于关系运算中的投影运算。＜字段名表＞列出需要显示的字段。缺省表示全部字段。例如：

```
use 客户表
list next 5 fields 联系人姓名,性别,联系电话 for 城市＝"洛阳"
```

两条命令的含义：打开客户表，显示前 5 条记录中"洛阳"客户的联系人姓名，性别和联系电话信息。

all、next、record、rest、for、while、fields 等称为关键字或保留字。

作为特例，Visual FoxPro 6.0 还有少量格式非常简单的命令。例如：

赋值命令：＝。例如把 3 赋给变量 x：x＝3

赋值命令：store。例如把 3 赋给变量 x、y、z：store 3 to x,y,z

显示命令：? |??。例如，把 x、y 的值在同一行内显示：

```
? x
?? y
```

清除命令：clear。清除显示区域中显示的内容：

3.1.3 命令的书写规则

① 命令的短语以空格隔开，次序可任意。

② 关键字一律使用英文，不区分大小写，可缩写为前 4 个以上的字母。例如 fields 可简写为 fiel、field。

③ 命令行长度≤8192 个字符。如一行写不下，使用续行符 ";" 并按回车键，将剩余部分续写在下一行。

④ 间隔符号为英文半角。

3.2 表文件的建立

在关系数据库中将关系称为表，主要用于存储数据。Visual FoxPro 中的表是以二维表格（即由行和列构成）的形式存放的，如图 3-1 所示的"学生基本信息表"，表中的每一列称为一个字段，每一行称为一条记录。一个表对应磁盘上的一个扩展名为 .dbf 的文件，若表中有备注型或通用型字段，则系统会自动建立一个与表同名而扩展名为 .fpt 的文件。

学号	姓名	性别	出生日期	是否入团	系别代号	专业代号	年级	籍贯	入学成绩	手机	照片	备注
1214130101	刘梅	女	07/15/95	T	14	13	12	山东	623.00	13899999988	Gen	memo
1114140102	王翔宇	男	08/05/94	T	14	14	11	河南	634.00	13988765545	gen	memo
1214030102	王晓玲	女	12/09/93	T	14	03	12	四川	621.00	13855564567	Gen	Memo
1214030103	张兰兰	女	09/06/96	F	14	03	12	河南	639.00	13693799999	gen	memo
1114140103	刘伟峰	男	03/11/94	T	14	14	11	山东	803.00	18288766544	gen	memo

图 3-1 学生基本信息表

Visual FoxPro 中的表分为数据库表和自由表两种。它们在形式上完全相同，属于某个数据库的表称为数据库表，不属于任何数据库而独立存在的表称为自由表。本章主要介绍自由表的操作。

一个表由表结构（表的字段）和表中的记录两部分组成，因此创建一个表就是先设计并建立表结构，然后向表中输入记录数据。

需要说明的是：若创建表时数据库是打开的，则创建的表默认是属于当前数据库的数据库表，否则创建的表为自由表。

3.2.1　设计表结构

表中的所用字段构成了表的结构。设计表结构就是确定表由哪些字段组成以及每个字段的属性：字段名、字段类型、字段宽度、小数位数以及是否允许为空等。

1. 字段名

字段名相当于表中每一列的标题。字段名可以由汉字、英文字母、数字和下画线组成，但必须以汉字、字母或下画线开头，字段名中不能包含空格。自由表字段名最长为 10 个字符，数据库表字段名最长为 128 个字符。表中的字段名必须唯一，通过字段名可以引用表中的数据。

2. 字段类型

字段类型决定存储在字段中的数据的类型。

3. 字段宽度

字段宽度用以表明该字段存储数据时所允许占用的最大字节数。

在 Visual FoxPro 中，只有字符型、数值型和浮点型字段的宽度是可以设置的，其他的字段类型宽度由系统规定。需要注意的是：对于字符型数据，每个西文字符占 1 个字节，汉字占 2 个字节；而数值型字段的宽度包括正负号、整数位数、小数点和小数位数，如 -12.34 宽度为 6 位。

4. 小数位数

只有数值型、浮点型和双精度型数据可以规定小数位数。

5. null（空值）

表示是否允许该字段接受空值。空值不等同于数值 0、空字符串或逻辑"假"，空值表示"没有任何值"或"没有确定值"。一个字段是否允许为空值与实际应用有关，一般来说作为关键字的字段是不允许为空值的。null 属性的默认值为否。

参照上面的规定，设计"学生基本信息表"的结构如表 3-1 所示。

表 3-1　学生基本信息表的表结构

字段名	类型	宽度	小数位数	null
学号	字符型	10		否
姓名	字符型	10		否
性别	字符型	2		是
出生日期	日期型	8		是
是否入团	逻辑型	1		是

字段名	类型	宽度	小数位数	null
系别代号	字符型	2		是
专业代号	字符型	3		是
年级	字符型	4		是
籍贯	字符型	8		是
入学成绩	数值型	6	2	是
手机	字符型	11		是
照片	通用型	4		是
备注	备注型	4		是

3.2.2　建立表结构

设计好表结构后，就可以创建表结构了。在 Visual FoxPro 中通常采用"表设计器"来建立表结构，可使用以下任一方法打开表设计器。

（1）选择"文件"菜单下的"新建"命令或者单击常用工具栏中的"新建"按钮，弹出"新建"对话框，选择"文件类型"组框中的"表"。单击"新建文件"按钮，打开"创建"对话框，如图 3-2 所示，确定表的路径和名字，单击"保存"按钮。

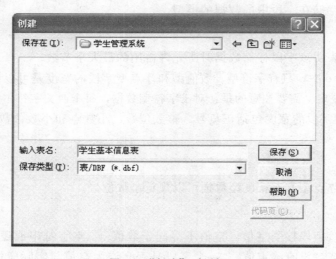

图 3-2　"创建"对话框

（2）在"命令"窗口中输入 create 命令。

格式：create［路径］［＜表名＞］

功能：在指定路径下创建表文件。若路径缺省，则创建在系统默认路径下；如表名缺省，则打开图 3-2 所示的"创建"对话框。

例如，在"e:\学生管理系统"下创建"学生基本信息表.dbf"，应输入如下命令：

　　create e:\学生管理系统 \ 学生基本信息表

如果事先用 set default to 命令或选择"工具｜选项｜文件位置"，将"e:\学生管理系统"设置为默认目录，则输入命令时可以省略路径，如下所示：

create 学生基本信息表

通过上述的任何一种操作方法，都可以打开"表设计器"对话框，如图 3-3 所示。用户可以在"表设计器"中定义表结构，包括各字段名称、数据类型、宽度等。

【例 3-1】 使用"表设计器"创建"学生基本信息表"的结构。

设计好的"学生基本信息表"的结构如表 3-1 所示，按照该表的设计，在"表设计器"对话框中，设置好各字段的属性，如图 3-3 所示。

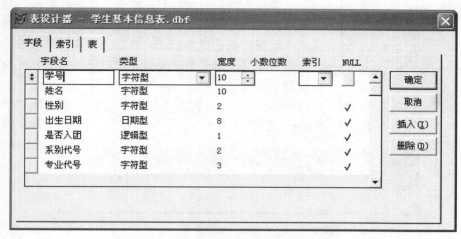

图 3-3 "表设计器"对话框

说明：

① 字段名、类型、宽度和小数位数按照要求输入或鼠标单击选择即可。

② 索引列可设置该字段为普通索引，关于索引的内容将在本章的后续内容中讲到。

③ null 默认为否，表示不接受空值，选中此项表示可以接受空值。

当表中所有字段的属性定义完成后，单击"确定"按钮，打开如图 3-4 所示对话框。在该对话框中，如果单击"是"按钮，可立即向表中输入数据；如果单击"否"按钮，结束表的建立过程，以后需要时可以打开该表并输入数据。

图 3-4 是否立即输入数据

3.2.3 录入记录

1. 输入记录

创建表结构的过程完成时，在弹出的如图 3-4 所示的对话框中单击"是"按钮，可以立即打开表记录编辑窗口，如图 3-5 所示，在该窗口中可以逐个输入记录，每输入一个字段内容后按回车键，光标自动定位到下一个字段处。输入的内容会自动保存下来。

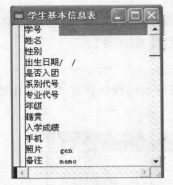

图 3-5　在"编辑"窗口中输入记录

默认情况下，记录在录入时的窗口状态为"编辑"方式，即每行显示一个字段。还可以选择"浏览"方式来输入记录，"浏览"方式下，每行显示一条记录，如图 3-6 所示。可以通过选择"显示"菜单的"浏览"或"编辑"命令切换显示方式。在这两种方式下，都可以浏览显示记录或直接编辑修改记录的内容。

如果在创建表结构时，没有立即输入数据，建立了只有结构而无记录的空表，以后再向表中输入数据时，或者表中已经输入了部分记录，以后需要在表的最后一条记录之后追加一个或多条记录时，可以用追加的方式为表输入数据。方法如下：

① 选择"文件"菜单下的"打开"命令，在弹出的"打开"对话框中选择"学生基本信息表"，单击"确定"按钮打开要输入数据的表。

图 3-6　在"浏览"窗口中输入记录

② 选择"显示"菜单，选择"浏览"，进入表记录"浏览"窗口。此时窗口处于记录浏览状态，可以对表中已有记录进行浏览和修改，但是不能向表尾追加记录。要输入新记录，需再选择"显示"菜单下的"追加方式"选项，此时光标定位在最后一条记录的位置上，等待用户输入欲追加的新记录。

2. 数据输入要点

(1) 逻辑型字段只能接收 t，y，f，n（不区分大小写）。t 与 y 同义，若输入 y 也显示 t；同样 f 与 n 同义，若输入 n 也显示 f。

(2) 日期型数据必须与系统设置的日期格式相符，默认按 mm/dd/yy 格式输入。

(3) 备注型字段数据的输入

在向表中输入记录时，字符型、数值型、日期型、日期时间型、逻辑型等字段都可以在"编辑"窗口或者"浏览"窗口直接输入数据，只有备注型和通用型比较特殊，仅显示出"memo"和"gen"字样，无法直接输入。因为备注型和通用型字段内容不保存在表中，实际数据都存放在文件名与表名相同，而扩展名为 .fpt 的文件中。备注型、通用型字段存储过数据后，相应的"memo"、"gen"的第一个字符就会变为大写，即"Memo"、"Gen"。

备注型字段数据输入步骤如下：

① 在表记录编辑窗口或浏览窗口中，把光标定位到备注型字段的"memo"字样上，直接双击鼠标或按下键盘上的"Ctrl＋Page Down"组合键，即可进入备注型字段的编辑窗口。在这个窗口内，可以输入或修改备注型字段的数据，如图 3-7 所示。

② 当数据输入或修改完成后，直接关闭编辑窗口，备注型字段的数据即可保存。

图 3-7　备注型字段编辑窗口

（4）通用型字段数据的输入

通用型字段用于存储 ole 对象，如图像、声音、电子表格、字处理文档和图形等多媒体数据。通用型字段的数据可通过剪贴板粘贴，或通过"编辑"菜单的"插入对象"命令插入。

操作步骤如下：

① 在表记录"编辑"窗口或"浏览"窗口中，把光标定位到通用型字段的"gen"字样上，直接双击鼠标或按下键盘上的"Ctrl＋Page Down"组合键，即进入通用型字段的编辑窗口。

② 打开"编辑"菜单，选择"插入对象"，弹出"插入对象"对话框，如图 3-8 所示。如果要插入的对象不存在，可以在对话框中选择"新建"选项，在"对象类型"列表框中启动某应用程序来创建一个对象；如果要插入的对象已经存在，例如要向"学生基本信息表"的"照片"字段中插入学生照片，选择"由文件创建"选项，进入下一个"插入对象"对话框，如图 3-9 所示。

③ 在图 3-9 所示的对话框中，单击"浏览"按钮，选择要插入的学生照片，则照片文件的路径和文件名就会显示出来，单击"确定"按钮，学生照片就被插入到通用型字段的编辑窗口中，如图 3-10 所示。

图 3-8 "插入对象"对话框

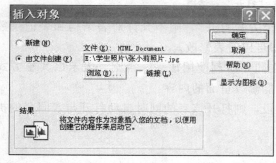

图 3-9 "插入对象"对话框

图 3-10 通用型字段编辑窗口

④ 关闭窗口后，返回到记录"浏览"或"编辑"窗口，该字段上的"gen"变为"Gen"。

（5）说明：

① 如果不需要将文件实际插入到表中，而是建立链接，则在图 3-9 所示的对话框中选择"链接"复选框。这样表中就只保存对所链接对象的引用说明，而非对象的全部数据。如果链接的源文件发生变化，这种改变也会在表中得到反映。

② 也可以将某图片通过"复制－粘贴"的方法直接粘贴到通用型字段的编辑窗口中。

③ 若要删除已存入的图形，可先打开通用型字段编辑窗口，然后选择"编辑"菜单下的"清除"命令。

3.3　表文件的打开、关闭与复制

3.3.1　打开和关闭表

1. 打开表

在对已经存在的表进行各种操作之前，首先要打开表，使其成为当前表。

打开表的常用的方法有以下两种。

（1）菜单方式

选择"文件"菜单的"打开"命令，或单击工具栏上的"打开"按钮，弹出"打开"对话框，如图 3-11 所示。在该对话框中选择要打开的表的路径和文件名，将其打开。

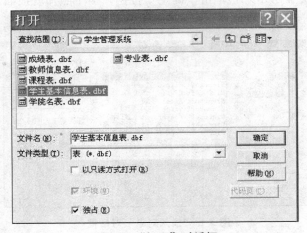

图 3-11　"打开"对话框

在"打开"对话框中，若选择"以只读方式打开"，则不允许对表结构和表记录数据进行修改，默认的打开方式是"可读写"，即可以对表修改。

若选择"独占"，则不允许其他用户在同一时刻使用该表，否则，表示以共享方式打开表，共享方式下表设计器是只读状态，不能修改里面的内容。

若打开的表中包含备注型或通用型字段，则打开该表的同时自动打开与表同名的扩展名为 .ftp 的备注文件。

（2）命令方式

格式：use　[路径]＜表名 | ？＞[noupdate]［exclusive | shared］

功能：打开指定路径下的表文件。

说明：

① 若要打开的表在系统默认目录下，则可以省略盘符和路径。

② 如果不指定表名而使用"？"，弹出"使用"对话框，用户指定要打开的表。

③ 选项 noupdate 指定以只读方式打开表，exclusive 指定以独占方式打开表，shared 指

定以共享方式打开表。

2. 关闭表

若完成了对表的操作，要及时把表关闭，以防止数据丢失。关闭表的浏览窗口并不能关闭该表，可以使用以下方法关闭表。

（1）菜单方式

① 选择"窗口｜数据工作期"菜单项，弹出如图 3-12 所示的"数据工作期"窗口，在"别名"列表框中选中要关闭的表文件名，单击"关闭"按钮，即可关闭表。

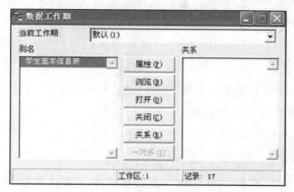

图 3—12 "数据工作期"窗口

数据工作期是当前动态工作环境的一种表示，每个数据工作期包含自己的一组工作区，在这些工作区中含有打开的表、索引和关系。

② 选择"文件｜退出"菜单项，退出 Visual FoxPro 系统同时关闭已打开的表。

（2）命令方式

① use 命令

格式：use

功能：关闭当前工作区中已经打开的表。

② close 命令

格式：close all

功能：关闭所有打开的数据库、表、索引、项目等各种类型文件。

③ clear 命令

格式：clear all

功能：关闭所有打开的数据库、表、索引、项目等各种类型文件，并释放所有内存变量。

④ quit 命令

格式：quit

功能：退出 Visual FoxPro 系统同时关闭所有已打开的文件。

另外，当用户没有关闭当前工作区的当前表时，又打开一个新表，系统会自动将原表关闭，视新表为当前工作区的当前表。

例如：use 学生基本信息表　　　 && 打开学生基本信息表

　　　use 教师信息表　　　 && 关闭学生基本信息表，同时打开教师信息表

　　　use　　　　　　　 && 关闭教师信息表

3.3.2 复制表结构

如果要创建的表和已有表的结构类似，可以用复制表结构的方法快速创建。复制表结构的命令格式为

copy structure to［盘符］［路径］＜文件名＞［fields ＜字段名 1，字段名 2，…＞］

功能：将当前表的结构复制到指定的表中。仅复制结构，不复制记录数据。

说明：

① ＜文件名＞是复制产生的表名，若该表在系统默认路径下，则不用带盘符和路径。

② 复制后产生的表是一个只有结构没有记录的空表。

③ 若选择 fields 选项，则生成的空表中只含有指定的字段名；若省略此项，则复制的空表文件的结构和当前表相同。

【例 3-2】通过复制"学生基本信息表"的结构，创建新表"学生成绩表"，新表只包括"学号"、"姓名"、"入学成绩" 3 个字段。

在命令窗口输入以下命令：

    use 学生基本信息表
    copy structure to 学生成绩表 fields 学号，姓名，入学成绩

新建的"学生成绩表"包含 3 个字段，其数据类型、宽度等设置均与"学生基本信息表"中相应字段相同。"学生成绩表"是一个没有任何记录的空表。

3.3.3 复制表文件

在 Visual FoxPro 中可以使用以下两种方法复制表文件。

1. 使用"文件"菜单中的"导出"命令

使用"导出"对话框导出数据，即复制文件。在导出数据时，可以选定源文件和目标文件，也可以指定导出字段、设置导出记录的作用范围和要满足的条件。

2. 使用 copy 命令

命令格式为

copy to［盘符］［路径］＜文件名＞［fields ＜字段名 1，字段名 2，…＞］；
［for ＜条件＞］［范围］［while ＜条件＞］

功能：将当前表的结构和数据同时复制到指定的表中。

说明：

① 文件名、fields 的含义和复制表结构的命令一致。

② "范围"指定复制记录的范围，有四种形式：all、next ＜n＞、record ＜n＞和 rest。

③ for ＜条件＞：选择当前表指定范围内符合条件的所有记录。

④ while ＜条件＞：从当前记录开始在指定范围内选择符合条件的记录，直到第一个不满足条件的记录为止。即一旦遇到不满足条件的记录，无论后面是否还存在符合条件的记录，都终止命令的执行。若一个命令中既有 while ＜条件＞又有 for ＜条件＞，则 while 优先于 for。while ＜条件＞通常在程序中使用。

【例 3-3】复制"学生基本信息表"中女生的学号、姓名、入学成绩到新表 girlscore. dbf。

在命令窗口输入以下命令：

```
use 学生基本信息表
copy to girlscore    for    性别＝"女"    fields 学号，姓名，入学成绩
```

3.4 表文件的基本操作

3.4.1 显示和修改表结构

1. 显示表结构

在表的使用过程中，如果需要查看表结构，可以使用如下命令。

格式： list | display structure [to printer [prompt] | to file ＜文件名＞]

功能： 显示或打印当前表文件的结构

说明：

① list 和 display 的区别在于：当显示的内容超过一屏时，list 连续滚动显示；display 分屏显示，即显示满屏时暂停，等待用户按任意键后继续显示。

② to printer 表示在显示的同时将显示内容送往打印机打印。若包括 prompt，则在打印前显示一个对话框，用于设置打印机，包括打印份数、打印页码等。

③ to file ＜文件名＞，在显示的同时将显示内容输出到指定的文本文件中。

【例 3-4】 显示"学生基本信息表"的表结构。

在命令窗口中输入以下命令，屏幕显示如图 3-13 所示。

```
use 学生基本信息表        && 打开学生基本信息表
list structure           && 在系统主窗口中显示出当前表的结构
```

表结构:		E:\学生管理系统\学生基本信息表.DBF					
数据记录数:		17					
最近更新的时间:		04/13/13					
备注文件块大小:		64					
代码页:		936					
字段	字段名	类型	宽度	小数位	索引	排序	Nulls
1	学号	字符型	10		升序	PINYIN	否
2	姓名	字符型	10		升序	PINYIN	否
3	性别	字符型	2				否
4	出生日期	日期型	8				否
5	是否入团	逻辑型	1				否
6	系别代号	字符型	2		升序	PINYIN	否
7	专业代号	字符型	3		升序	PINYIN	否
8	年级	字符型	4		降序	PINYIN	否
9	籍贯	字符型	8				否
10	入学成绩	数值型	6	2			否
11	手机	字符型	11				否
12	QQ	字符型	8				否
13	照片	通用型	4				否
14	备注	备注型	4				否
** 总计 **			82				

图 3-13 显示表结构

说明：图中显示"总计"为 82，是所有字段宽度总和加上记录指针所占用的一个字节。

2. 修改表结构

对已经创建好的表，如果发现表结构的设计不太合理，可以对表结构进行某些修改。对表结构的修改通常包括：增加字段、删除字段、修改字段名、修改字段宽度、修改字段类型、建立结构复合索引、修改索引、删除索引等。修改表结构需要在表设计器中进行。

（1）菜单方式

首先打开要修改的表，然后选择"显示"菜单中的"表设计器"命令。

（2）命令方式为

格式：modify structure

功能：打开表设计器，显示或修改当前表的结构。

说明：在表设计器中将光标移到要修改处可直接对字段属性进行修改。修改字段类型和宽度时注意，可能会造成表中数据的丢失。

3.4.2　显示和修改表记录

表中记录可以在表记录的"浏览"或"编辑"窗口中显示，也可以在 Visual FoxPro 系统主窗口中显示。在系统主窗口中显示时，只能浏览记录，不能修改记录。在表记录的"浏览"和"编辑"窗口中显示时，不但可以浏览记录，还可以对记录数据进行编辑修改。

1. 菜单方式

（1）在表记录"浏览"窗口显示记录

操作方法如下：

① 打开要显示或修改记录的表。

② 打开"显示"菜单，选择"浏览"，进入表记录"浏览"窗口。

（2）在表记录"编辑"窗口显示记录

操作方法如下：

① 打开要显示或修改记录的表。

② 打开"显示"菜单，选择"浏览"，再选择"显示"菜单中的"编辑"，进入表记录"编辑"窗口。

无论是在表记录"编辑"窗口还是在"浏览"窗口，都可以对表中的数据进行显示，并允许对数据进行编辑修改，二者只是显示方式有所不同。

在这两个窗口中对数据修改完毕后，单击窗口的"关闭"按钮或按"Ctrl＋W"组合键可保存并关闭窗口，按"Esc"键或"Ctrl＋Q"组合键放弃修改并关闭窗口。

2. 命令方式

（1）list 或 display 命令

命令格式为

list | display [<范围>] [[fields] <字段名表>] [for<条件>] [while<条件>]；
　　　　[to printer [prompt] | to file<文件名>] [off]

功能：在 Visual FoxPro 系统主窗口显示当前表的指定范围内满足条件的记录。

说明：

① 该命令只显示记录，不能对记录进行修改。

② 范围为 all、next <n>、record <n>和 rest 其中之一，n 为自然数。

③ 若选择 fields<字段名表>，则仅显示字段名表中列出的字段。缺省时，默认为显示所有字段，但不显示备注型和通用型字段的内容。字段名表通常包含一个以上的字段，字段名之间用英文逗号分隔开。此命令中 fields 可省略不写。

④ 如果选用了 for <条件> 但没有明确指出范围，将对表中的全部记录按条件筛选，

仅对符合条件的记录进行操作，即范围默认为 all。

⑤ 命令中指定 off 时，不显示记录号，否则在记录前面给出记录号。

⑥ 当"范围"和"条件"同时缺省时，list 命令连续显示表中全部记录，即默认范围为 all；而 display 命令则仅显示当前的一条记录。

【例 3-5】对"学生基本信息表"写出实现以下操作的命令。

① 显示当前记录。

② 显示所有记录。

③ 显示 18 岁以上（包括 18 岁）的男同学的学号、姓名信息。

在命令窗口分别输入以下命令：

```
use 学生基本信息表      && 打开表文件
display                && 显示当前记录，即第一条记录
list                   && 显示所有记录，此时函数 eof() 的值为真，表明记录指针到达表尾
list 学号，姓名 for year(date())-year(出生日期)>=18. and. 性别="男"
use                    && 关闭当前表
```

第四条命令实现第③小题的操作，结果如图 3-14 所示。第③小题也可以使用 display 命令实现，其显示结果是一样的。

记录号	学号	姓名
2	1114140102	王翔宇
5	1114140103	刘伟峰
6	1214130103	黄晓明
7	1012110109	王东东
9	1102030101	肖杰宇
12	1013070103	刘威

图 3-14　第③小题的显示结果

（2）browse 命令

命令格式为

browse [fields<字段名表>][for<条件表达式>]

功能：在表记录的"浏览"窗口，显示并允许修改当前表的记录。

说明：

① fields<字段名表>：显示指定字段。缺省时，显示所有字段。

② for<条件表达式>：显示满足条件的记录。缺省时，显示所有记录。

（3）edit 或 change 命令

命令格式为

edit | change [<范围>][fields<字段名表>][for<条件表达式>]

功能：在表记录的"编辑"窗口，显示并允许修改当前表的记录。

【例 3-6】修改"学生基本信息表"中第 3 条记录的出生日期。

操作步骤如下：

图 3-15　记录"编辑"窗口

① 在命令窗口输入以下命令：

```
use 学生基本信息表
edit record 3 fields 出生日期
```

② 在如图 3-15 所示窗口中，用手工方法直接修改出生日期即可。

3.4.3　批量替换修改记录

前面介绍的 browse、edit、change 命令都是在表记录"编辑"或"浏览"窗口中，用手工的方法修改表中记录。如果有规律地对成批记录进行修改，仍用前面的方法逐个修改就很麻烦，系统提供了替换修改操作，可以实现批量替换修改，从而提高操作效率。

（1）菜单方式

在记录"浏览"窗口中显示表记录，选择"表"菜单下的"替换字段"命令，打开"替换字段"对话框，如图3-16所示。设置要修改的字段名、替换成的新值、替换范围和条件。必要时可以单击对话框中的▣按钮，打开如图3-17所示的"表达式生成器"，在其中可以方便地编辑表达式。

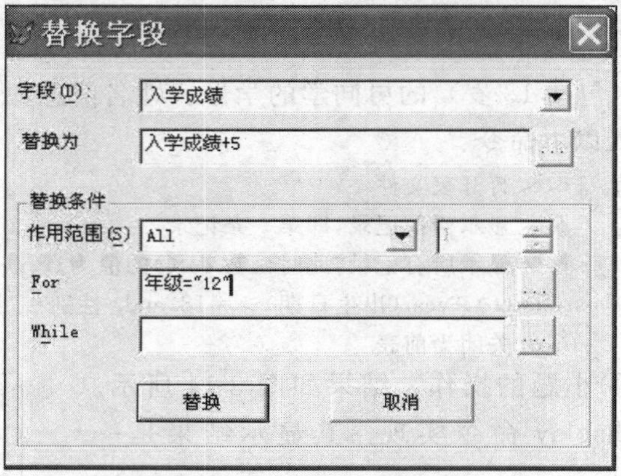

图 3-16 "替换字段"对话框

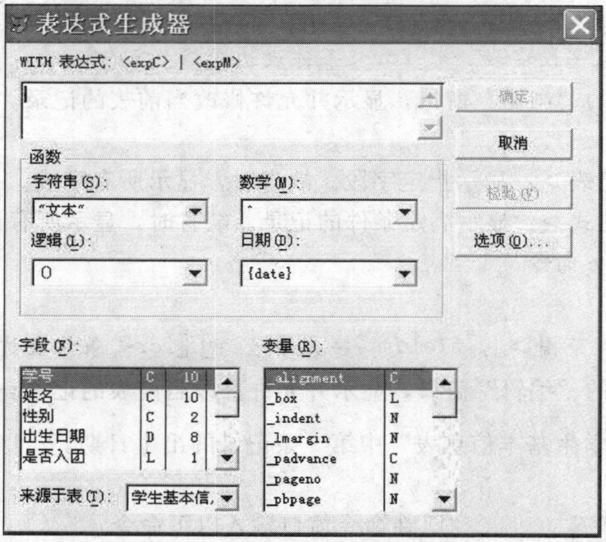

图 3-17 表达式生成器

在如图3-16所示例子中，将"学生基本信息表"中所有12级学生的入学成绩增加5分。

（2）命令方式

命令格式为

replace［<范围>］<字段1>with<表达式1>［additive］［，<字段2>with<表达式2>；
　　　　［additive］］［，…］［for <条件>］［while <条件>］

功能：修改当前表中指定范围内、满足条件的记录的指定字段的值，用表达式的值自动替换对应的字段值。

说明：

① 表达式与对应字段的数据类型必须相同。

② 若只选择了 for 子句，而没有指定范围，则范围默认为 all；若选择了 while 子句，则<范围>默认为 rest；若"范围"和"条件"均缺省，则只对当前记录进行替换。

③ additive 只能在替换备注型字段时使用。使用 additive，备注型字段的替换内容将附加到备注型字段原来内容的后面，否则用表达式的值改写原备注型字段内容。

【例 3-7】对"学生基本信息表"进行如下操作：

① 将年级由原来的两位数变成四位数的形式，即把原来的"10"、"11"、"12"分别变成"2010"、"2011"、"2012"的形式。

② 将 3 号记录的出生日期修改为 1993 年 12 月 9 日。

在命令窗口输入以下命令：

```
use 学生基本信息表
replace all 年级 with "20"＋年级
replace record 3 出生日期 with {^1993－12－09}
use
```

3.4.4 定位记录

向表中输入记录时，系统按照其输入的先后顺序，给每一条记录赋予一个记录号。其中最先输入的记录称为首记录，记录号为 1，其次为 2 号记录，依此类推，最后一条记录称为尾记录或末记录。

Visual FoxPro 为每一个打开的表设置了一个记录指针，指向当前正在被操作的记录，该记录称为当前记录。当前记录号可以用 recno()函数获得。

当表刚打开时，记录指针指向第一条记录，以后随着命令的执行，记录指针一般也会随之移动。如果想对某条记录进行操作，必须让记录指针指向该记录，使其成为当前记录。表记录的定位，实质就是根据需要来移动表的记录指针，使其指向要操作的那条记录。表记录指针的定位有绝对定位、相对定位、查询定位三种方式。

1. 菜单方式

操作方法如下：

（1）打开要使用的表，进入表记录"浏览"窗口。

（2）打开"表"菜单，选择"转到记录"，弹出"转到记录"的子菜单。

（3）在"转到记录"的子菜单中，选择不同的选项，即可定位记录。

① 选择"第一个"，指针指向第一条记录，即第一条记录为当前记录。

② 选择"最后一个"，指针指向最后一条记录，即最后一条记录为当前记录。

③ 选择"下一个"，指针指向当前记录的下一条记录，即当前记录的下一条记录为当前记录。

④ 选择"前一个"，指针指向当前记录的前一条记录，即当前记录的前一条记录为当前记录。

⑤ 选择"记录号"，打开"转到记录"对话框，如图 3-18 所示，在此对话框中可以选择记录号，以确定指针指向该记录号代表的记录。

⑥ 选择"定位"，打开"定位记录"对话框，如图 3-19 所示，在此对话框中输入定位

的范围和条件，则指针定位在指定范围内满足定位条件的第一条记录上。

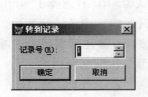

图 3-18　转到记录

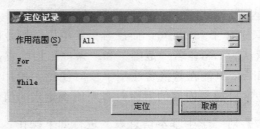

图 3-19　定位记录

2. 命令方式

（1）绝对定位

绝对定位是指不管当前的记录指针指向哪里，将记录指针绝对定位到指定的记录上。

命令格式为

go top ｜ bottom ｜ ＜算术表达式＞

功能：指针指向当前表的首记录、尾记录或记录号与＜算术表达式＞值相同的记录。

说明：

① "go top" 指向当前表的首记录，如果打开索引文件，逻辑首记录的记录号不一定是 1；不打开索引文件，首记录的记录号是 1。

② "go bottom" 指针指向当前表的尾记录。如果打开索引文件，逻辑尾记录的记录号不一定是最大；不打开索引文件，逻辑尾记录的记录号一定是最大。

③ "go ＜算术表达式＞" 指针指向当前表的记录号与＜算术表达式＞值相同的记录。
＜算术表达式＞值的取值范围是 1 至当前表的最大记录个数（即函数 reccount() 的值），否则出错。

（2）相对定位

相对定位是指以当前记录位置为基准，向前或向后移动记录指针。

命令格式为

skip　　［＜算术表达式＞］

功能：记录指针从当前记录向前或向后移动＜算术表达式＞值个记录。

说明：

① 当＜算术表达式＞的值大于 0 时，记录指针往表尾方向移动若干记录，当＜算术表达式＞的值小于 0 时，记录指针向表头方向移动若干记录。若省略此项，则记录指针移到下一条记录。

② 若记录指针指向末记录并执行 skip，则 recno() 返回一个比表记录总数大 1 的数，且 eof() 返回 .t.；若记录指针指向首记录并执行 skip－1，则 recno() 返回 1，且 bof() 返回 .t.

③ 如果打开了索引，记录指针按索引文件中的顺序移动，否则按记录号的顺序移动。

【例 3-8】 记录指针定位命令举例。

```
use "学生基本信息表"
? recno( )            && 系统窗口显示当前记录号为1
go 3                  && 指针指向第 3 条记录
skip 2                && 指针指向第 5 条记录
disp                  && 系统窗口显示第 5 条记录的内容
go bottom             && 指针指向尾记录
```

? recno()	&& 系统窗口显示最后一条记录的记录号 17
? eof()	&& 系统窗口显示 .f. 表示指针还没有处于表结束标记处
skip	&& 指针移到最后一条记录之后,即表结束处
? recno()	&& 系统窗口显示 18(即记录总数＋1)
? eof()	&& 系统窗口显示 .t. 表示指针已处于表结束标记处
use	

（3）条件定位

条件定位是将记录指针定位到指定范围内满足条件的记录上。

一般依靠 locate 和 continue 两个命令配合使用来实现条件定位。命令格式为

> locate ［＜范围＞］for＜条件＞
>
> continue

功能：locate 命令将指针定位在当前表指定范围内，满足条件的第一条记录上。

continue 命令将指针定位在当前表指定范围内，满足条件的下一条记录上。

说明：

① continue 命令只能与 locate 命令同用，且必须在 locate 命令之后使用，否则出错。

② "范围"的默认值为 all。

③ 若找到满足条件的记录，则记录指针指向该记录，并将函数 found() 的值设置为 .t. 。若没有找到满足条件的记录，系统状态栏上给出提示信息"已到定位范围末尾"，函数 found() 的值为 .f.，并且，若范围为 all 或 rest，指针定位在表文件结束标识处，函数 eof() 的值为 .t.，若指定其他范围，指针定位在该范围的最后一条记录。

【例 3-9】显示"学生基本信息表"中姓"刘"的同学。

在命令窗口中输入以下命令：

> use 学生基本信息表
> locate for left(姓名，2)＝"刘"
> display 学号，姓名，性别，系别代号 &&
> 系统主窗口显示如下图所示

记录号	学号	姓名	性别	系别代号
1	1214130101	刘梅	女	14

> continue
> display 学号，姓名，性别，系别代号 系统主窗口显示如下图所示

记录号	学号	姓名	性别	系别代号
12	1013070103	刘威	男	13

> continue && 系统状态栏上给出提示信息"已到定位范围末尾"
> ? found() && 系统主窗口显示结果为 :. f.

3.4.5　添加记录

添加记录包括在表中任意位置插入单条记录、在表尾追加单条记录、从其他表向当前表追加多条记录。

1. 插入单条记录

格式：insert［blank］［before］

功能：进入表记录"编辑"窗口，用户输入新记录的数据，完成记录的插入，或者直接插入一条空记录。

说明：

① 若选用了 before，在当前记录之前插入一条新记录，否则在当前记录之后插入。

② 若选用了 blank 短语，系统不进入表的"编辑"窗口，直接插入一条空记录。此记录的内容以后可以用 edit、change、browse 、replace 等命令填写。

【例 3-10】在"学生基本信息表"的第 4 条记录之前插入一条新记录。

在命令窗口中输入如下命令：

```
use 学生基本信息表
go 4
insert before
```

上述命令执行后，屏幕上弹出表记录的"编辑"窗口，用户可以输入新记录的数据。输入完毕后关闭编辑窗口，新记录作为第 4 条记录插入到表中。

2. 追加单条记录

(1) 菜单方式

① 打开要追加记录的表

② 选择"显示"菜单的"浏览"命令，进入表记录"浏览"窗口。然后选择"表"菜单的"追加新记录"命令，或选择"显示"菜单的"追加方式"命令，即可在表尾输入新记录的内容。

(2) 命令方式

格式：append [blank]

功能：打开当前表的记录"编辑"窗口，向表的末尾追加一个或多条记录。若选择 blank 选项，则追加一个空记录到表尾，其内容可以以后用其他命令填写。

【例 3-11】在"学生基本信息表"中，追加一条新记录。

在命令窗口输入以下命令：

```
use  学生基本信息表        && 用命令方式打开教师信息表
append                    && 打开如图 3-5 所示的编辑窗口，向表尾追加记录
```

3. 从其他表向当前表追加记录

前面介绍的插入和追加方法，需要用户手工从键盘录入数据。如果当前表中所需要的数据已经在其他表中存在，那么用户可以直接将其他表中的已有记录追加到当前表中，以提高数据的录入效率，但是注意当前表中的字段名字、类型、顺序和宽度要尽量和数据来源表中的一致，否则容易出错。

(1) 菜单方式

① 打开要追加记录数据的表文件。

② 选择"显示"菜单下的"浏览"。

③ 选择"表"菜单下的"追加记录"，弹出"追加来源"对话框，如图 3-20 所示。

在该对话框中选择数据来源文件的类型、位置和文件名。默认类型是 Visual FoxPro 的表文件，也可选择其他文件。单击"来源于"文本框后面的 ⋯ 按钮，弹出"打开"对话框来选择文件。

④ 单击"选项"按钮，弹出"追加来源选项"对话框，如图 3-21 所示，从中可以选择"字段"、设定"条件"。单击"确定"按钮后返回"追加来源"对话框。

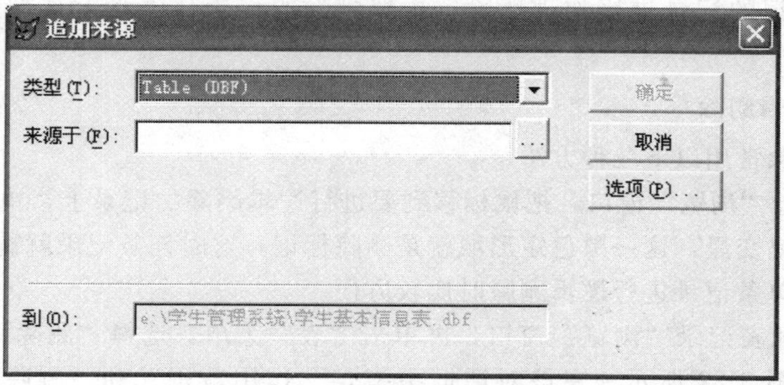

图 3-20 "追加来源"对话框

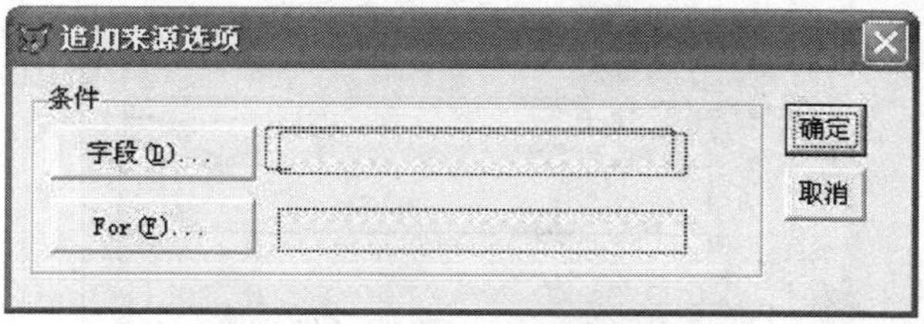

图 3-21 "追加来源选项"对话框

⑤ 在"追加来源"对话框中单击"确定"按钮,完成追加操作。

(2) 命令方式

命令格式为

append from［盘符］［路径］＜源表名＞［fields＜字段名表＞］［for＜条件＞］

功能:将满足条件的记录按指定的字段从源表添加到当前表末尾。

说明:

① 若打开的源表在系统默认路径下,则可以不指定盘符、路径。

② 系统首先比较源表和当前表的结构,只有字段名和类型相匹配的字段内容才可以追加,其他字段为空。

③ 如果源表字段的宽度大于当前表相应字段的宽度,字符型字段将被截断尾部,数值型字段用"＊"填充,以示溢出。

④ fields 指定要添加的字段,若无此项,表示所有字段。

⑤ for 指定条件,若无此项,则追加源表中的所有记录。

【例 3-12】"教师信息表"的结构如下:

教师信息表(教师工号 c(10),教师姓名 c(10),职称 c(6),系别代号 c(2))

把"教师信息表"中所有讲师的教师工号和姓名信息追加到"讲师表"中。

在命令窗口中输入以下命令:

```
use  讲师表              && 打开要追加记录的表,使之成为当前表
append from 教师信息表 fields 教师工号,教师姓名 for 职称="讲师"
```

3.4.6 删除与恢复记录

对表中无使用价值的记录,可以进行删除。删除记录可以分为两步:先对要删除的记录加上删除标记,即逻辑删除,逻辑删除的记录需要时还可以恢复。当确实需要删除记录时,

再对带有删除标记的记录进行物理删除，物理删除的记录从磁盘上被彻底删除，不能再恢复。

1. 记录的逻辑删除

记录逻辑删除常用以下三种方法：

（1）在表记录"浏览"窗口，把鼠标移到要进行逻辑删除的记录上，单击记录左侧的矩形域，该矩形域就变黑，这一黑色矩形域就是删除标记，这时该条记录就被逻辑删除了。这种操作方法在对单条记录进行逻辑删除时比较方便。

（2）首先打开表记录"浏览"窗口，再单击"表"菜单，选择"删除记录"，弹出"删除"对话框，如图 3-22 所示。在该对话框中指定"作用范围"和"删除条件"后，单击"删除"按钮，即可对当前表中指定范围、满足条件表达式的记录进行逻辑删除。

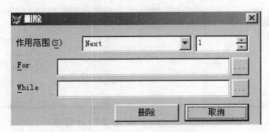

图 3-22 "删除"对话框

（3）delete 命令

格式：delete［＜范围＞］［for＜条件＞］

功能：逻辑删除当前表中指定范围、满足条件的记录。若范围和条件短语均省略，则仅对当前记录加上删除标记。

被加上删除标记的记录仍然在表中存在，用 list 命令显示时，做了删除标记的记录号后面带有"＊"标记。使用设置命令可以决定被逻辑删除的记录是像正常记录一样参与各种操作，还是被"隐藏"起来，像真正删除一样，不再参与操作。

命令格式为

set deleted off ｜ on

功能：设置为 off 时，加删除标记的记录参与各种命令的操作。设置为 on 时，加删除标记的记录除占有原记录号之外，如同不存在。

说明：set deleted 的默认状态为 off。

【例 3-13】逻辑删除"学生基本信息表"中 10 级的学生。

在命令窗口输入以下命令：

```
use 学生基本信息表
delete for 年级＝"10"
list 学号，姓名，年级
```

系统主窗口显示结果如图 3-23 所示。

记录号	学号	姓名	年级
1	1214130101	刘梅	12
2	1114140102	王翔宇	11
3	1214030102	王晓玲	12
4	1214030103	张兰兰	12
5	1114140103	刘伟峰	11
6	1214130103	黄晓明	12
7	＊1012110109	王东东	10
8	1108010104	张芳	11
9	1102030101	肖杰宇	11
10	1214140103	张宏	12
11	＊1013080102	黄红娟	10
12	＊1013070103	刘威	10
13	1211030101	郑利强	12
14	1114140104	王琳琳	11
15	1214070101	王鑫明	12
16	1107010103	王心雨	11
17	＊1012120101	张小莉	10

图 3-23 【例 3-13】显示结果

2. 恢复表中逻辑删除的记录

被逻辑删除的记录可以取消其删除标记，恢复成正常记录。

恢复逻辑删除记录常用以下三种方法：

（1）在表记录"浏览"窗口，把鼠标移到要恢复逻辑删除的记录上，单击记录左侧的黑色矩形域，该矩形域黑色被去掉，这时就取消了删除标记，即恢复了该条逻辑删除的记录。

（2）首先打开表记录"浏览"窗口，再单击"表"菜单，选择"恢复记录"，弹出"恢复记录"对话框，如图 3-24 所示。在该对话框中指定"作用范围"和"恢复条件"后，单击"恢复记录"按钮，即对当前表中指定范围、满足条件表达式的记录进行了恢复逻辑删除操作。

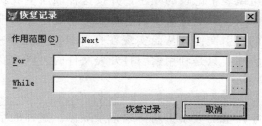

图 3-24 "恢复记录"对话框

（3）recall 命令

格式：recall［＜范围＞］［for＜条件＞］

功能：恢复当前表中指定范围、满足条件的逻辑删除记录。

说明：

① 若范围和条件均省略，则仅取消当前记录的删除标记。

② 无论 set deleted 设置状态是 off 还是 on，都能够恢复逻辑删除的记录。

3. 记录的物理删除

物理删除是真正从磁盘上删除记录，重新整理表中记录，记录号重新排列。物理删除可以分为两种情况：一是若要彻底删除表中部分记录，必须先做逻辑删除再做物理删除。二是若要彻底删除表中全部记录，可直接做物理删除。

物理删除不可恢复，用户在使用时应该谨慎。物理删除表记录的常用操作方法如下：

（1）首先打开表"浏览"窗口，再单击"表"菜单，选择"彻底删除"，弹出"彻底删除"提示对话框，选择"是"，表中所有带有删除标记的记录将彻底被删除掉。

（2）pack 命令

格式：pack

功能：彻底删除当前表中所有带有逻辑删除标记的记录。

（3）zap 命令

格式：zap

功能：彻底删除当前表中所有记录，不管是否有逻辑删除标记。该命令只是删除全部数据，并没有删除表，执行完该命令后表结构依然存在。

【例 3-14】彻底删除"教师信息表"中 5～10 之间的记录。

在命令窗口中输入以下命令：

```
use 教师信息表
go 5
```

```
delete next 6
pack
```

3.5 排序与索引

表中记录的排列顺序是按其录入的先后次序确定的，但有时用户需要根据某种要求重新安排记录顺序，以方便数据管理和提高检索速度。Visual FoxPro 提供了两种方法重新安排表中记录顺序：排序与索引。

排序是从物理上重新组织表中记录的顺序，并按这种顺序生成新的表文件，新的表文件不依赖于原表，可以单独使用。索引是从逻辑上对表记录进行重新排序，即按照某关键字段或表达式来建立原表文件的索引文件，从而实现在打开表时，记录按索引顺序排列的目的。索引并不改变记录的原来顺序，只是利用索引打开表文件时可以改变记录的逻辑顺序。

3.5.1 排序

排序是按表中的某些字段值的大小重新排列记录顺序。这样的字段可被称为关键字。除备注型及通用型字段外，其他类型的字段都可以作关键字使用。

排序的命令格式为

> sort to ＜新表文件名＞ on ＜关键字 1＞[/a][/d][/c][，＜关键字 2＞[/a][/d][/c]…]；
> 　　[＜范围＞] [for ＜条件＞] [fields ＜字段名表＞]

功能：对当前表记录按指定的关键字和条件重新排序，并将排序结果存入新表文件中。

说明：

① 新表文件名：是指存放排序后的记录的表文件。

② on ＜关键字 1＞ [/a] [/d] [/c] [，＜关键字 2＞ [/a] [/d] [/c] …]：依次指定排序关键字。其中 a 为升序，d 为降序，c 为不区分英文字母的大小写，默认为 a。c 可与 a、d 联用，例如/ac、/dc。

③ "范围"和"for ＜条件＞"的意义同前，若省略"范围"，则对所有记录进行排序。

④ fields ＜字段名表＞：指定排序后生成的表中应包括的字段及其结构顺序，若省略此项，表明新表文件的结构和原表文件相同。

⑤ 排序可指定多个关键字，且可以独立做升、降序选择。排序时，首先按第一关键字进行，如果其值有相同时则按第二关键字排序，依此类推。

【例 3-15】对"学生基本信息表"，按照年级排序，年级相同按照学号排序，并浏览排序好的数据。

在命令窗口输入以下命令：

```
use 学生基本信息表
sort to njpy on 年级/a，学号        && 按年级升序,学号升序排序
use  njpy
browse
```

3.5.2 索引的概念

排序命令虽然可以根据需要对表中的记录重新排列，但是每次排序都会产生新的表文件，这些文件内容相同，只是记录的排列顺序不同，因此造成数据冗余，而且一旦原表中的

数据更新，所有的排序文件都需要重新建立，浪费磁盘空间和时间。因此实际中用排序命令的不多。如果需要对表记录按某种顺序重新排列，常采用索引的方法。

和排序一样，一个表文件可以按某个字段或若干字段的组合即字段表达式来建立索引，这样的字段或字段表达式称为索引关键字或关键字表达式。索引以文件的形式存在，索引文件包含两列内容：一是排过序的字段或字段表达式的值，二是含有该值的记录在原表中的记录号，也就是说索引文件实际上可以视为排过序的索引关键字或关键字表达式值与记录号之间的对照表。索引文件中记录的排列顺序称为逻辑顺序。索引文件不能单独使用，必须依赖于原表文件才能使用。

一个表文件可以根据需要建立多个索引文件，使用时打开相应的索引文件，则记录的顺序按索引关键字或关键字表达式的逻辑顺序显示和操作，但表记录的实际物理顺序并不改变。表文件更新后，所有打开的索引可自动更新。

1. 索引文件的类型

Visual FoxPro 的索引文件有两种类型：单索引文件（.idx）和复合索引文件（.cdx）。

（1）单索引文件（.idx）

单索引文件是根据一个索引关键字或关键字表达式建立的索引文件，一个表可以建立多个单索引文件，各索引文件相互独立。单索引文件的扩展名为".idx"。

单索引文件在使用时经常会给用户带来不便。这是因为单索引文件之间、单索引文件与表文件之间都相互独立，在表和索引较多的情况下，用户很容易将它们搞乱；而且如果在修改表中的记录时没有打开全部索引，Visual FoxPro 将不更新那些未打开的索引，这样索引就会指向错误的记录，造成混乱。复合索引的概念引入后，单索引已很少使用。

（2）复合索引文件（.cdx）

复合索引文件是指在一个索引文件中可以包含多个索引，每个索引用一个索引标识（tag）来标识，代表一种逻辑顺序。复合索引文件的扩展名为 .cdx。

复合索引文件可以分为结构复合索引和非结构复合索引两种索引文件。

① 结构复合索引文件

结构复合索引文件是文件名和表名相同，扩展名为 .cdx 的索引文件。一个表文件只能创建一个结构复合索引文件。当打开表时，结构复合索引文件自动打开，关闭表时，该文件自动关闭。因此修改表记录时，结构复合索引文件中的全部索引会自动更新，这给用户带来了极大的方便。结构复合索引文件是最常用，也是最重要的索引文件。

② 非结构复合索引文件

非结构复合索引文件的文件名与表不同，定义时要求用户为其取名，扩展名仍为 .cdx。当表文件打开或关闭时，该文件不能自动打开或关闭。

2. 索引的类型

（1）主索引

主索引是指在索引关键字或关键字表达式中不允许出现重复值的索引，可以唯一地确定表中的一条记录。例如：学号、职工号、图书号⋯⋯

只有数据库表可以建立主索引，自由表是没有主索引的。一个数据库表中只能创建一个主索引。

（2）候选索引

候选索引的含义在于其有资格被选作主索引，即它是主索引的"候选"。

候选索引和主索引具有基本相同的功能和特性，不同点在于每个表可建立多个候选索引，数据库表和自由表都可以创建候选索引。

当数据库表中已有主索引，或对于一个自由表，若想控制某些字段不出现重复值，则这些字段可以建立为候选索引。

（3）唯一索引

唯一索引是为了保持同早期版本的兼容性，它的"唯一性"是指：如果多条记录的索引关键字值相同时，在按该索引顺序显示记录时，将只显示这些记录中的第一条，即相同的索引关键字值在索引文件中只出现一次。在数据库表和自由表中都可以建立多个唯一索引。

（4）普通索引

普通索引是最简单、也是系统默认的索引类型。它允许索引关键字出现重复值，即如果多条记录的索引关键字值相同时，在按该索引顺序显示记录时，将显示所有这些记录，不过会把关键字值相同的记录排列在一起。在一个数据库表或自由表中可以建立多个普通索引。

对表应该建立哪种类型的索引，取决于要完成的任务。例如：如果需要排序记录，以便显示、查询或打印，可以使用普通索引、候选索引或主索引；若要控制字段中不发生重复值的输入并对记录排序，则对数据库表可以使用主索引或候选索引，对自由表可以使用候选索引；在设置关系时，作为一对一或一对多关系中的"一"方，应使用主索引或候选索引，而作为作为一对多关系中的"多"方，只能设置普通索引。

3.5.3 索引文件的建立

1. 复合索引文件的建立

结构复合索引文件可以在表设计器中建立，也可以使用命令建立。非结构复合索引文件只能通过命令建立。

（1）在表设计器中建立结构复合索引文件

在"表设计器"的"字段"选项卡和"索引"选项卡中都可以建立结构复合索引文件中的索引项，二者有所区别。

① 在"字段"选项卡中建立索引

打开"表设计器"，并选择"字段"选项卡，如图 3-25 所示。单击要建立索引的字段后面的"索引"下拉列表，从中选择"升序"或"降序"。

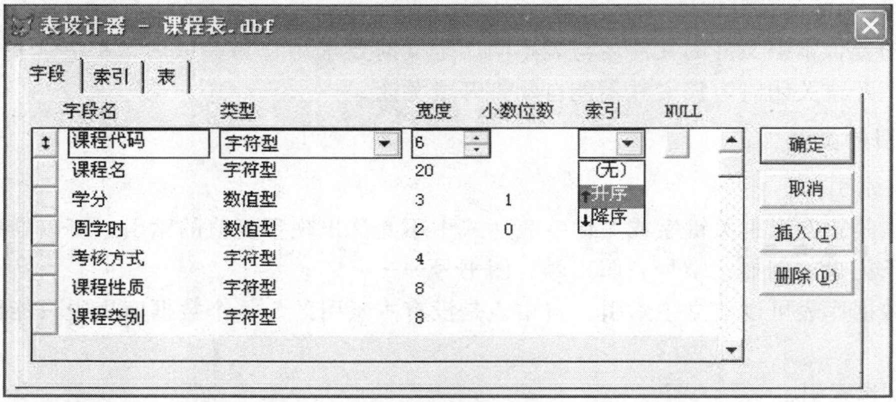

图 3-25 表设计器的"字段"选项卡

注意：在字段选项卡中只能为单个字段建立普通索引，且索引名与字段名相同。

【例 3-16】 对"课程表"按照课程代码升序排列建立普通索引。

操作过程：打开"课程表"，选择菜单"显示 | 表设计器"，选择"表设计器"的"字段"选项卡，如图 3-25 所示。单击"课程代码"字段后面的"索引"下拉列表，选择"升序"。

② 在"索引"选项卡中建立索引文件

在"索引"选项卡中，可以选择建立主索引、候选索引、唯一索引或普通索引。

索引关键字既可以是单个字段，也可以是若干字段的组合，此时需要将这些字段构成一个表达式，即关键字表达式。下面通过具体例子说明如何利用"索引"选项卡建立索引。

【例 3-17】 对"课程表"按照以下要求建立结构复合索引文件中的各项索引。

① 按课程代码降序建立候选索引。

② 对课程性质为"选修"的记录按学分降序、课程代码升序建立普通索引。

依据题意，具体操作步骤如下：

① 打开"课程表"与表设计器，在"表设计器"对话框中选择"索引"选项卡，如图 3-26 所示。在"索引名"文本框中输入"kcdm"，单击"排序"中的↑（默认升序），将排序方式设置为↓（降序），在"类型"中选择"候选索引"，在"表达式"中输入字段名"课程代码"。

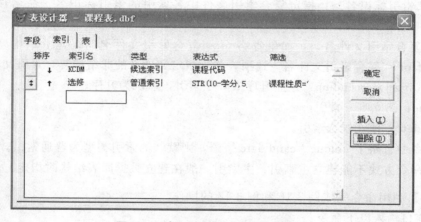

图 3-26　表设计器的"索引"选项卡

② 在新产生的"索引名"文本框中输入"选修"，在"排序"中选择"升序"，在"类型"中选择"普通索引"。该题的索引涉及"学分"和"课程代码"两个字段，因此需要用这两个字段建立索引表达式，依据题意，在"表达式"文本框中输入索引表达式：str(10－学分，5，1) ＋课程代码，或者也可以单击"表达式"选项后面的按钮□，在打开的"表达式生成器"对话框中设置出该表达式。本题还涉及筛选记录，因此需要在"筛选"文本框中输入条件表达式：课程性质＝"选修"，或者也可以单击"筛选"文本框后面的按钮□，在弹出的"表达式生成器"中设置出该表达式。即完成第二小题的任务。

说明：

① 由于本题操作的"课程表"是自由表，所以在"类型"列表框中无"主索引"选项。

② 在"索引名"文本框中输入的是索引标识，索引标识的名字不用和索引字段的名字相同。其命名长度不能超过 10 个字符。

③ 在"索引"选项卡中建立的索引，其索引关键字既可以是单个字段，也可以是若干字段的组合，此时需要将这些字段构成一个关键字表达式。构建关键字表达式的这些字段要保证类型一致，若字段类型不同，需要用函数对字段类型进行转换。通常将相应的字段转换成字符型数据，str( )函数可将数字型数据转换成字符型数据，dtoc( )函数可将日期型数据转换成字符型数据。对 dtoc( )函数，加参数"1"可以保证按正确的日期顺序进行比较。然后将这些转换好的字段再连接成一个字符串，排序时按第一个字段排列，若字段值相同，再按第二个字段排列，依此类推。

（2）用命令建立复合索引文件

在 Visual FoxPro 中，一般情况下都可以通过表设计器中建立索引，特别是主索引和候选索引应在设计数据库时确定好，以便控制字段值的重复输入。但有时需要在程序中临时建立一些普通索引或唯一索引，所以仍需要了解索引命令。

建立复合索引文件的命令格式为

> index on ＜索引关键字表达式＞ tag ＜索引标识名＞ [of ＜复合索引文件名＞];
> [ascending | descending] [unique | candidate] [additive] [for＜条件＞]

功能：为当前表按＜索引关键字表达式＞的值建立复合索引文件。

说明：

① tag ＜索引标识名＞：指定复合索引文件中各索引的索引标识名，命名长度不超过 10 个字符。

② of ＜复合索引文件名＞：如果省略 of ＜复合索引文件名＞，建立结构复合索引文件；如果选择 of ＜复合索引文件名＞选项，建立指定文件名的非结构复合索引文件。

③ ascending | descending：建立升序或降序索引，默认为升序。

④ unique：建立唯一索引。

⑤ candidate：建立候选索引。

⑥ 若命令中省略了 unique | candidate 短语，则默认的索引类型为普通索引。

⑦ 注意命令方式不能建立主索引，主索引一般在建立数据库表结构时指定。

【例 3-18】利用命令完成例 3-16 和例 3-17 的操作。

在命令窗口输入以下命令：

```
use 课程表
index on 课程代码 tag kcdm1
index on 课程代码 tag kcdm2 descending candidate
index on str(10－学分,5,1)＋课程代码 tag 选修课 for 课程性质＝ "选修"
```

2. 单索引文件的建立

命令格式为

> index on＜索引关键字表达式＞to＜单索引文件名＞[unique] [additive] [for＜条件＞]

功能：为当前表按＜索引关键字表达式＞值升序建立普通索引或唯一索引的单索引文件。

说明：

① 索引关键字表达式：可以是某一个字段名，或包含若干字段名的表达式。

② 单索引文件名：指定索引文件的主文件名，单索引文件的扩展名默认为".idx"。

③ 指定 unique 选项时，表示建立唯一索引，若省略该选项，则表示建立普通索引。

④ 指定 additive 选项，表示建立新的索引文件时，其他已打开的索引文件仍然保持打开状态；如果省略该项，除结构复合索引文件外，其他已打开的索引文件都被关闭。

⑤ for ＜条件＞：给出索引过滤条件，只索引满足条件的记录。

⑥ 单索引是为了与以前版本兼容，现在一般只是在建立一些临时索引时才使用。

【例 3-19】对"课程表"按照考核方式建立普通索引。

在命令窗口输入以下命令：

    use 课程表
    index on 考核方式 to khfs   && 按考核方式升序建立单索引文件 khfs.idx
    list

3. 创建索引时注意以下两点

① 通过表设计器和 index 命令均可以建立索引，但是通过表设计器只能建立结构化复合索引文件；通过 index 命令不仅能建立结构化复合索引文件，还能建立单索引文件和非结构化复合索引文件。

② 对数据库表建立的索引类型有：主索引、候选索引、唯一索引和普通索引，但是对自由表建立的索引类型只有：候选索引、唯一索引和普通索引。

3.5.4 索引文件的使用

1. 打开索引文件

结构复合索引文件在打开表时能够自动打开，但是对单索引文件和非结构复合索引文件，使用时必须先用命令打开，使用命令刚创建的索引处于打开状态。

打开索引文件有两种方法：一种是在打开表文件时的同时打开索引文件；一种是表文件打开后，再用相应命令打开索引文件。

（1）打开表的同时打开索引文件

格式：use ＜表文件名＞ index ＜索引文件名表＞

功能：打开指定的表，并且打开由＜索引文件名表＞指定的所有索引文件。

说明：＜索引文件名表＞指定要打开的索引文件名列表，这些索引文件可以是单索引文件，也可以是非复合索引文件。虽然可以同时打开多个索引文件，但同一时间只能有一个单索引文件或是复合索引文件中的一个索引标识对表的操作起控制作用，这样的索引称为主控索引。若＜索引文件名表＞中排在第一位的是单索引文件，则该单索引就是主控索引，若排在第一位的是复合索引文件，则还需要指定哪个索引标识作为主控索引，否则，记录将仍然按记录号的顺序显示。

例如：use 课程表 index khfs

打开课程表的同时打开了单索引文件 khfs.idx，此时显示表记录时，按照 khfs.idx 的索引顺序显示。

（2）打开表后再打开索引文件

格式：set index to ＜索引文件名表＞ ［additive］

功能：为当前表打开指定的索引文件。

说明：

① ＜索引文件名表＞意义同上。

② 指定 additive 选项，表示保留以前打开的索引文件，否则除结构复合索引文件之外，以前打开的索引文件均被关闭。

注意：结构复合索引文件随着表文件的打开而自动打开，不用上述命令。但是需要指定哪个索引标识作为主控索引才有意义。

2. 确定主控索引

一个表可打开多个索引文件，一个复合索引文件也可包含多个索引标识，但任何时候只有一个索引能起作用，该索引称为主控索引。如果在打开索引文件时未指定主控索引，打开索引文件之后需要指定主控索引，或者希望改变主控索引，都可使用 set order to 命令。

命令格式为

> set order to［＜索引文件序号＞｜＜单索引文件名＞］｜［tag］＜索引标志名＞；
> 　　　　　　［of＜非结构复合索引文件名＞］

功能：指定当前表的主控索引。

说明：

① 索引文件序号：表明根据索引文件序号来确定主控索引。

系统给打开的单索引文件和复合索引文件的索引标识编号的方法是：首先按照打开索引文件时的单索引文件名的排列顺序编号，再按照结构复合索引文件中索引标识建立的顺序编号，最后按照非结构复合索引文件中的索引标识建立的顺序编号。

② 单索引文件名：用一个单索引文件名指定主控索引，这样比用索引文件序号更直观。

③［tag］＜索引标识名＞：指定结构复合索引文件中的一个索引标识为主控索引。

④［tag］＜索引标识名＞［of ＜非结构复合索引文件名＞］：指定一个已打开的非结构复合索引文件中的一个索引标识为主控索引。

⑤ 不带参数的"set order to"或"set order to 0"命令表明取消主控索引，表记录按照物理顺序排列。

【例 3-20】利用"课程表"中已经建立的单索引文件 khfs. idx 和结构复合索引文件，指定不同的主控索引并显示其记录。

在命令窗口输入以下命令：

```
use 课程表                && 结构复合索引文件课程表 . cdx 随表打开
set order to kcdm         && 指定"kcdm"索引标识为主控索引
browse                    && 记录按课程代码降序排列，并控制"课程代码"字段不出现重复值
set order to 选修          && 指定"选修"索引标识为主控索引
browse                    && 记录按"选修"索引控制排序，系统显示如图 3-27 所示
set index to khfs. idx    && 打开 khfs. idx，并将它设置为主控索引
browse
set order to              && 取消主控索引
browse                    && 记录按输入时的物理顺序显示
```

课程表						
课程代码	课程名	学分	周学时	考核方式	课程性质	课程类别
011180	智能化仪器设计	3.0	4	考查	选修	专业课
011360	计算机辅助设计	2.0	2	考查	选修	专业课
011390	先进制造技术	1.5	2	考查	选修	专业课

图 3-27 主控索引为"选修"的浏览结果

3. 关闭索引文件

格式 1：set index to

功能：关闭当前打开的所有单索引文件和非结构复合索引文件，结构复合索引文件随表文件的关闭而关闭。

格式 2：use

功能：关闭当前的表文件和所有索引文件。

4. 删除索引

（1）删除单索引文件

格式：delete file ＜单索引文件名＞

功能：删除已关闭的单索引文件，单索引文件名必须带扩展名。

（2）删除索引标识

格式：delete tag all ｜＜索引标识名表＞[of ＜非结构复合索引文件名＞]

功能：从复合文件中删除指定的索引标识

说明：

① all 表示删除打开的复合索引文件的所有索引标识。

② ＜索引标志名表＞表示删除指定的索引标志。

③ [of ＜非结构复合索引文件名＞] 是指定的非结构复合索引文件名，若默认，则为结构复合索引文件。

④ 如果一个复合索引文件的所有索引标识都被删除，该复合索引文件自动被删除。

5. 更新索引

当表文件中的数据改变时，所有打开的索引文件都会随数据的改变自动更新。对于没有打开的索引文件，系统不能对其自动更新，需要用户在使用时重新索引，从而更新已建立的索引文件。

（1）菜单方式

① 打开表文件，选择"显示"菜单中的"浏览"命令。

② 选择"表"菜单中的"重新建立索引"命令，系统自动根据各索引表达式重建索引。

（2）命令方式

格式：reindex

功能：重新建立已经索引过的索引文件。

3.5.5　索引查询

前面我们介绍的条件定位命令 locate 可以在没有创建索引的表中按照记录的输入顺序进行查询，缺点是查询速度慢，效率低。当表建立了索引文件后，就可采用索引查询进行快速查询。索引查询主要有两种命令：find 和 seek 命令。

1. find 命令

格式：find ＜字符串＞｜＜数值常量＞

功能：在当前表的主控索引中查找索引关键字值与<字符串>或<数值常量>相匹配的第一条记录。

2. seek 命令

格式：seek<表达式>

功能：在当前表的主控索引中查找与<表达式>相匹配的第一条记录。

关于 find 和 seek 命令的说明：

① find 命令不能查找表达式，而 seek 可以查找表达式，表达式的类型可以是字符型、数值型、日期型或逻辑型字段的值，还可以是字段表达式的形式。

② find 命令中指定的字符串如果无前导空格，就可以省略字符串定界符，若指定字符串变量，则变量前需要使用宏替换函数 &。seek 命令中的字符串必须有定界符，以标识指定的不是变量而是字符串，若指定的是字符串变量，直接给出内存变量名，不用宏替换函数 &。

③ 若找到匹配记录，则把记录指针指向该记录，并且将 found() 函数的值置为".t. "，recno() 函数的值为匹配记录的记录号；若没有找到与其相符的记录，则将记录指针指向表的末尾，且将 found() 函数的值置为".f. "，eof() 函数的值置为".t. "。

④ 当符合条件的记录不止一条时，find 或 seek 只将记录指针定位到满足条件的第一条记录。因为记录是根据索引关键字值排序的，符合条件的记录排在一起，所以可用 skip 命令配合查找到后面符合条件的记录，直到显示的记录不满足条件为止。

⑤ 如果执行了 set exact off 命令，再用 find 或 seek 命令查找字符串时，字符串只要是索引表达式值从首字符开始的一个左子串即可。若执行了 set exact on 命令后再查找字符串，则字符串必须和索引表达式的值精确匹配，即只能是索引表达式值的全部。

【例 3-21】 查询命令举例。

```
use  课程表
set order to 课程代码
find 011360          && 或 seek "011360"
disp
```

显示结果如下图所示。

记录号	课程代码	课程名	学分	周学时	考核方式	课程性质	课程类别
8	011360	计算机辅助设计	2.0	2	考查	选修	专业课

```
index on 课程名 to cname
kcm＝"工程图学"
find &kcm          && 或 seek kcm
disp
```

显示结果如下图所示。

记录号	课程代码	课程名	学分	周学时	考核方式	课程性质	课程类别
3	011070	工程图学	1.0	2	考查	必修	专业基础

如果课程名为"工程图学"的记录不止一条，可重复执行 skip 和 disp 命令，直到显示记录的课程名不为"工程图学"为止。

3.6 表文件的数据统计

实际应用中经常对表中数据进行统计计算，Visual FoxPro 提供了相应的数据统计命令。

3.6.1 记录统计

记录统计的命令格式为

count [＜范围＞] [for＜条件＞] [to＜内存变量名＞]

功能：计算当前表中在指定范围内满足指定条件的记录的个数。

说明：

（1）＜范围＞选择项的缺省值为 all。

（2）若使用 to 子句，则可将计数结果保存到指定的内存变量中。

（3）若设置了"set deleted on"命令，则做了删除标记的记录不被计数。

【例 3-22】对"学生基本信息表"，分别统计学生总人数、团员人数。

在命令窗口中以下命令：

```
use 学生基本信息表
count to zrs
count for 是否入团 to  ty
? "学生总人数：", zrs
? "团员人数：", ty
```

系统显示结果如下所示。

学生总人数：	17
团员人数：	11

3.6.2 数值字段的和及平均数统计

求数值字段的和及平均数统计的命令格式为

sum | average [＜数值型字段表达式表＞] [＜范围＞] [for ＜条件＞] [to ＜内存变量名表＞]

功能：对当前表指定范围内满足指定条件的数值型字段或由数值型字段构成的表达式进行纵向求和或求平均值。

说明：

（1）若不写任何选项（只写 sum 或 average），对表中所有数值型字段求和或求平均值。

（2）若使用 to 子句，则可将统计结果保存到指定的内存变量中，＜内存变量名表＞中变量的个数与类型必须与＜数值型字段表达式表＞中一致。

【例 3-23】"成绩表"如图 3-28 所示，求课程代码为 011010 的课程的总成绩与平均分。

在命令窗口中输入以下命令：

```
use 成绩表
sum 成绩 for 课程代码＝"011010"  to zcj
average 成绩 for 课程代码＝"011010" to pjcj
?"课程代码:011010"
```

成绩表				
学号	课程代码	教师工号	学期	成绩
1214130101	011010	101120	第一	77
1114140102	011010	101120	第一	88
1114140102	011010	101120	第一	89
1214140103	011010	101120	第三	90
1214070101	011010	101120	第一	79
1114140104	011010	101120	第一	66
1012110109	151430	102072	第二	89
1013080102	151430	102072	第二	78
1114140102	151430	102072	第二	88

图 3-28 成绩表

```
?"总成绩:"   zcj
?"平均成绩:",pjcj
```

系统显示结果如下所示。

```
课程代码:011010
总成绩:              489.00
平均成绩:             81.50
```

3.6.3　分类汇总

分类汇总的命令格式为

total to ＜汇总表文件名＞ on ＜关键字表达式＞［fields ＜数值型字段表＞］;
　　　 ［＜范围＞］［for ＜条件＞］

功能：对当前表指定的各个数值型字段，按＜关键字表达式＞进行分类统计，并把统计结果存放在＜汇总表文件名＞指定的表中。

说明：

①分类汇总前，必须按关键字表达式进行排序或索引。

②＜关键字表达式＞是分类汇总的关键字，可以是一个字段，也可以是由若干字段组合成的表达式。

③分类汇总的过程是把关键字表达式值相同的一组记录合并为一条记录，对指定的数值型字段进行纵向求和，对其他非汇总字段的值，取自该组记录中的第一条记录。

④fields ＜数值型字段表＞：指定要合计的字段，字段名间用逗号分隔。若省略该子句，则默认合计所有的数值型字段。

【例 3-24】对"成绩表"按课程代码进行成绩汇总。

```
use 成绩表
index on 课程代码 tag kcdm
total on 课程代码 to 汇总表 fields 成绩
use 汇总表
list 课程代码,成绩
```

系统显示结果如下所示。

记录号	课程代码	成绩
1	011010	489
2	011270	190
3	011510	179
4	101050	462
5	151430	422

3.7　工作区和表文件的关联

前面所讲的各种操作都是针对单独一个表进行的，实际应用中，常需要同时对多个表进行操作，Visual FoxPro 提供了多工作区以及建立表间关联来实现多表操作。

3.7.1　工作区的概念

打开一个表文件，实质上是把该表文件调入内存中。工作区就是每个打开的表所在的一个内存区域。在一个工作区中只能打开一个表文件，若在一个工作区打开一个新的表文件，以前打开的表文件就会自动关闭。如果要同时打开多个表，就要指定多个工作区，每个表在各自的工作区中被操作。任何时刻只能对一个工作区进行操作，该工作区称为当前工作区，当前工作区中打开的表称为当前表，在对当前表操作时，可以使用其他工作区中表文件的数据，但不影响其他工作区中表文件的数据。

Visual FoxPro 最多可同时打开 32767 个工作区，采用以下三种方式表示各工作区：

（1）用数字 1～32767 表示各工作区区号。

（2）用 a～j 这 10 个字母做前 10 个工作区的别名，w11～w32767 做后面工作区的别名。

（3）如果在工作区打开表文件时指定了表的别名，则该别名也可作为该工作区的别名；若没有对表指定别名，则也可以以该工作区所打开的表的表名作为工作区的别名。

指定表和工作区别名的命令格式为

use ＜表文件名＞ alias ＜别名＞

功能：打开指定的表文件，并给该表指定别名。

3.7.2　选择当前工作区

任何时刻只有一个工作区是当前工作区，用户只能对当前工作区中打开的当前表进行操作。系统启动时，默认 1 号工作区为当前工作区，可以用 select 命令改变当前工作区。

格式：select 工作区号 | 工作区别名 | 0

功能：选择由工作区号或别名指定的工作区为当前工作区。0 表示选择当前未使用的编号最小的工作区为当前工作区。

说明：工作区的切换不影响各工作区中表的记录内容和记录指针的位置。

3.7.3　在当前工作区中访问其他工作区中的表

在当前工作区访问其他工作区中表的数据的格式为

别名－＞字段名　　或　　别名.字段名

【例 3-25】多工作区访问举例。

```
select 1                          && 或 select A
use 学生基本信息表 alias stuinf      && 在 1 号工作区打开学生基本信息表并指定别名
select 2                          && 或 select B
use 入学测试成绩表                  && 在 2 号工作区打开入学测试成绩表
select 1                          && 或 select A 或 select 学生基本信息表或 select stuinf
display 学号,姓名,性别,专业代号,b.学号,b.数学,入学测试成绩表.英语
```

系统显示结果如下：

记录号	学号	姓名	性别	专业代号	B->学号	B->数学	入学测试成绩表->英语
1	1214130101	刘梅	女	13	1211030101	73	82

```
skip                              && 在当前表"学生基本信息表"中向下移动记录指针
display 学号,姓名,性别,专业代号,b.学号,b.数学,入学测试成绩表.英语
```

系统显示结果如下：

记录号	学号	姓名	性别	专业代号	B->学号	B->数学	入学测试成绩表->英语
2	1114140102	王翔宇	男	14	1211030101	73	82

仔细观察系统的显示结果，发现虽然在当前工作区中可以访问其他工作区中的表数据，

但是两个表之间的访问存在两个问题：一是两个表之间并没有根据共同的字段（学号）自动匹配相关的记录，所以用 display 命令显示出两个表的学号不一致；二是当前表的记录指针移动时，另一个表中的记录指针并没有移动。

事实上，仅通过前面介绍的多表访问方式，只能访问到非当前表的当前记录，不管它是否与当前表的当前记录相匹配，而且当前表记录指针的移动并不影响到被访问表的记录指针，即各工作区中的记录指针保持相对独立。显然，这样的多表操作是没有太大意义的。如果希望解决上面存在的问题，就需要在要互相访问的表文件之间建立关联。

3.7.4 创建表文件之间的关联

表文件之间的关联又称为表文件之间的临时关系，是指不同工作区的记录指针之间的一种临时联动关系。当前工作区的表（称为父表）和另一个工作区的表（称为子表）创建关联后，当前表（父表）的记录指针发生移动，与之相关联的表（子表）的记录指针会自动地定位到与之相关的记录上。这对于基于多表的数据查询、浏览以及替换等操作具有很大的意义。

关联可以在任意类型的表（自由表或数据库表）之间建立，但是它只是一种临时关系，只要其中一个表关闭，两表之间的关联就自动取消，下次使用需要重新建立。

两个表要建立关联，需要满足两个前提条件：一是这两个表要具有相同的字段（称为关联字段），关联字段不一定名字相同，但是两个表中的关联字段要意义相同，并且具有相同的值；二是子表必须以关联字段建立索引，并把它设置为主控索引，索引的类型可根据子表的实际情况而定。

根据两表之间记录的对应关系，Visual FoxPro 可以直接创建的关联类型为：一对一、多对一和一对多关联。其中一对多关联的创建过程要比前两种关联多一个操作步骤。

关联可以通过"数据工作期"窗口或命令两种方式创建。

1. 使用"数据工作期"窗口建立关联

使用"数据工作期"窗口可以查看当前使用的一组工作区，每一个工作区中打开的表和索引，以及设置不同工作区中表的关联。

【例 3-26】为"学生基本信息表"和"入学测试成绩表"建立关联，其中入学测试成绩表的结构为：入学测试成绩表（学号 c（10），系别代号 c（2），数学 n（3，0），英语 n（3，0）），"学生基本信息表"为父表，"入学测试成绩表"为子表，关联字段为"学号"。

父表"学生基本信息表"中的一条记录只对应于子表"入学测试成绩表"中的一条记录，而子表"入学测试成绩表"中的一条记录也只对应于父表"学生基本信息表"中的一条记录，这种关系称为一对一关系。

操作步骤如下：

（1）为子表"入学测试成绩表"按"学号"字段建立普通索引，并设置为主控索引。

（2）选择"窗口"菜单的"数据工作期"命令，或在命令窗口中执行 set 命令，打开"数据工作期"窗口，如图 3-29 所示。

（3）单击"打开"按钮，分别打开"学生基本信息表"和"入学测试成绩表"，系统会为这两个表自动选取不同的工作区。打开的两个表的表名出现在"别名"列表框中。

（4）在"别名"列表框中选择父表"学生基本信息表"，单击"关系"按钮，则"学生基本信息表"被添加到右侧"关系"列表框。

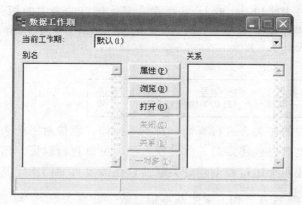

图 3-29 "数据工作期"窗口

（5）在"别名"列表框中选择子表"入学测试成绩表"，如果子表没有指定主控索引，系统会弹出"设置索引顺序"对话框，如图 3-30 所示。在该对话框中可以指定子表的主控索引。选择主控索引后，系统弹出"表达式生成器"对话框，在字段列表框中显示出父表的所有字段，选择其中的"学号"作为关联字段。单击"确定"按钮，即可建立两表的一对一关联，如图 3-31 所示，父表和子表之间有一单线相连。

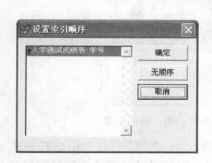

图 3-30 设置索引顺序

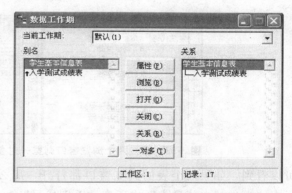

图 3-31 创建了一对一关联的数据工作期窗口

创建好关联后，两个表的记录指针就建立起了联动关系，可以通过浏览观察两个表的记录显示情况。在"数据工作期"窗口中，选定"学生基本信息表"，单击"浏览"按钮，打开该表的浏览窗口，用同样的方法打开"入学成绩测试表"的浏览窗口。在父表的浏览窗口用鼠标选择不同的记录时，子表浏览窗口中出现和父表当前记录"学号"字段相匹配的记录，如图 3-32 所示。

学号	姓名	性别
1214130101	刘梅	女
1111140102	王翔宇	男
1214030102	王晓玲	女
1214030103	张兰兰	女
1111140103	刘伟峰	男
1214130103	黄晓明	男

学号	数学	英语
1214030103	92	97

图3-32 通过两个浏览窗口浏览一对一关联的两个表的记录

也可以在命令窗口中使用 list 或 browse 命令显示浏览两表中的相关数据。例如：

　　select 学生基本信息表　　　　　&& 选择父表所在的工作区为当前工作区

　　list 学号,姓名,b.学号,b.数学,b.英语 for 学号="1214030102"

系统显示结果如下：

记录号	学号	姓名	B->学号	B->数学	B->英语
3	1214030102	王晓玲	1214030102	79	69

也可以对创建关联的相关表进行查询、替换等操作，就像对一个表的操作一样方便。

　　同样的操作步骤也可以创建多对一的关联，读者可以自行验证。但是如果两个表之间是一对多的关系，那么按照上述过程创建好关联后，还需要再专门指定其"一对多"的关系。

【例 3-27】为"学院名表"和"学生基本信息表"建立关联，"学院名表"为父表，"学生基本信息表"为子表，关联字段为"系别代号"（对应与父表中的"学院代码"）。

　　父表"学院名表"中的一条记录对应于子表"学生基本信息表"中的多条记录，而子表"学生基本信息表"中的一条记录只对应于父表"学院名表"中的一条记录，这种关系称为一对多关系。

　　按上题所述操作步骤建立两表之间的关联，并在"数据工作期"窗口中选择"浏览"，打开两个表的浏览窗口，如图 3-33 所示。

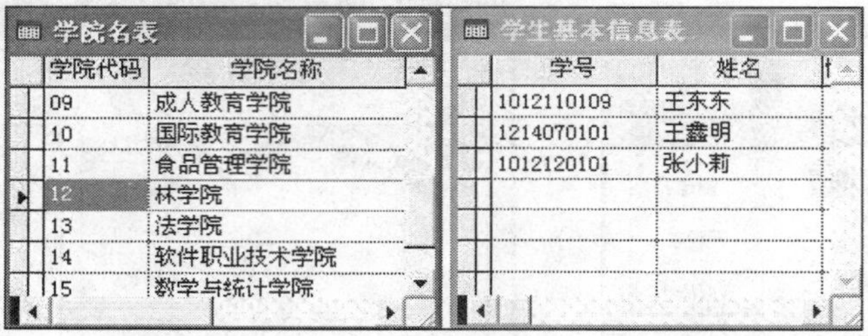

图 3-33　通过两个浏览窗口浏览一对多关系的两个表的记录

可以看到，如果两个表的浏览窗口都打开，那么在父表"学院名表"中选择一条记录时，子表"学生基本信息表"中所有"系别代号"和父表当前记录"学院代码"字段值相匹配的记录全都显示出来。但是当我们用 list 或 browse 命令在一个窗口中显示或浏览两个表中的相关数据时会发现，当父表中的一条记录与子表的多条记录相匹配时，只能显示出子表中相匹配的第一条记录，子表中的其他记录则不显示。这样会造成在进行浏览或查询等操作时，丢失某些数据。例如在命令窗口输入命令如下：

　　select 学院名表　　　　　&& 选择父表所在的工作区为当前工作区

　　browse fields 学院名称,学生基本信息表.学号,学生基本信息表.姓名

系统显示如图 3-34 所示，只显示出子表中相匹配的第一条记录。

　　对于一对多关系的两个表，如果想在浏览或查询等操作时显示出子表中所有和父表相匹配的记录，需要对两个表建立一对多关联。

　　建立一对多关联的步骤为：

　　（1）按前面例 3-26 介绍的方法为两表建立关联。

　　（2）在"数据工作期"窗口的别名列表框中选择父表"学院名表"，再单击窗口中的"一对多"按钮，弹出"创建一对多关系"对话框，如图 3-35 所示。在该对话框中选择子表"学生基本信息表"，单击"移动"按钮，然后单击"确定"按钮，则两表的一对多关联创建

完毕，如图 3-36 所示，在父表和子表之间有一双线相连，表明是一对多关联。

学院名称	学号	姓名
电子信息工程学院		
材料科学与工程学院	1102030101	肖杰宇
动物科技学院		
机电工程学院		
艺术与设计学院		
体育学院		
经济管理学院	1107010103	王心雨
外国语学院	1108010104	张芳
成人教育学院		
国际教育学院		
食品管理学院	1211030101	郑利强
林学院	1012110109	王东东
法学院	1013080102	黄红娟
软件职业技术学院	1214130101	刘梅
数学与统计学院		
人文学院		
医学院		

图 3-34　在一个浏览窗口中浏览相关联的两个表的相关数据

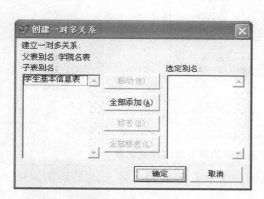

图 3-35　"创建一对多关系"对话框　　　**图 3-36　创建了一对多关联的数据工作期窗口**

（3）在命令窗口中输入 browse 命令浏览

browse fields 学院名称，b.学号，b.姓名

系统显示结果如图 3-37 所示，子表中所有匹配的记录都可显示出来，"＊"表示和上行内容相同。

读者可以自己检测此时进行查询时使用 skip 命令的效果，会发现子表中所有符合条件的记录都会被查找出来。

2. 使用命令建立关联

创建关联的相关命令主要有两个：

命令 1 格式为

set relation to [＜关联字段表达式 1＞ into＜子表别名 1＞ ［，＜关联字段表达式 2＞；
into ＜子表别名 2＞] ……] [additive]

功能：把当前工作区上的表（父表）与 into 指定的子表通过关联字段表达式建立关联。

说明：

① 建立关联的两个表必须处于打开状态，并且父表要在当前工作区打开，子表在其他工作区打开。

② ＜关联字段表达式＞：可以是两个表的共有字段，或是由共有字段构成的表达式，并且子表要按关联字段建立索引，并设置为主控索引。注意两个表的关联字段必须意义和值相同，但名字不一定要相同，此时＜关联字段表达式＞要写父表的字段名。

学院名称	学号	姓名
材料科学与工程学院	1102030101	肖杰宇
成人教育学院		
电子信息工程学院		
动物科技学院		
法学院	1013080102	黄红娟
＊＊＊＊＊＊＊＊＊＊＊	1013070103	刘威
国际教育学院		
机电工程学院		
经济管理学院	1107010103	王心雨
林学院	1012110109	王东东
＊＊＊＊＊＊＊＊＊＊＊	1214070101	王鑫明
＊＊＊＊＊＊＊＊＊＊＊	1012120101	张小莉
人文学院		
软件职业技术学院	1214130101	刘梅
＊＊＊＊＊＊＊＊＊＊＊	1114140102	王翔宇
＊＊＊＊＊＊＊＊＊＊＊	1214030102	王晓玲
＊＊＊＊＊＊＊＊＊＊＊	1214030103	张兰兰
＊＊＊＊＊＊＊＊＊＊＊	1114140103	刘伟峰
＊＊＊＊＊＊＊＊＊＊＊	1214130103	黄晓明
＊＊＊＊＊＊＊＊＊＊＊	1214140103	张宏
＊＊＊＊＊＊＊＊＊＊＊	1114140104	王琳琳
食品管理学院	1211030101	郑利强
数学与统计学院		
体育学院		
外国语学院	1108010104	张芳
医学院		
艺术与设计学院		

图 3-37 在一个浏览窗口中浏览创建一对多关联的两个表的相关记录

③ 在一条命令中可创建一个父表和多个子表之间的关联，分别列出各子表的别名，中间用逗号隔开。

④ additive：若有此项表明创建新关联时不解除先前已建的关联，否则解除原先关联。

⑤ 不带任何参数的 set relation to 命令将取消当前表的所有关联。

命令 2 格式为

set skip to ［＜别名 1＞,＜别名 2＞,…］

功能：将当前表（父表）和别名指定的工作区中的表（子表）建立一对多关联。

说明：

① 使用命令前要先用 set relation to 命令建立关联，然后再用此命令说明关联为一对多的关系。

② 此命令表示：当父表中的一条记录与子表中的多条记录相匹配时，子表的记录指针先指向第一个匹配记录上。当在父表中使用 skip 命令，父表的指针先不移动，子表的指针向下移动到下一个和父表相匹配的记录上，重复使用 skip 命令，直到在子表中没有和父表当前记录相匹配的记录后，父表的指针才向下移动。因此用此命令说明一对多的关系后，能够访问到子表中所有匹配的记录。

③ set skip to 命令为取消对一多关系的说明。

【例 3-28】用命令实现例 3-27 的任务。

在命令窗口输入以下命令：

```
           select 2
           use 学生基本信息表              && 在工作区 2 中打开子表
           index on 系别代号 tag xbdh        && 在子表中按关联字段创建索引
           select 1
           use 学院名表                  && 在工作区 1 中打开父表
           set relation to 学院代码 into b   && 注意这里的关联字段要写父表中的字段名
           set skip to b                && 设置两表为一对多关联
           list 学院名称,b.学号,b.姓名
```

系统显示结果如图 3-38 所示：

记录号	学院名称	B->学号	B->姓名
2	材料科学与工程学院	1102030101	肖杰宇
9	成人教育学院		
1	电子信息工程学院		
3	动物科技学院		
13	法学院	1013080102	黄红娟
13	法学院	1013070103	刘威
10	国际教育学院		
4	机电工程学院		
7	经济管理学院	1107010103	王心雨
12	林学院	1012110109	王东东
12	林学院	1214070101	王鑫明
12	林学院	1012120101	张小莉
16	人文学院		
14	软件职业技术学院	1214130101	刘梅
14	软件职业技术学院	1114140102	王翔宇
14	软件职业技术学院	1214030102	王晓玲
14	软件职业技术学院	1214030103	张兰兰
14	软件职业技术学院	1114140103	刘伟峰
14	软件职业技术学院	1214130103	黄晓明
14	软件职业技术学院	1214140103	张宏
14	软件职业技术学院	1114140104	王琳琳
11	食品管理学院	1211030101	郑利强
15	数学与统计学院		
6	体育学院		
8	外国语学院	1108010104	张芳
17	医学院		
5	艺术与设计学院		

图 3-38 显示创建一对多关联的两个表的相关记录

3.7.5 取消关联

表文件之间的关联只是一种临时关系，只要其中一个表关闭，关联即被取消，当再次需要时，必须重建。除了通过关闭表来取消关联以外，还可以通过下面三种方法取消关联。

① 使用"set relation to"命令，取消当前表和其他表之间的关联。

② 使用"set relation off into ＜别名＞｜＜工作区号＞"命令，取消当前表与指定表之间的关联。

③ 在创建关联的命令中，如果不选"additive"选项，在创建新关联的同时，取消当前表原先创建的关联。

小 结

本章介绍了自由表文件的基本操作，包括表文件的创建、打开、关闭与复制，表结构的编辑，表记录的显示、定位、添加、修改与删除。阐述了排序与索引的含义与区别、索引文件的建立与使用、索引查询以及数据统计汇总命令。最后讲述了多表操作的有关命令以及表间关联的创建。

习 题 3

一、选择题

1. 在 Visual FoxPro 中，学生表 student 中包含有通用型和备注型字段，表中通用型和备注型字段中的数据均存储到另一个文件中，该文件名为_____。
   A) student. dbf　　　B) student. men　　　C) student. dbc　　　D) student. fpt

2. 在 Visual FoxPro 命令窗口中，执行命令 use base，打开的数据表文件是_____。
   A) base. dbf　　　　B) base. frx　　　　C) base. mpr　　　　D) base. bak

3. 在 Visual FoxPro 中要显示当前表的当前记录，可以使用的命令是_____。
   A) list　　　　　　B) display　　　　　C) list next 1　　　　D) B 和 C

4. 要删除当前数据库表文件的"性别"字段，应使用_____命令打开表设计器。
   A) create　　　　　B) modi database　　　C) modi stru　　　　D) replace

5. 在已打开的表文件的第 4 条记录后插入一条新记录，可使用_____命令。
   A) go 5　　　　　　B) go 4　　　　　　　C) go 5　　　　　　D) go 5
   insert　　　　　　　　insert before　　　　　insert before　　　　insert blank

6. 在 Visual FoxPro 中，下列只能显示而不能修改表记录的命令是_____。
   A) edit　　　　　　B) list　　　　　　　C) change　　　　　D) browse

7. 在 Visual FoxPro 中，表文件已打开，能物理删除所有记录的命令是_____。
   A) delete all　　　　B) clear all　　　　C) pack all　　　　D) zap

8. 下面关于索引的叙述，正确的是_____。
   A) 在表设计器的"字段"选项卡中只能设置普通索引
   B) 通过表设计器设置的索引是结构复合索引文件
   C) 自由表不能设置主索引
   D) 以上说法都正确

9. 已打开"职工"表文件，表结构中有姓名（c），职称（c），出生年月（d），工资（n）等字段，要把记录指针定位在第一个工资大于 620 元的记录上应使用命令_____。
   A) find for 工资＞620　　　　　　　B) seek 工资＞620
   C) locate for 工资＞620　　　　　　D) find 工资＞620

10. 执行下列一组命令之后，不能实现选择"职工"表所在工作区的是_____。
    select 1
    use 职工
    select 2
    use 仓库
    A) seelect 职工　　　B) select 0　　　　C) select 1　　　　D) select a

二、操作题

（一）进入 Visual FoxPro 6.0 环境，选择自己的文件夹为默认路径，完成下面的操作。

1. 在默认路径下建立两个自由表文件，表名分别为"考生信息 .dbf"和"考生成绩

.dbf"。表结构如下：

考生信息（考号 c（4），姓名 c（8），性别 c（2），团员 l，出生日期 d，备注 m，照片 g）

考生成绩（考号 c（4），专业代码 c（1），文化课成绩 n（3），专业课成绩 n（3））

按下表输入表记录内容：

考生信息

考号	姓名	性别	团员	出生日期	备注	照片
1001	刘爱芳	女	.t.	1994.5.1		
1002	李明	男	.t.	1993.12.10		
1003	张华	男	.t.	1995.1.18	学校推荐生	
1004	王芳	女	.t.	1994.6.26		
1005	陆宏远	男	.f.	1994.8.12		

考生成绩

考号	专业代码	文化课成绩	专业课成绩
1001	1	87	90
1002	1	76	69
1003	3	72	80
1004	1	88	75
1005	2	92	90
1006	3	68	87

操作方法：

① 选择"新建"菜单，在打开的新建对话框中选择"表"，单击"新建文件"，打开"创建"对话框，输入表名"考生信息"，单击"保存"按钮，打开"表设计器"窗口，在"表设计器"中输入考生信息.dbf 的表结构内容。

② 输入完成后，单击"确定"按钮，出现询问"现在输入数据记录吗?"的提示框，单击"是"按钮，可在编辑窗口中输入考生信息的内容，输入的内容会自动存盘。

输入日期型字段的内容时，要符合系统当前设置的日期格式，系统默认的日期格式为：mm/dd/yy。

备注型字段的输入方法是：在窗口中双击该字段，打开一个文本编辑窗口，即可在其中输入备注型字段的内容。若备注型字段有内容，则 memo 的首字母会变成大写，即显示为 Memo。

默认情况下，记录在输入时的窗口状态为"编辑"，即每行显示一个字段。可以选择"显示"菜单的"浏览"切换到"浏览"方式下，此时每行显示一条记录。在"浏览"或"编辑"方式下，都可以显示或直接修改记录内容。

③ 以同样的方法建立"考生成绩.dbf"。

操作结果：在默认路径下有 3 个文件：考生信息.dbf、考生成绩.dbf 以及考生信息.fpt（表备注文件，存放备注型字段的内容）

2. 在考生信息.dbf 的表尾追加一条记录，内容为：

1006　王晓军　男　t　1994.4.9

操作方法：

选择"文件"菜单中的"打开"命令，或在命令窗口中输入命令"use 考生信息"，打

开考生信息 . dbf，再选择"显示"菜单的"浏览"命令，进入记录浏览窗口，此时只能浏览和修改已有数据，无法向表输入新记录。若需要输入新记录，需要选择"显示"菜单的"追加方式"，或选择"表"菜单的"追加新记录"或在命令窗口中输入"append"命令，便可在表尾增加记录。

3. 显示考生信息 . dbf 中所有年龄大于 19 岁的男生的考号，姓名，性别，出生日期。

操作方法：可在命令窗口中输入以下两条命令中的任何一条，其中 browse 是在浏览窗口中显示记录，而 list 是在系统主窗口中显示记录。

brow fields 考号，姓名，性别，出生日期 for 性别＝"男". and. year（date（））－year（出生日期）＞19

list 考号，姓名，性别，出生日期 for 性别＝"男". and. year（date（））－year（出生日期）＞19

4. 在考生成绩 . dbf 的最后一列增加"综合分"字段，并计算出每个考生的综合分，综合分的计算办法：文化课成绩占 30％，专业课成绩占 70％。

操作方法：

① 打开考生成绩 . dbf，单击"显示"菜单下的"表设计器"，增加综合分 n（3）字段。

② 在命令窗口中输入：replace all 综合分 with 文化课成绩 * 0. 3＋专业课成绩 * 0. 7

③ 在命令窗口中输入 list 或 browse 显示浏览效果。

5. 将考生信息 . dbf 中所有男团员的考号、姓名和性别复制到 ty. dbf 中，再用 append from 命令将考生信息 . dbf 中的所有女团员的考号、姓名和性别追加到 ty. dbf 的末尾并显示记录。

操作方法：在命令窗口中输入以下命令：

```
use 考生信息
copy to ty for 性别＝"男". and. 团员 fields 学号,姓名,性别
use ty
browse          && 团员表中只有男团员的记录
append from 考生信息 for 性别＝"女". and. 团员 fields 学号,姓名,性别
list          && 团员表中包括男、女团员的记录
```

6. 先将 ty. dbf 中的前四条记录加上删除标记（逻辑删除），再将记录号为偶数的记录恢复，最后将其他逻辑删除的记录彻底删除。

操作方法：删除记录的方式可以用菜单实现，也可以通过命令实现。

（1）菜单方式：

在表记录"浏览"窗口，把鼠标移到要进行逻辑删除的记录上，单击记录左侧的矩形域，该矩形域变黑，这一黑色矩形域就是删除标记，表明该条记录被逻辑删除了。再次单击记录号为偶数的记录左侧的黑色删除标记，即可取消逻辑删除，恢复记录。最后单击"表"菜单，选择"彻底删除"，弹出"彻底删除"提示对话框，选择"是"，表中所有带有删除标记的记录将彻底被删除掉。

（2）命令方式，在命令窗口中输入以下命令：

```
use ty
go top            && 此命令可以不要,刚打开的表,记录指针指向第一条记录
delete next 4        && 删除前四条记录
list
recall for recno()％2＝0 && 恢复记录号为偶数的记录
list
```

```
        pack                    && 彻底删除其他两条未恢复的记录
        list
```

7. 对考生成绩.dbf 按专业课成绩升序排序，并将排序结果保存到专业排名.dbf 中，该表包含考号、专业代码和专业课成绩字段。

操作方法：在命令窗口中输入以下命令：

```
    use 考生成绩
    sort on 专业课成绩 to 专业排名 fields 考号,专业代码,专业课成绩
    use 专业排名
    list
```

8. 对考生成绩.dbf 建立结构复合索引文件，包括以下 5 个索引：

考号（候选索引，升序，索引名 kh）

专业代号（唯一索引，升序，索引名 zydh）

综合分（普通索引，降序，索引名 zhf），

按专业代号升序，专业代号相同按考号升序排列，索引名 zykh

按专业代号升序，专业代号相同按综合分降序排列，索引名 zycj

操作方法：建立结构复合索引文件可以通过表设计器来建立，也可以通过命令建立。

(1) 通过表设计器建立的方法：

① 打开考生成绩.dbf，选择菜单"显示｜表设计器｜索引"，如图 3-26 所示。

② 单击"索引名"，输入 kh，在"索引类型"列表中选择"候选索引"，在"表达式"中输入"考号"，即设置好名为 kh 的候选索引。

③ 按此方法依次设置好其他索引，需要注意 zhf 索引是降序，需要选择索引顺序为⬇。zykh 索引的"表达式"为"专业代号＋考号"，zycj 索引的"表达式"为"专业代号＋str(1000－综合分)"。

(2) 通过命令创建索引，可在命令窗口中输入以下命令：

```
    use 考生成绩
    index on 考号 tag kh candidate       && 建立候选索引 kh
    browse                              && 记录按考号升序排列,并不允许有相同考号输入
    index on 专业代号 tag zydh unique    && 建立唯一索引 zydh
    browse                              && 按专业代号升序排列,相同专业代号的记录只显示一个
    index on 综合分 tag zhf descenting   && 建立普通索引 zhf
    browse                              && 记录按综合分降序排列
    index on 专业代号＋考号 tag zykh      && 建立普通索引 zykh
    browse                              && 按专业代号升序,专业代号相同按考号升序排列
    index on 专业代号＋str(1000－综合分)tag zycj  && 建立普通索引 zycj
    browse                              && 按专业代号升序,专业代号相同按综合分降序排列
```

说明：

① 通过表设计器中的"字段"选项卡也可以创建索引，但是只能创建基于一个字段的普通索引，并且索引名和字段名相同。

② 刚用命令创建过的索引即为当前主控索引，而通过表设计器创建的索引必须专门再指定哪个为主控索引，才能起到对表记录排序的作用。

操作结果，生成考生成绩.dbf 的结构复合索引文件：考生成绩.cdx，此文件包含以上 5 个索引项。

9. 分别指定考生成绩.dbf 中的 5 个索引为主控索引，观察记录的浏览效果。

（1）选择"表｜属性"菜单命令，或选择"窗口｜数据工作期｜属性"打开"工作区属性"对话框，在"索引顺序"列表框中选择一个索引，则该索引即为主控索引。然后选择"显示｜浏览"菜单命令，即可观察到记录按索引控制的逻辑顺序排列。

（2）也可以通过在命令窗口中输入 set order to 命令来选择当前主控索引，例如

```
set order to kh            && 设置 kh 索引为主控索引
list
```

按此方法依次设置其他 4 个索引为当前主控索引，并浏览记录。

说明：如果只输入 set order to 表明取消当前索引，此时浏览表记录，按记录号顺序（记录的输入顺序）排列。

10. 在考生信息.dbf 中，分别用 locate（条件定位）、seek 和 find（索引查询）命令，实现逐条查询出姓王的考生。

（1）用 locate/continue 命令实现，参考命令序列如下：

```
use 考生信息
locate for  left(姓名,2)= "王"    && 找到第 1 个满足条件的记录
disp                             && 显示找到的记录
cont                             && 继续查找满足条件的第 2 条记录
disp                             && 显示找到的记录
cont                             && 继续查找满足条件的第 3 条记录
……                             && 重复执行 disp、cont 命令，直到状态栏显示"已到定位范围末尾"
```

（2）用 seek 命令实现，参考命令序列如下

```
use 考生信息
index on 姓名 tag  xm            && 建立 xm 升序普通索引，该索引自动为主控索引
set exact off                   && 设置非精确比较
seek "王"                       && 或 find 王
disp                            && 显示找到的第 1 条记录
skip                            && 继续查找连续第 2 个满足条件的记录
disp                            && 显示找到的第 2 条记录
skip                            && 继续查找连续第 3 个满足条件的记录
……                            && 重复执行 disp、skip 命令，直到显示的记录的姓不为"王"
```

11. 用统计命令统计出文化课总分、专业课总分、综合分总分，文化课平均分、专业课平均分、综合分平均分，然后在考生成绩.dbf 末尾添加两个空记录，用 replace 命令将统计结果填入追加的两个空记录中。效果如下图所示：

考号	专业代码	文化课成绩	专业课成绩	综合分
1001	1	87	90	89
1002	1	76	69	71
1003	3	72	80	78
1004	1	88	75	79
1005	2	92	90	91
1006	3	68	87	81
总分		483	491	489
平均		81	82	82

参考命令序列如下：

```
sum 文化课成绩,专业课成绩,综合分 to zf1,zf2,zf3
average 文化课成绩,专业课成绩,综合分 to pj1,pj2,pj3
```

append blank

replace 考号 with "总分"，文化课成绩 with zf1，专业课成绩 with zf2，综合分 with zf3

append blank

replace 考号 with "平均分"，文化课成绩 with pj1，专业课成绩 with pj2，综合分 with pj3

browse

12. 以考生信息 . dbf 为父表、考生成绩 . dbf 为子表，按考号建立两个表的临时关联，然后浏览显示每个考生的考号，姓名，性别，专业代码，综合分。

（1）选择"窗口｜数据工作期"菜单命令，打开数据工作期窗口，按照第 3.7 节例 3-26 的步骤，为两个表创建关联。

（2）也可以在命令窗口中输入命令来创建关联

```
use 考生信息              && 在 1 号工作区打开父表
sele  2
use 考生成绩              && 在 2 号工作区打开子表
set order to kh          && 在子表中设置关联字段为主控索引
sele  1                  && 选择父表为当前表
set rela to 考号 into b   && 建立两表的关联
browse fiel 考号,姓名,性别,b. 专业代码,b. 综合分
```

（二）练习题

设有职工表（职工号 c（6），姓名 c（10），性别 c（2），出生日期 d，进厂日期 d，职称 c（12），工资 n（6））已经打开，写出实现下列操作的命令。

（1）显示已进厂工作 20 年以上，职称是"高级工程师"的职工的职工号、姓名和工资。

（2）显示出 1965 年 1 月 1 日至 1975 年 12 月 31 日之间出生的职工记录。

（3）将所有女工程师的工资增加 100 元。

（4）将职工表中所有的男工程师的职工号、姓名、性别信息复制到 new. dbf 文件中，然后将职工表中所有的女工程师的相应信息追加到 new. dbf 中。

（5）将 new. dbf 中年龄大于 40 岁的职工记录物理删除。

（6）对职工表，统计工资不足 1000 元的职工人数并存入内存变量 num 中，统计所有职工的工资总额并存入内存变量 wage 中，统计男、女职工的平均年龄并存入内存变量 age1 和 age2 中。

（7）按工资降序建立排序文件 gzpx

（8）建立职工表的结构复合索引文件，其中包括 3 个索引：

① 按职工号升序候选索引

② 按出生日期排列（年龄大的在排前面，年龄小的排在后面）

③ 按职称排列，职称相同按工龄升序排列（先进厂的排在前面）

（9）分别使用 locate、find 和 seek 命令查询职称是"高级工程师"的职工信息。

（10）查找年龄最小和年龄最大的职工。

（三）操作注意事项

1. 操作前要先将自己的文件夹设置为默认路径，操作完成后，注意在默认路径下查看生成的文件。

2. 大多数操作都有菜单、常用工具栏和命令三种操作方法，在操作时可以选用，并加以比较。

3. 注意区分排序和索引的不同之处，理解记录物理顺序和逻辑顺序的概念，掌握用"表设计器"和命令创建结构复合索引文件的方法。

第 4 章　Visual FoxPro 数据库操作

Visual FoxPro 数据库操作包括使用数据库设计器创建数据库、新建和添加数据表、建立表间关联、设置完整性约束和视图等内容。本章还将介绍与视图操作非常接近的查询操作。

4.1　数据库文件的建立

在 Visual FoxPro 中，建立数据库实际是建立扩展名为"dbc"的数据库文件，与之相关的同名数据库备注文件（扩展名为"dct"）和数据库索引文件（扩展名为"dcx"）。数据库中的数据采用 4 个层次结构，按前一层次是后一层次组成部分的顺序，4 个层次是字段、记录、数据表文件和数据库。

4.1.1　数据库与数据库设计器

数据库分为项目数据库和自由数据库。在没有项目管理器打开的情况下，创建的数据库为自由数据库。将自由数据库添加到项目中，或在项目管理器打开的情况下创建的数据库，称为项目数据库。

1. 创建数据库的方法

可以使用菜单方式、常用工具栏方式和命令方式创建数据库。

（1）菜单和工具栏方式

① 在系统主菜单中选择"文件"菜单下的"新建"命令。

② 单击常用工具栏上的"新建"按钮。

使用①或②的方法，都将弹出"新建"对话框，选择文件类型"数据库"，单击"新建文件"按钮，弹出如图 4-1 所示的"创建"对话框。

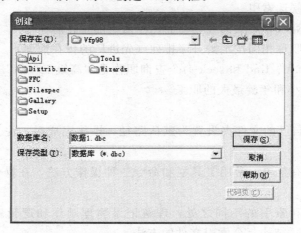

图 4-1　"创建"对话框

系统默认 c:\program files \ microsoft visual studio \ vfp98 为文件保存位置，可以重新选择。并输入具体的数据库名，例如"学生成绩管理"代替"数据1"。文件存储位置和数据库文件名设置后，单击"保存"按钮，即出现数据库设计器窗口，调整大小后如图 4-2 所示。

图 4-2　数据库设计器

（2）命令方式

打开数据库设计器的命令为

create database［＜路径＞＜数据库名＞｜？］

功能：在指定路径下创建一个以＜数据库名＞为名的数据库。

说明：如果给出数据库名，直接在系统默认路径中创建数据库文件，如果缺省数据库名或用"？"代替数据库名，Visual FoxPro 会弹出"创建"对话框，需用户选择文件保存位置，并输入数据库名。

例如把 e:\vf 设定为默认存储位置，在命令窗口中输入命令"create database 学生成绩管理"，即在 e:\vf 路径下创建名为"学生成绩管理 .dbc"的数据库文件，此时，常用工具栏中出现数据库名"学生成绩管理"。

（3）命令方式和菜单方式创建数据库的区别

① 使用命令建立数据库后，数据库处于打开状态，但数据库设计器并未打开。如果需要对数据库进行其他操作，需要使用数据库编辑命令 modify database 打开数据库设计器。

② 使用菜单方式创建数据库，数据库文件保存的位置为默认路径或重新选择的位置，而命令方式可以直接指出存储路径。

③ 使用菜单方式打开数据库设计器时，命令窗口同步出现下面两条命令

create database

modify database

说明：菜单方式同时使用两条命令，第一为创建数据库，第二为打开数据库设计器。

2. 数据库设计器的组成及工作环境

数据库设计器的界面是一个窗口，打开时在菜单栏上自动增加"数据库"菜单项。可以使用"显示"菜单下的"工具栏"命令，在打开的"工具栏"对话框中选择"数据库设计器"，打开数据库设计器工具栏。

在数据库设计器打开的状态下，可以使用数据库设计器工具栏、"数据库"菜单和数据

库设计器的快捷菜单等三种方法修改数据库。

刚刚建立的数据库只是一个空库，无法输入或保存数据，可以通过添加和新建数据表信息进而组织数据。在数据库设计器中常用的操作包括对数据表的新建、添加、删除、修改、浏览和创建视图等。

数据库操作的工具栏和快捷菜单、"数据库"菜单如图4-3和图4-4所示。

图 4-3　数据库设计器的快捷菜单　　　　图 4-4　数据库菜单

说明："数据库"菜单随着数据库设计器的关闭自动关闭。

在数据库设计器打开的前提下，"添加"就是把已经建立的自由表添加到数据库中，添加的表显式地出现在数据库设计器中，成为数据库表；如果表文件还没有创建，可通过"新建"命令建立。新建表直接出现在数据库设计器中。

一个数据表只能属于一个数据库，把数据库表从数据库设计器中移出即成为自由表。

4.1.2　建立数据库表

数据库表最显著的特征是可以为字段设置扩展属性、创建主索引、设置记录级有效性规则和触发器、建立表间关联关系、创建表间完整性约束等。

1. 数据库表设计器的组成

数据库表设计器与自由表设计器（参见图3-3）相比，"字段"选项卡上半部分的内容和使用方法相同，用于输入和设置数据表的基本属性和字段的普通索引、候选索引和唯一索引。字段选项卡的下半部分如图4-5所示，用于设置数据表的扩展属性，"索引"选项卡中索引类型增加了主索引，"表"选项卡中能够设置记录级有效性规则和触发器。

（1）设置扩展属性

①"显示"组框的使用

格式：用于设置字段的输出掩码，它决定字段的显示风格。下面为常用的格式码。

A：表示只允许输出文字字符（禁止数字、空格标点符号和汉字）。

D：表示使用当前系统设置的日期格式。

L：表示在数值前显示填充的前导 0，而不是空格字符。

T：表示禁止输入字段的前导空格字符和结尾空格字符。

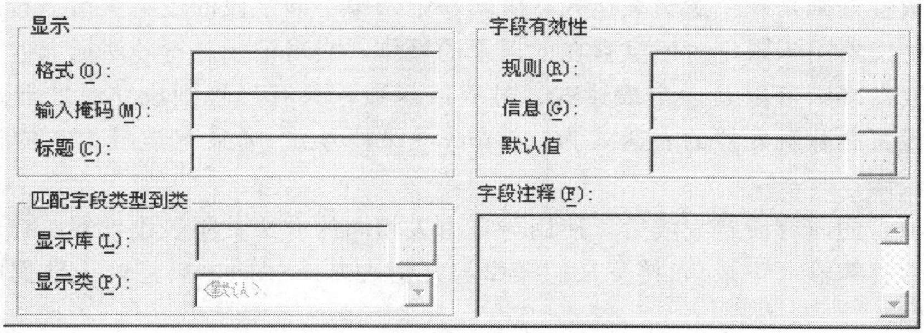

图 4-5　数据库表的扩展属性

！：表示把输入的小写字母转换位大写字母。

输入掩码：用来指定字段输入值的格式。使用输入掩码可屏蔽非法输入，减少人为的数据输入错误，提高输入的工作效率，保证输入的字段数据格式统一有效。下面为常用的输入掩码。

X：表示可输入任何字符。

9：表示可输入数字和正、负号。

#：表示可输入数字、空格和正、负号。

$：表示在固定位置上显示当前货币符号。

$$：表示显示当前货币符号。

*：表示在值的左侧显示星号。

.：表示用点分隔符指定数值的小数点位置。

,：表示用逗号分隔小数点左边的整数部分，一般用来分隔千分位。

例如，若规定商品号的格式由字母 SPH 和 1 到两位数字组成，可以在"输入掩码"文本框中输入"SPH99"。

标题：为设计程序的方便，程序设计者常用字母表示字段名，如使用"XM"表示姓名、"CSRQ"表示出生日期等，这给浏览者带来了很多不便，为了使在浏览表中显示的数据更清楚，可以使用自定义字段显示标题的方法。

② 匹配字段类型到类组框的使用

这个组框由"显示库"和"显示类"两项组成，用于面向对象程序设计中为每个字段设置匹配的类。一般情况下使用其中的"默认"形式即可。如，文本类型的字段默认文本框。

③ 字段有效性组框的使用

"规则"是逻辑表达式，用于限定域完整性；"信息"是字符串表达式，用于设置当输入数据违反域完整性约束时给出的提示；"默认值"用于为字段设置初值。

④ 字段注释框的使用

可以为每个字段添加注释，便于对数据库进行维护。

（2）设置索引

数据库表建立索引的方法与自由表相同，但增加了主索引类型，用于建立表间联系。

对表进行插入、删除和修改等操作时，系统会自动维护索引，降低了插入、删除和修改等操作的速度。所以索引要注意策略，并不是越多越好。

（3）设置记录级有效性规则和触发器

在数据库表设计器中单击"表"选项，切换到"表"选项卡设置记录级有效性规则和触发器。

记录有效性规则是一个逻辑表达式，对同一记录中不同字段的逻辑关系进行组合验证。

记录级触发器用于限定对已经存在的记录的操作，当对记录进行非法插入、更新和删除时触发。触发器规则可以是一个表达式、过程或函数，只有当规则成立时才能进行相应操作。例如，设置删除触发器的表达式为：empty（课程号），则只有学号为空的记录才可删除，保证不误删。

各个选项卡的内容设置完成后，使用与自由表相同的方法关闭表设计器，接着系统会提示"现在是否打算输入记录"，接下来的操作与自由表基本相同，只是输入数据时受扩展属性设置的限制。

2. 建立数据库表

在数据库设计器打开的情况下，有下面五种方法可以建立数据库表。

① 菜单方式：单击"文件"菜单的"新建"或常用工具栏上的"新建"按钮，在弹出的"新建"对话框中选择"数据库"，并单击"新建文件"或"向导"命令按钮，出现创建表对话框。

图 4-6 "新建表"对话框

② 命令方式：在命令窗口中输入命令 create。

③ 使用"数据库"菜单中的"新建表"命令。

④ 使用数据库设计器快捷菜单中的"新建表"命令。

⑤ 单击数据库设计器工具栏中的"新建表"按钮。

说明：方法③至⑤首先弹出"新建表"对话框，如图 4-6 所示。

4.1.3 将自由表添加到数据库中

单击数据库设计器工具栏、或"数据库"菜单、或数据库快捷菜单中的"添加表"，弹出"打开"对话框。选择数据表文件，单击"打开"，选定的表文件对象即显式地出现在数据库设计器中。自由表成为数据库表后可继续设置表的扩展属性、主索引、表间关联和完整性约束。

【例 4-1】创建自由数据库"学生成绩管理"，要求

① 在学生成绩数据管理库中新建"课程表.dbf"，其结构为

课程表（课程代码 c（6），课程名 c（20），学分 n（3，1），周学时 n（2），考核方式 c（4），课程性质 c（8），课程类别 c（8））。记录数据如图 4-7 所示。

课程代码	课程名	学分	周学时	考核方式	课程性质	课程类别
011010	测试技术	2.5	3	考查	必修	专业基础
011020	传感器技术	3.0	4	考试	必修	专业基础
011070	工程图学	1.0	2	考查	必修	专业基础
011170	控制工程基础	3.0	3	考试	必修	专业基础
011510	数控技术	2.5	4	考试	必修	专业
011770	轴承制造学	2.5	4	考试	必修	专业
011270	生产实习	1.0	2	考查	必修	实践环节
011360	计算机辅助设计	2.0	2	考查	选修	专业课
011171	智能化仪器设计	2.0	2	考查	选修	专业课
011390	先进制造技术	2.0	2	考查	选修	专业课
101130	实验物理	1.0	2	考查	必修	公共课

图 4-7 课程表的记录数据

② 为课程表字段"周学时"设置扩展属性。

标题：一周上课学时数； 输入掩码："99"；

规则：周学时≥1； 信息："周学时应大于1"；

默认值：2。

③ 为课程表设置主索引：主索引为课程号，索引标识为 kc，升序。

④ 为课程表设置记录有效性：输入学号不空、周学时不小于1。

⑤ 为学生成绩管理数据库添加表：设自由数据表学生基本信息表、专业表、成绩表、学院名表、教师信息表已经建立，将它们添加到学生成绩管理数据库中。

操作如下：

在"新建"对话框中，选择"数据库"，单击"新建"按钮，弹出"创建"对话框，设定存储路径 e:\vf，输入数据库名：学生成绩管理，单击"保存"，即打开"学生成绩管理"数据库设计器。

① 新建数据库表：课程表 .dbf

使用数据库菜单，或数据库设计器快捷菜单中的"新建表"，出现"新建表"对话框，单击"新建表"按钮，弹出"创建"对话框，此时存储路径已经默认为 e:\vf，输入表名"课程表"，弹出数据库表设计器。

仿照自由表字段录入的方法，按照所给课程表的结构，输入并设定字段的各个基本属性。

② 为字段"周学时"设置扩展属性

单击"周学时"选定字段，在"标题"文本框中输入"一周上课学时数"；在"输入掩码"文本框中输入"99"；在"规则"文本框中输入"周学时＞＝1"；在"信息"文本框中输入"周学时应大于1"；在"默认值"文本框中输入"2"。后三项也可单击其后的 ⋯ 按钮，打开表达式生成器，生成表达式。操作结果如图 4-8 所示。（说明：课程代码，课程名，学分 3 个字段未显示。）。

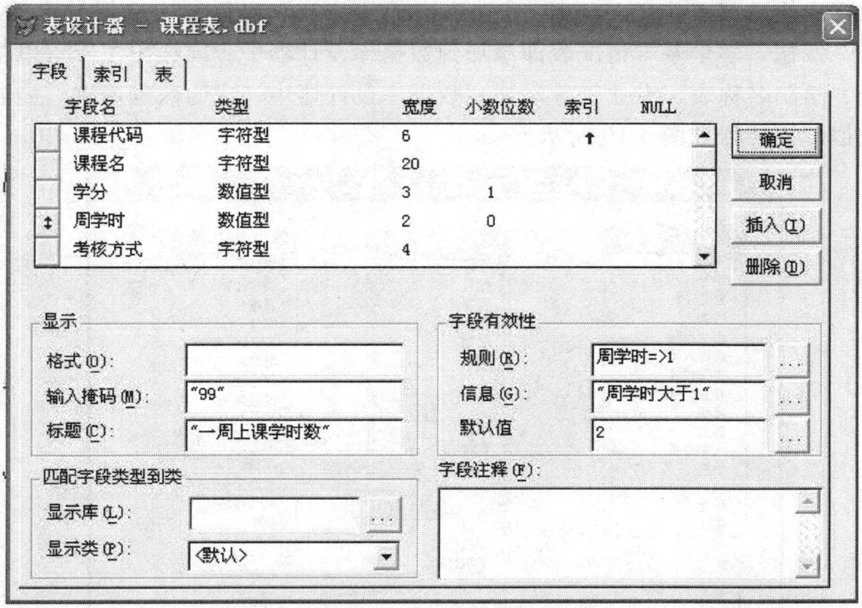

图 4-8　课程表的结构

③ 为课程表设置主索引

在课程表的表设计器中单击"索引"选项卡，切换至索引页面，单击排序按钮，将顺序设置为升序↑，在索引名中输入索引标识"kc"，在类型下拉列表中选择"主索引"，在表达式中输入"课程代码"，结果如图 4-9 所示。

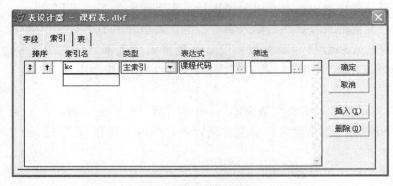

图 4-9　课程表的索引

④ 设置记录有效性。

在表设计器中单击"表"，切换至表页面，在记录有效性组合框的规则文本框中输入学号不空或周学时不小于 1 的逻辑表达式：.not.empty（课程号）.or.周学时＞＝1。

各个选项卡的内容设置完成后，关闭表设计器，接着系统会提示"现在是否打算输入记录"，选择"是"，打开输入记录界面，按照图 4-7 所给数据逐个录入记录。

输入记录时，"周学时"显示为"一周上课学时数"，但表结构中仍显示为"周学时"，说明字段名未变。"周学时"字段默认值为 2，可根据需要修改为其他值，但只能接受数字及正负号，且要大于 1，否则，显示提示信息：周学时应大于 1。

⑤ 为学生成绩管理数据库添加表

单击数据库快捷菜单中的"添加"，在弹出的"打开"对话框中选择学生基本情况表，单击"确定"按钮，学生基本情况表即添加到数据库设计器中。同样方法，可以将教师信息表、成绩表、学院名称表、专业表等添加到数据库设计器中，成为数据库表，拖放后的学生成绩管理数据库设计器如图 4-10 所示。

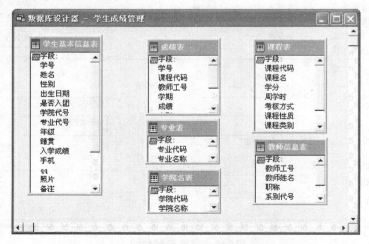

图 4-10　学生成绩管理数据库

自由表成为数据库表后，可以进一步设置扩展属性。例如，根据使用的频率可以将学生基本情况表"性别"字段的默认值设置为"男"。这样，在输入数据时，"男"直接显示，只有性别为"女"时，才需要将"男"改为"女"。

默认值设置完成后，单击如图 4-11 所示的"显示"菜单中的"浏览"，再单击"显示"菜单中的追加方式，即可见默认值为"男"。

图 4-11　数据库表显示菜单

4.1.4　设置表间永久关联关系和参照完整性

自由表间可以建立临时关联，实现数据的互访。数据库表间可建立永久关联，明显优于自由表。在关系数据库中，通过连接字段实现表间联系。连接字段在父表中是主关键字，在子表中则是外部关键字。

1. 设置表间永久关联关系的方法

在数据库设计器中设置两个表间关联关系时，两个表应具有相同属性的主键和外键。建立关联的步骤如下：

第一步：将每个表的主键设为主索引，外键设为候选索引或普通索引；

第二步：保持按住鼠标左键，并拖动父表的主索引到子表的对应索引上，这时鼠标会变成小矩形，松开鼠标左键，可见两表间有一关联线，表示表间关联设置完成。

如果在建立关系时操作有误，随时可以修改关系。方法是用鼠标右键单击要修改的关联线，从弹出的快捷菜单中选择"编辑关系"，打开"编辑关系"对话框，可以修改关联，在快捷菜单中选择"删除关系"可以删除关联。

【例 4-2】设置"学生成绩管理"数据库中各表间的关联关系，具体操作方法如下。

第一步：建立学生成绩管理数据库中各表的索引。

① 创建"学生基本信息表"的索引：由于"学号"字段值不空，无重复做主索引，"专业代号"、"学院代号"字段为外码，设为普通索引，索引创建结果如图 4-12 所示。

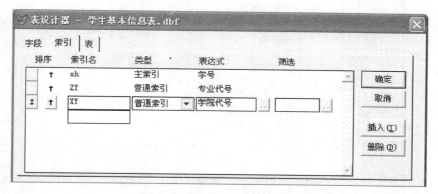

图 4-12　学生基本信息表的索引

② 建立教师信息表、专业表、学院名表、成绩表、课程表的索引：成绩表中的"学号"、"教师工号"、"课程代码"等字段有重复值，为外码，设为普通索引，教师信息表的"教师工号"、专业表的"专业代码"、学院名表中的"学院代码"、课程表中的"课程代码"等字段不空，无重复值，做主索引口。

学生成绩管理数据库各表的索引如表 4-1 所示。

第二步：设置表间关联。

设置"学生基本信息表"与"成绩表"之间关联的方法如下：

鼠标指向"学生基本信息表"框内索引标识"xh"，按住鼠标左键不放拖至"成绩表"框中的"xh"，松开左键，即出现一条关联线，由于"学生基本信息表"中学号为主键（"一"端），显示为"＋"，"成绩表"中的学号为外键（"多"端），显示为"＜"，表示一个学生可选多门课。使用同样方法可以建立其他表间的关联关系。"学生成绩管理"数据库的关联关系如图 4-13 所示。

表 4-1　学生成绩管理数据库库表索引信息

表名	排序	索引名	类型	表达式	说明
学生基本信息表	↑	xh	主索引	学号	
	↑	zy	普通索引	专业代码	
	↑	xy	普通索引	学院代码	
教师信息表	↑	js	主索引	教师工号	1. 索引标识为任意合法标识符；
专业表	↑	zy	主索引	专业代码	
学院名表	↑	xy	主索引	学院代码	2. 排序类型也可选用降序
成绩表	↑	xh	普通索引	学号	
	↑	js	普通索引	教师工号	
	↑	kc	普通索引	课程代码	
课程表	↑	kc	主索引	课程代码	

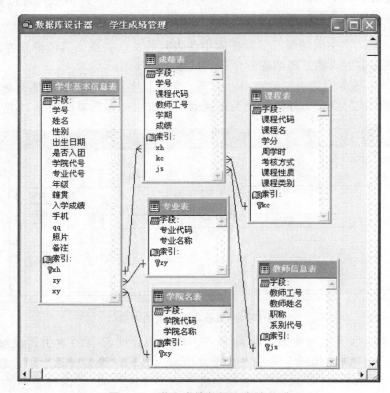

图 4-13　学生成绩数据库表的关联

说明：

① 如果两端都为"+"，表示一对一关联。

② 索引标识前的钥匙标记表示主索引。

4.1.5 设置表间参照完整性

在数据库中，数据完整性是保证数据正确的特性，包括用户自定义完整性、实体完整性和参照完整性等。

在 Visual FoxPro 中，利用主关键字或候选关键字保证表中记录唯一性，确保表中没有重复记录，实现实体完整性。通过用户自定义数据类型、数据宽度和域约束规则（或称字段有效性规则）限制字段的值在一个有限的集合内，保证域完整性。参照完整性是关系数据库管理系统的一个很重要的功能，其含义是当插入、删除或修改一个表中的数据时，通过参照引用相互关联的另一个表中的数据，检查对表的数据操作是否正确。

建立数据库各表之间的永久关联关系后，数据库各表间数据的互访变得简单方便，并且可以通过设置表间参照完整性，确保数据的完整。

在 Visual FoxPro 中，默认情况下没有任何参照完整性约束，可以根据需求进行设置。在建立参照完整性之前必须先清理数据库，所谓清理数据库就是物理删除数据库各个表中所有带有删除标记的记录，方法是单击"数据库"菜单中的"清理数据库"，或在命令窗口中输入命令"pack database"。

在清理完数据库后，用鼠标右键单击表间关联线，从快捷菜单中选择"编辑参照完整性"，打开"参照完整性生成器"，初始界面如图 4-14 所示。注意，不管单击的是哪个关系，所有关系都将出现在"参照完整性生成器"中。

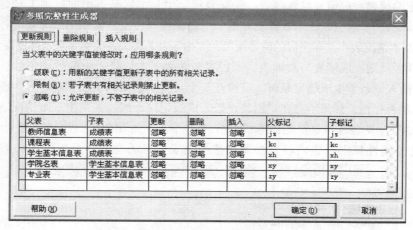

图 4-14　参照完整性生成器对话框的初始界面

（1）参照完整性规则

参照完整性规则包括更新规则、删除规则和插入规则。

① 更新规则：更新父表中连接字段的值时，如何处理相关子表中的记录。

"级联"：用父表字段的新值自动修改子表中连接的值。

"限制"：若子表中有相关的记录，则禁止修改父表中连接字段的值。

"忽略"：不作参照完整性检查，可随意修改父表中的连接字段值。

② 删除规则：当删除父表中的记录时，如何处理相关子表中关联的记录。

"级联"：自动删除子表中的关联记录。

"限制"：若子表中有相关的记录，则禁止删除父表中的关联记录。

"忽略"：不作参照完整性检查，可随意删除记录。

③ 插入规则：向子表中插入记录时，是否进行参照完整性检查。

"限制"：若父表中没有相匹配的连接字段，则禁止在子表中插入记录；

"忽略"：不作参照完整性检查，可随意插入记录。

（2）参照完整性设置的方法

参照完整性设置有下面两种方法。

① 选择一个关系，在更新、删除和插入规则选项界面下选择"级联"、"限制"和"忽略"之一。

② 单击每个关联关系的更新、删除和插入规则下的"忽略"，将打开级联、限制和忽略列表，选择需要的选项即可。

注意：在建立参照完整性规则后，可以在数据表中插入或删除几条记录，以测试参照完整性设置是否生效。

【例 4-3】为"学生成绩管理"数据库设计参照完整性。

打开数据库"学生成绩管理"，出现数据库设计器窗口，按以下步骤操作。

① 清理数据库：在"数据库"菜单下，选择"清理数据库"。

② 设置更新规则：成绩表与教师表、课程表和学生基本信息表中的教师工号、课程代码和学号有关，当修改学号、教师工号、课程代码、学院代号和专业代号的值时，应自动修改成绩表和学生基本情况表中关联字段的值，所以，5 个关联关系的更新规则都设置为"级联"。

③ 设置删除规则：成绩表与教师表、课程表和学生基本信息表中的教师工号、课程代码和学号有关，当取消一个学生、一个教师工号值、一门课程、一个学院和一个专业时，应自动删除成绩表和学生基本情况表中关联字段的值，所以，库中 5 个关联关系的删除规则都设置为"级联"。

④ 设置插入规则：成绩表与教师表、课程表和学生基本信息表中的教师工号、课程代号和学号有关，当插入一条学生成绩记录时，应检查 3 个父表中的关联字段教师工号、课程代码和学号 3 个字段值是否存在。如果不存在，则禁止插入成绩记录。同样，学生基本情况表中的学院代号和专业代号也受学院名表和专业表限制。因此，将库中 5 个关系的插入规则都应设计为"限制"。

经过上述完整性规则设置之后，参照完整性生成器对话框的界面如图 4-15 所示。

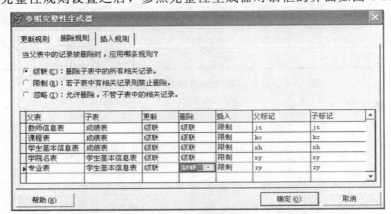

图 4-15 学生成绩管理参照完整性设置界面

单击"确定"按钮,系统弹出"是否保存参照完整性代码"对话框,单击"是"屏幕会出现如图 4-16 所示的警告对话框。

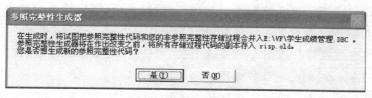

图 4-16　警告对话框

单击"是"按钮,完成参照完整性的设计,返回"数据库设计器"窗口。

经过【例 4-1】、【例 4-2】、【例 4-3】之后,学生成绩管理数据库创建全部完成,单击数据库设计器窗口右上角的"关闭"按钮,即关闭数据库设计器。

建立参照完整性规则后,对表的操作会受到一些约束。例如将插入规则设定为限制,如果父表不存在匹配的关键字则禁止插入。利用以前的各种插入或追加记录的方法几乎都不能完成所要的操作。例如使用 append、insert 等命令,输入字段的值,需要通过参照完整性检查,级联的限制使操作基本无法完成。若确实需要,可将"限制"修改为"忽略"。

4.1.6　数据库文件的打开、编辑与关闭

1. 数据库的打开

① 菜单方式

单击"文件"菜单或常用工具栏上的"打开",出现如图 4-17 所示的"打开"对话框,在对话框中依次选择文件存储位置、数据库文件类型(＊.dbc)、打开方式(只读、独占等),选择数据库文件名,单击"确定"按钮。

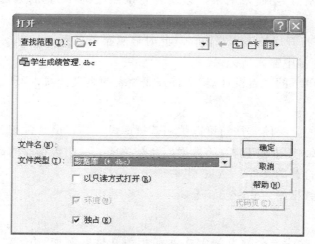

图 4-17　"打开"对话框

② 命令方式

格式:open database [<数据库文件名> | ?] [noupdate] [exclusive | shared]

功能:打开磁盘上一个扩展名为.dbc 的数据库文件。

其中各参数和选项的含义如下。

数据库文件名：指要打开的数据库名，扩展名"dbc"可省，"?"打开"打开"对话框。

exclusive：以独占方式打开数据库，与在"打开"对话框中选择"独占"复选框等效，即不允许其他用户在同一时刻使用该数据库。

shared：以共享方式打开数据库，等效于在"打开"对话框中不选择"独占"复选框，即允许其他用户在同一时刻使用该数据库。

noupdate：指定数据库按只读方式打开，等效于在"打开"对话框中选择"以只读方式打开"复选框，即不允许对数据库进行修改。

2. 数据库的修改

打开数据库设计器可以修改数据库。以菜单方式打开数据库后，即出现数据库设计器窗口，在"常用"工具栏中出现数据库名，系统菜单上出现"数据库"菜单，内容参见图 4-4。命令方式下，不出现数据库设计器窗口和"数据库"菜单项，需要继续使用编辑命令

　　　　modify database [<数据库文件名> | ?]

注意：当数据库打开时，包含在数据库中的所有表都可以使用，但是这些表不会自动打开，使用时双击表对象即打开其浏览界面。

修改数据库包括添加、移去表，修改和添加关联、编辑完整性约束、修改表结构和记录数据等。

【例 4-4】为"学生成绩管理"数据库中成绩表添加若干记录。

操作步骤如下：

① 打开学生成绩管理数据库。

② 修改完整性约束。由于【例 4-3】中设置成绩表与学生基本信息表、课程表和教师信息表插入完整性"限制"，要插入记录，必须首先按照【例 4-3】的方法将"限制"修改为"忽略"。

③ 双击成绩表，打开成绩表浏览窗口，此时显示菜单如图 4-11 所示。单击其中的"追加方式"，即可在浏览器中输入新记录。

单击"显示"菜单下的"表设计器"，打开成绩表的表设计器，可以修改表的结构。

3. 数据库的关闭

单击数据库窗口的"关闭"按钮可以关闭数据库设计器，但"常用"工具栏中出现的数据库名并未消失，必须使用专门的关闭数据库命令关闭。关闭数据库的命令如下。

关闭内存中所有打开的文件：close all

关闭当前打开的数据库：close database

4. 数据库的删除

Visual Foxpro 文件大部分都有派生文件和相关文件，例如 .fpt 文件是 .dbf 的派生文件。一个数据库文件包含多个表文件的信息。为便于文件操作，系统配置了一套文件操作命令，能够在删除文件时，连带删除派生文件。删除数据库的命令格式如下。

　　delete database [<数据库文件名 | ? >] [deletetables] [recycle]

功能：删除数据库及其中的表文件。

4.2 视 图

视图是从一个或多个数据表、视图中导出的"虚表",数据仍然存放在导出视图的源数据表中,视图并不实际存放数据,数据库中只存放视图的定义。Visual FoxPro 6.0 以上的版本中,不单独将视图以文件形式存放,打开与视图相关的数据库就可以使用视图。可以对视图进行更新、排序和分组等操作,并通过发送方式把修改结果发到源数据表中,进一步更新源数据表。

视图分为本地视图和远程视图。本地视图的数据源存放在本地计算机中。远程视图的数据源来自远程服务器。

网络数据库系统供多用户使用,不同用户只能查看与自己相关的部分数据,视图可以为每一个用户建立数据集合,保证数据的安全与完整,从不同角度分析同一数据。

4.2.1 视图的建立

Visual FoxPro 提供视图设计器创建视图。在启动视图设计器之前,必须首先打开数据库设计器。

1. 打开视图设计器的方法

① 菜单方式:打开视图设计器的菜单方式与新建表相同。

② 在命令窗口中输入创建视图命令 create view。

视图设计器如图 4-18 所示。

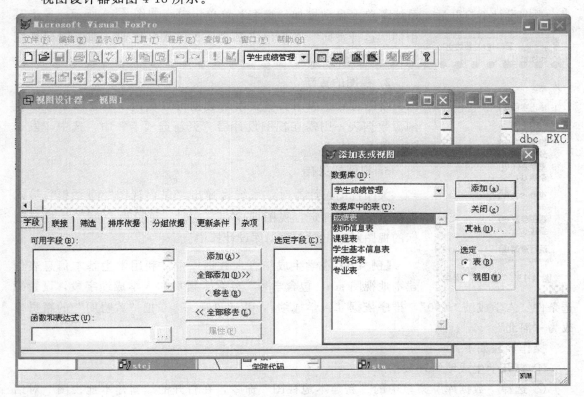

图 4-18　创建视图

2. 使用视图设计器创建视图

如果"添加表或视图"对话框中没有需要的表或视图，可以单击"数据库"下拉按钮、或"其他"按钮选择。当选择了数据表并关闭"添加表和视图"对话框后，可以看到完整的视图设计器。

视图设计器的上半部分区域用来显示创建视图所依据的表或视图；下半部分区域用于对视图进行定制，其中有 7 个选项卡。

① "字段"选项卡，用于指定查询中所要显示的数据。选择所有字段可以单击"全部添加"或者将表顶部的"＊"号拖到选定字段框中；可以逐个选择字段"添加"到"选定字段"列表框中；可以在"函数和表达式"编辑框中输入或生成表达式"添加"到"选定字段"。

② "联接"选项卡，用于编辑联接条件。

③ "筛选"选项卡，用于指定视图中数据应满足的条件。

④ "排序依据"选项卡，用于指定视图中显示数据的排序字段和排序方式。

⑤ "分组依据"选项卡，用于对视图中显示的数据分组。

⑥ "更新条件"选项卡，用于设置更新是否发送到源表。

⑦ "杂项"选项卡，用于指定是否要重复记录等。

可以根据需要，在"字段"选项卡中选择字段，在其他选项卡中设置排序、分组和更新等内容，完成视图设计。

4.2.2 视图的运行、保存与修改

1. 视图的运行

视图设计器打开后，系统菜单上自动增加"查询"菜单，内容如图 4-19 所示。单击其中的"运行查询"或常用工具栏中的"！"按钮，即可看到视图"虚表"数据的浏览界面。

2. 视图的更新

视图虽然是虚表，但其中的数据可以更改，若希望更改反映到源数据表，则需在视图设计器"更新选项卡"中，选中"发送 SQL 更新（S）"。

3. 视图的保存

关闭视图设计器时，系统将弹出"保存视图"对话框，输入视图名，单击确定，视图即保存。这时，可见以"⚙"为控制图标的视图对象出现在数据库设计器中。

【例 4-5】在学生成绩管理数据库中，利用学生基本信息表创建本地视图 stu，包含学号、姓名、籍贯和入学成绩字段，设置筛选条件"入学成绩＞600"，排序依据"入学成绩"，并通过视图 stu 把"黄晓明"的籍贯修改为"河北"。

操作步骤如下：

① 打开学生成绩管理数据库。

② 选择"数据库"菜单中的"新建本地视图"命令，在打开的"新建本地视图"对话框中，单击"新建视图"按钮。

图 4-19 "查询"菜单

查询(Q) 窗口(W) 帮助(H)
添加表(A)
移去表(E)
移去联接条件(M)
输出字段(F)…
联接(J)…
筛选(T)…
排序依据(B)…
分组依据(G)…
更新条件(U)…
杂项(I)…
查看 SQL(V)
高级选项(D)…
视图参数(P)…
备注(C)…
运行查询(R)   Ctrl+Q

③ 在"添加表或视图"对话框中选择数据源"学生基本情况表"单击"添加"按钮将表加入到视图设计器中，然后单击"关闭"按钮，打开视图设计器。

④ 选择字段：选定学号、姓名、籍贯和入学成绩等字段到"选定字段"列表中，如图 4-20 所示。

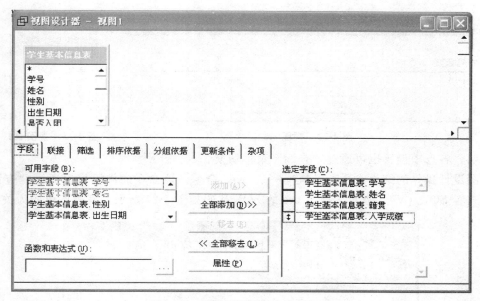

图 4-20   在视图设计器中设计视图

⑤ 设置筛选：单击"筛选"选项卡，选择字段名"入学成绩"，"＞"和实例"600"。

⑥ 设置排序：单击"排序依据"选项卡，选择"入学成绩"为排序字段。

⑦ 设置更新：单击"更新"选项卡，选中"发送 SQL 更新（S）"，以便在更改视图中的数据时，能够反映到源数据表。

⑧ 显示视图：单击常用工具栏中的"❗"按钮，打开如图 4-21 所示的视图内容浏览界面。

学号	姓名	籍贯	入学成绩
1108010104	张芳	山东	601.00
1114140103	刘伟峰	山东	603.00
1214070101	王鑫明	山东	604.00
1214130103	黄晓明	河南	605.00
1214140103	张宏	黑龙江	607.00
1012120101	张小莉	山西	611.00
1214030102	王晓玲	四川	621.00
1214130101	刘梅	山东	623.00
1107010103	王心雨	河南	623.00
1114140102	王翔宇	河南	634.00
1214030103	张兰兰	河南	639.00
1211030101	郑利强	河南	643.00

图 4-21   视图 stu 浏览界面

结果分析：字段内容符合要求；入学成绩升序；全部大于 600。符合题目的要求。

⑨ 在视图"stu"浏览窗口中修改"黄晓明"的籍贯为"河北"，双击"学生基本信息

表",可见"黄晓明"的籍贯已改为"河北"。

⑩ 单击视图设计器窗口的"关闭"按钮,弹出如图 4-22 所示的"保存"对话框,在视图名称文本框中输入视图名"stu",单击"确定"按钮,视图 stu 出现在学生成绩管理数据库中,如图 4-23 所示。

图 4-22　视图 stu

图 4-23　视图 stu

说明:各选项设置也可通过"查询"菜单切换。

视图设计操作的结果实质上是执行一条 SQL 命令,该命令的内容可以通过"查询"菜单的"查看 SQL(V)"查看,视图 stu 的 SQL 代码如图 4-24 所示,其中蓝色的为关键字。

图 4-24　视图 stu 的 SQL 代码

【例 4-5】在学生成绩管理数据库中,利用成绩表和课程表创建视图 stcj,查找学号为 1114140102 学生的成绩及选课课程名。

操作步骤与【例 4-4】相似,不同有三点。

① 添加的表不同。在步骤③的"添加表或视图"对话框中选择数据源为成绩表和课程表。

② 设置的选项不同。在步骤④视图设计器中设置字段为:成绩表·学号、成绩表·成绩、课程表·课程名;设置筛选条件:"成绩·学号=1114140102"。

图 4-25　视图 stcj 浏览界面

③ 视图名不同:在步骤⑤视图名称文本框中输入视图名"stcj"。

操作结果如图 4-25 所示。

本例涉及两个表,由于表间已经建立永久关联,在视图设计器中单击"联接"选项卡能够看到连接条件为"成绩·学号=课程·学号"。

4.3　查　询

查询是从指定表或视图中提取所需数据,然后按照一定的输出类型定向输出查询结果。利用查询可以实现对数据库中数据的浏览、筛选、排序、检索、统计等加工操作,为其他数据库提供新的数据表。

4.3.1　创建查询

Visual FoxPro 使用查询设计器创建查询。

1. 打开查询设计器的常用方法有两种

① 在命令窗口中输入命令：create query。

② 菜单方式：单击"文件"菜单或常用工具栏中的"新建"，在弹出的"新建"对话框中选择"查询"，并单击"新建按钮"。

2. 创建查询

不论使用哪种方法打开"查询设计器"，都需进入"添加表或视图"界面，选择和添加用于创建查询的表或视图后，单击"关闭"按钮，进入"查询设计器"。

创建查询与创建视图的操作方法相似，但存在着许多本质上的不同。主要区别如下。

① 界面和操作方法相近：因为查询不更新源表中的数据，所以"查询设计器"下半部分区域缺少"更新条件"选项卡。其他操作方法与视图相同。

② "查询"菜单内容和含义与视图的不同：由于查询结果可以多种形式保存，"查询"菜单中增加了"查询去向"选项。

③ 可以使用 do 命令运行查询

④ 查询保存后，生成一个独立于数据库的查询文件（.qpr），文件内容可以通过"查看SQL"查看，也可用记事本方式打开查看。

⑤ 查询与视图默认的运行结果相同：浏览窗口。

⑥ 查询可以建立在自由表上。

4.3.2　设置查询去向

设置查询去向的方法是单击"查询"菜单中的"查询去向"，在弹出的"查询去向"对话框中选择查询保存的形式。"查询去向"有下面 7 种形式。

① "浏览"：把查询结果送入浏览窗口，系统默认。可省略。

② "临时表"：把查询结果存入一个命名的临时数据表文件中，供临时使用，操作结束时自动删除。

③ "表"：把查询结果保存为一个数据表文件。

④ "图形"：把查询结果以图形方式输出到表单文件。

⑤ "屏幕"：在 Visual FoxPro 系统主窗口或当前活动窗口中显示查询结果。

⑥ "报表"：把查询结果保存为一个报表文件。

⑦ "标签"：把查询结果保存为一个标签文件。

图形查询去向必须设置 _ gengraph 变量，激活"查询去向"对话框中的"图形"按钮，方法是在命令窗口执行 _ gengraph＝" \ vfp \ wizards \ wzgraph. app"命令。图形向导含有柱形图、折形图、圆饼图等多种统计图供用户挑选。输出图形通常需选取两个以上表达式，并且至少要有一个数值表达式。输出的图形将保存为表单文件（扩展名：. scx）。

Visual FoxPro 为图形、报表、标签查询去向提供向导，按照向导提示操作即可。

4.3.3　运行查询

运行查询的菜单方式与视图相同，还可以使用命令方式运行查询。命令格式为

```
do ＜查询文件名＞.qpr
```

说明：

① 扩展名不可省。

② 运行查询的结果与查询设置的查询去向相同。

4.3.4 保存查询

单击文件下的"保存"或常用工具栏上的"保存"按钮，在弹出的"另存为"对话框中输入查询文件名，单击"保存"按钮。

与查询相关的文件有 3 个，除 .qpr 外，还有一个与查询文件同名的查询编译文件 .qpx 和根据查询去向生成的文件，可以在选定的保存目录查看。

查询文件的内容也是 SQL 代码，可以通过"查询"菜单下的"查看 SQL（V）"查看。可在 Visual FoxPro 系统界面下打开和编辑查询。

4.3.5 修改查询

修改查询在查询设计器中进行，打开查询设计器的方法如下。

① 菜单方式：打开查询设计器的菜单方式与表的打开相似。

② 命令方式：modify query [＜查询文件名＞]。

【例 4-6】在学生成绩管理数据库中，利用学生基本信息表创建查询 stuxhcx.qpr，包含学号、姓名、籍贯和入学成绩字段，设置筛选条件"入学成绩＞600"，排序依据"入学成绩"。

操作步骤如下：

① 打开学生成绩管理数据库。

② 单击"文件"选择"新建"命令，在"新建"对话框中选择"查询"，单击"新建"按钮。

③ 选择学生成绩管理数据库中的学生基本信息表，并关闭"添加表或视图"对话框。

④ 选择字段：学号、姓名、籍贯和入学成绩，设置筛选条件："入学成绩＞600"，排序依据："入学成绩"。

⑤ 运行查询：单击常用工具栏中的 ！按钮，可以看到如图 4-21 相同的查询结果。

⑥ 单击查询设计器窗口的关闭按钮，关闭查询设计器，在弹出的"另存为"对话框中输入查询名"stuxhcx"（系统默认查询文件类型：qpr），单击"保存"按钮。

【例 4-7】将【例 4-6】所建查询 stuxhcx 文件的查询结果保存成数据表文件 stu1.dbf。

操作步骤如下。

① 打开 stuxhcx.qpr：单击"文件"菜单中的"打开"命令，在弹出的"打开"对话框中设置文件存储路径（默认可缺省）e:\vf，选择查询文件类型"查询（*.qpr)"、双击查询文件 stuxhcx，弹出查询设计器窗口。

② 单击"查询"菜单中的"查询去向"命令，在弹出的图 4-26"查询去向"对话框中选择"表"，在表名文本框中输入表名 stu1，单击"确定"按钮；

③ 保存查询，单击工具栏上的"保存"，退出查询设计器。

打开选定存储目录，可见如图 4-27 所示的 3 个查询文件。

双击表文件"stu1"，打开表，显示内容与图 4-21 相同。

创建查询也可以使用向导，方法是在"新建"对话框中选中"查询类型"，单击"向导"按钮，在弹出的"向导选取"

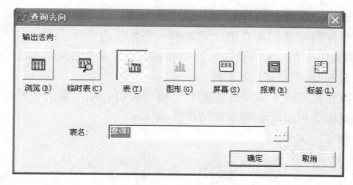

图 4-26　查询去向

图 4-27　查询文件

对话框中选择"查询向导"。在"向导选取"对话框中还有一个"交叉表向导"，能够建立交叉表查询，查询结果的格式如下：

系所　教授　副教授　讲师　助教
中文系　86.00　85.12　76.23　85.00
历史系　85.00　79.36　78.25　86.58

这种由左边、上边表头和右下角交叉数据构成的表称为"交叉表"。建立交叉表只能取3个字段，且其中一个是数值型字段作交叉数据，另两个是字符型字段，一个作为行表头，一个作为列表头。

事实上，使用查询设计器只能建立一些比较规则的查询，对于复杂的查询需要使用SQL SELECT语句实现。

小　　结

本章介绍了数据库、数据库表、视图和查询的基本概念和创建方法。重点掌握数据库、数据库表的建立、打开和编辑方法，掌握数据库设计器、数据库表设计器的构造特征，理解数据库表间关联和完整性约束。视图部分掌握视图建立的方法、理解它的"虚"表特性和作用。查询是数据处理的很重要的部分。注意查询与视图的联系和区别，掌握查询文件建立、保存和运行的方法，掌握查询去向的使用和保存方法。

习　题　4

一、选择题

1. 用于创建数据库的命令是＿＿＿＿。

　　A. modify database　　B. setup database　　C. new database　　D. create database

2. 在 Visual FoxPro 中，下列关于表的叙述中正确的是＿＿＿＿。

　　A. 以两种形态出现，即数据库表和自由表

　　B. 虽然分为数据库表和自由表，但是它们没有任何区别

C. 必须依附于一个指定的数据库

D. 由于需要依附于数据库，因此它不是一个独立的文件

3. 在 Visual FoxPro 中，下列关于数据库表和自由表的叙述中正确的是_____。

    A. 字段名最长均可达 128 个字符

    B. 均拥有四种类型的索引，即主索引、候选索引、唯一索引和普通索引

    C. 只有数据库表可以设置有字段的默认值

    D. 均不是独立的文件

4. 一个数据库表只能建立一个_____。

    A. 主索引　　　　　B. 唯一索引　　　　C. 候选索引　　　D. 普通索引

5. Visual FoxPro 参照完整性规则不包括_____。

    A. 更新规则　　　　B. 删除规则　　　　C. 查询规则　　　D. 插入规则

6. 查询设计器默认的查询去向是_____。

    A. 浏览　　　　　　B. 临时表　　　　　C. 屏幕　　　　　D. 报表

7. 下列关于的查询描述，不正确的是_____。

    A. 查询只能在数据库表内进行

    B. 查询实际上就是一个定义好的 SQL SELECT 语句，在不同的场合可以直接使用

    C. 查询可以在自由表和数据库表之间进行

    D. 查询文件的扩展名为 .qpr

8. 下列关于查询和视图的叙述中正确的是_____。

    A. 所有的查询结果都具有"自动更新"功能

    B. 所有的视图都具有"自动更新"功能

    C. 所有的视图都具有"可更新"功能

    D. 查询结果可以以数据表、报表、图形等形式输出，视图也一样

9. 下列关于视图的叙述中正确的是_____。

    A. 视图同数据表一样用来存储数据

    B. 只能建立本地视图

    C. 不能对视图进行更新操作

    D. 视图是从一个或多个数据表导出的虚拟表

10. 要将视图中的修改传送回源表中应选用视图设计器的_____选项卡

    A. 筛选　　　　　　B. 更新条件　　　　C. 杂项　　　　　D. 视图参数

二、填空题

1. 在 Visual FoxPro 中，数据库文件的扩展名为_____，数据库表文件的扩展名为_____，自由表文件的扩展名为_____。

2. 数据库表之间的一对多联系通过主表的_____索引和子表的_____索引实现。

3. 在 Visual FoxPro 中，可以为数据库表建立四种索引，它们是_____、_____、_____和_____。

4. 在 Visual FoxPro 中，查询的数据可以来源于数据库表、临时表、_____。

5. 在视图和查询中，利用_____可以修改数据，利用_____可以定义输出去向。

三、操作题

（一）进入 Visual FoxPro 6.0 环境，选择自己的文件夹为默认路径，完成下面的操作

1. 按照【例 4-1】、【例 4-2】、【例 4-3】的内容要求和操作方法创建学生成绩管理数据库

2. 按照【例 4-5】内容要求和操作方法创建视图

3. 按照【例 4-6】内容要求和操作方法将查询文件及查询结果保存在默认路径下。

4. 数据库综合操作

（1）在默认存储路径下建立一个自由数据库 ks1。

操作方法：单击常用工具栏上的新建按钮，在打开的新建对话框中单击"数据库"，在创建对话框"数据库名"的文本框中输入 ks1，打开数据库设计器。

注意观察，此时文件类型默认数据库。

（2）在新建的数据库 ks1 中建立一个名称为 零件.dbf 的数据库表，表结构如下：

零件（项目编号 字符型（4），零件号 字符型（4），数量 数值型）

操作方法：

在数据库设计器中单击鼠标右键，在打开的快捷菜单中单击"新建表"，在"新建表"对话框中单击"新建表"按钮，在创建对话框"输入表名"文本框中输入：零件，打开"零件"表设计器。

在"零件"表设计器中输入第一个字段的各个属性。输入字段名：项目编号；选择类型：字符型；输入宽度：4。

零件号和数量字段的属性输入方法与"项目编号"类似，只是数量的类型要选择数值型，宽度未给定，就使用默认值 10。将 3 个字段的默认值分别设定为：s、p 和 00，单击表设计器左上角的关闭按钮，在弹出的是否录入记录对话框中单击"是"，打开零件表录入记录窗口。

（3）在新建的表中添加如下记录内容：

项目编号	零件号	数量
s101	p101	200
s210	p110	600
s211	p011	350

操作方法：在零件表记录录入窗口中依次录入 3 条记录的信息，关闭记录录入窗口。操作结果：在默认路径下，创建了零件.dbf 数据库表文件。

（4）完成下面的操作。

① 将零件.dbf 复制为 new.dbf，new.dbf 包含零件号和数量两个字段，并添加到 ks1 中。

操作方法：在命令窗口中输入表文件复制命令：copy to new.fields 零件号，数量。

操作结果：在默认路径下，创建了 new.dbf 自由表文件。

把 new.dbf 添加到数据库 ks1 中，操作方法：在数据库设计器的快捷菜单中选择"添加表"，在弹出的"打开"对话框中选择"new.dbf"，单击"确定"按钮，即见 new.dbf 对象出现在数据库设计器中。

② 给零件号为 p110 的记录加上删除标记。

操作方法：在 ks1 数据库设计器中双击"零件"表对象，打开"零件"表浏览窗口，单击零件号为 p110 的删除标记位置，可见删除标记位置变为黑色。

③ 按照数量字段降序建立结构复合索引，索引类型为普通索引，索引标识为 cj。

操作方法：单击显示菜单下的"表设计器"，依次单击其中的索引选项卡、索引顺序按钮，选择索引顺序为 ↓。参照图 4-12 设置索引：在索引名中输入 cj，在索引类型中选择

"普通索引"，在索引表达式中输入"数量"。

操作结果，生成按零件号降序的结构复合索引文件：零件 . cdx。

④ 按照零件号降序排序生成 newsort. dbf。

操作方法：在命令窗口输入 sort　to　newsort　on 零件号 /d，即在默认路径下生成零件号降序的自由表 newsort. dbf。参照①的方法，可以将 newsort. dbf 添加到 ks1 中。

5. 创建查询

① 按图 4-28 的内容，创建"学生 . dbf"和" 成绩 . dbf"两个表文件到默认目录；

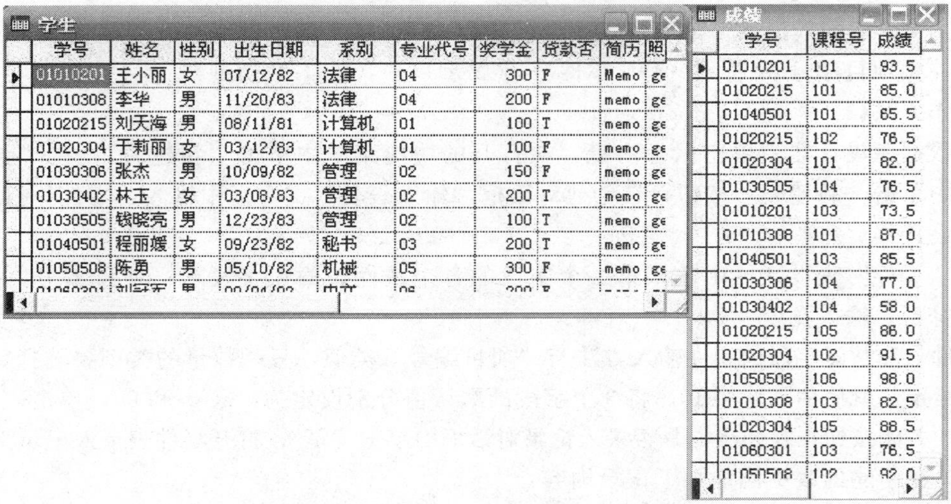

学生

学号	姓名	性别	出生日期	系别	专业代号	奖学金	贷款否	简历	照
01010201	王小丽	女	07/12/82	法律	04	300	F	Memo	ge
01010308	李华	男	11/20/83	法律	04	200	F	memo	ge
01020215	刘天海	男	08/11/81	计算机	01	100	T	memo	ge
01020304	于莉丽	女	03/12/83	计算机	01	100	F	memo	ge
01030306	张杰	男	10/09/82	管理	02	150	F	memo	ge
01030402	林玉	女	03/08/83	管理	02	200	T	memo	ge
01030505	钱晓亮	男	12/23/83	管理	02	100	T	memo	ge
01040501	程丽媛	女	09/23/82	秘书	03	200	T	memo	ge
01050508	陈勇	男	05/10/82	机械	05	300	F	memo	ge

成绩

学号	课程号	成绩
01010201	101	93.5
01020215	101	85.0
01040501	101	65.5
01020215	102	76.5
01020304	101	82.0
01030505	104	76.5
01010201	103	73.5
01010308	101	87.0
01040501	103	85.5
01030306	104	77.0
01030402	104	58.0
01020215	105	86.0
01020304	102	91.5
01050508	106	98.0
01010308	103	82.5
01020304	105	88.5
01060301	103	76.5
01050508	102	92.0

图 4-28　学生表与数据表数据

操作方法：根据所给内容，设计两个表的结构为

学生（学号 c（8），姓名 c（6），性别 c（2），出生日期 d，系别 c（8），专业代号 c（6），奖学金 n（4），贷款否 l，简历 m，照片 g）。

成绩（学号 c（8），课程号 c（3），成绩 n（4，1））

学生表输入 9 条记录，按学号建立主索引。成绩表输入 17 条记录，按学号建立普通索引。创建过程从略。

② 利用查询设计器创建查询文件 cxx. qpr；

操作方法：打开查询设计器：单击常用工具栏上的"新建"按钮，在弹出的新建对话框中选择"查询"，单击"新建"按钮，在弹出的"添加表或视图"对话框中单击"其他"，在弹出的"打开"对话框中，选择存放学生表和成绩表的路径，选择"学生"表，单击"确定"。可见查询设计器中出现学生表。再次单击"添加表或视图"对话框中的"其他"，打开"成绩"表到查询设计器中，此时显示"连接条件"对话框，默认其中连接类型"内连接"。关闭"连接条件"对话框和"添加表或视图"对话框。

③ 查询字段：学生表中的学号、姓名；成绩表中的学号、每位学生所选课程的数量及所选课程的总成绩和平均成绩（即按成绩表中的"学号"分组）。

提示：选课数量：count（成绩 . 学号）；总成绩：sum（成绩 . 成绩）；平均成绩：avg（成绩 . 成绩）；分组：成绩 . 学号；

操作方法：在查询设计器的可用字段列表中双击"学生 . 学号、学生 . 姓名"，使它们出现在选定字段列表中。单击"表达式生成器"按钮，在打开的如图 4-29 所示表达式生成器对话框中，生成表达式。

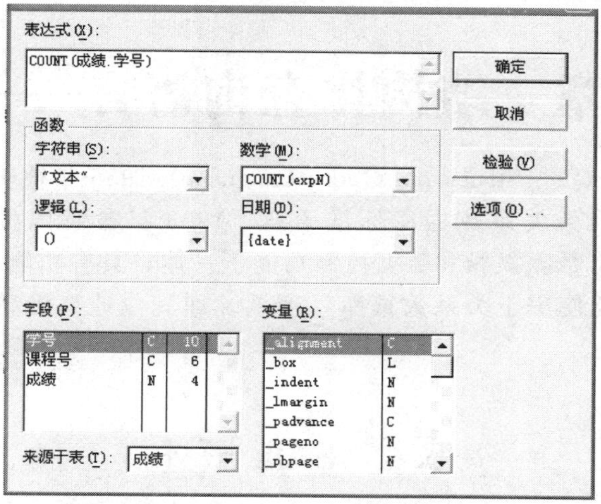

图 4-29　表达式生成器

生成 count（成绩.学号）的操作为：在"数学（M）"列表中选择 count，在"来源于表"下拉列表中选择成绩，并双击其中的"学号"。单击"确定"按钮，回到查询设计器，再单击"添加"按钮，则 count（成绩.学号）出现在"选定字段"列表框中。使用同样的方法，创建表达式 sum（成绩.成绩），avg（成绩.成绩），并添加到"选定字段"列表框中。单击"分组依据"，在可用字段列表中双击"成绩.学号"。完成查询设计。

④ 查看生成的 SQL 命令，找出其中的关键字。

单击查询菜单中的"查看 SQL"，打开如图 4-30 所示的查询代码窗口。

```
查询6 [只读]
SELECT 学生.学号, 学生.姓名, COUNT(成绩.学号), SUM(成绩.成绩),;
    AVG(成绩.成绩);
FROM 学生 INNER JOIN 成绩;
    ON 学生.学号 = 成绩.学号;
GROUP BY 成绩.学号
```

图 4-30　查看 SQL 窗口

⑤ 运行查询：单击查询菜单中的"运行查询（R）Ctrl＋Q"得到运行结果。

⑥ 保存查询：单击文件菜单中的"保存"，打开"保存"对话框，在"保存文档为"的文本框中输入"cxx"，保存类型自动为"查询（＊.qpr）"，单击"保存"按钮，即在默认路径下生成查询文件 cxx.qpr。

（二）操作注意事项

（1）创建数据库、数据库表、视图和查询都有菜单、常用工具栏和命令三种操作方法，操作时可以选用，并加以比较，选出最佳方法。

（2）操作完成后，注意在默认路径下查看生成的文件。

（3）注意掌握在数据库设计器中新建、添加表操作的多种方法。

（4）注意创建视图所包括的内容和操作步骤，熟悉使用"更新条件"选项卡下"发送SQL 更新（S）"。

（5）注意查询所包括的内容和操作步骤，查询设计器中表达式生成器的使用方法。

第5章 结构化查询语言——SQL

结构化查询语言 SQL（Structured Query Language）1986 年被美国国家标准局（AN-SI）数据库委员会批准为关系数据库标准语言，1993 年被我国批准为中国国际标准。SQL 语言集数据定义、数据操纵和数据控制功能于一体；具有功能丰富、高度非过程化、简捷易学之特点。广泛使用于关系数据库管理系统和其他计算机高级语言程序中，应用十分普遍。

5.1 SQL 概述

5.1.1 SQL 的特点

SQL 的主要特点概括为 5 个方面。

① 命令功能综合统一

SQL 的一条命令可以完成 Visual FoxPro 多条命令的功能。

② 高度非过程化

SQL 命令只需指出要什么，不需通过编程告诉计算机怎么做。

③ 面向集合操作

在 SQL 命令中可以直接使用集合运算。

④ 具有命令和程序两种工作方式

SQL 命令的程序工作方式，是指命令本身可以出现在程序中，成为程序的一个语句。

⑤ 语言简洁，易学易用

SQL 的核心功能，只用 10 条命令就可以实现，关键词具有见名知意的特点，容易掌握。

5.1.2 SQL 的功能

SQL 的核心功能包括数据定义、数据操纵和数据控制。

1. 数据定义（DDL）

SQL 的数据定义功能包括数据库、数据表和视图等文件的创建、修改和删除。由 create、drop 和 alter 等 3 条命令实现。

2. 数据操纵（DML）

SQL 数据操纵命令包括对表文件记录的插入、删除、更新和数据查询，由 insert、delete、update和 select 等 4 条命令实现。

3. 数据控制（DCL）

SQL 数据控制功能包括授权、收权和拒绝访问，保证数据库的安全性和完整性，由 grant、revoke 等命令实现。

Visual FoxPro 嵌入了 SQL 的数据定义和数据操纵两大类命令。

5.2　数　据　定　义

5.2.1　数据库和表的定义

1. 定义数据库

SQL 定义数据库的命令格式和功能与 Visual FoxPro 相同。命令格式为

create database ＜数据库名＞

功能：在默认路径下创建数据库，数据库名由＜数据库名＞指定，默认扩展名：dbc。
例如，在默认路径下创建名为"图书"的数据库。

　　create database 图书

2. 定义自由表和数据库表

定义表就是在默认路径下创建一个只有结构没有记录的空表，包括表名和各个字段的字段名、类型、宽度、小数位和索引，数据库表还可包括字段的扩展属性和表间关联。SQL中使用的数据类型与 Visual Foxpro 基本相同，不再赘述。

命令格式：

create table | dbf ＜表名 1＞ [name ＜长表名＞] [free] from　array ＜数组名＞　|；
　　(＜字段名 1＞ ＜类型＞ (＜宽度＞ [，＜小数位数＞]) [null | not null]；
　　　　[check ＜条件 1＞ [error ＜提示信息 1＞] [default ＜默认值＞]；
　　　　[primary key | unique | candidate]；
　　　　[，＜字段名 2＞…，…]
　　[foreign key ＜关键字表达式 1＞ tag ＜索引名 1＞ references ＜表名 2＞]；
　　[，…]]
　　[，check ＜条件＞ [error ＜提示信息＞])

功能：创建数据库表或自由表的结构，表名为＜表名 1＞，指定字段的索引类型、默认值和规则，并可同时指定表间关联，＜表名 2＞为关联表，可有多个。

说明：

（1）方括号"［　］"、尖括号"＜＞"、"…"、逗号"，"、分号的含义和用法与 Visual FoxPro 相同。

（2）如果执行命令时已经打开一个数据库，将创建数据库表，且可以用 dbf 选项和 name 短语取长表名。如果没有数据库打开，或使用 free 选项则创建自由表。

（3）from　array 短语根据指定的数组内容创建表结构。

（4）＜字段名 1＞以后，到＜字段名 2＞之前，是一个字段可以设置的内容，其中只有字段名和类型必需。

① null | not null：选项指定该字段是否允许为空值。

② check ＜条件 1＞［error ＜提示信息 1＞］短语：定义字段级有效性规则。error 是 check 的子句，定义执行有效性规则时显示的出错信息。

③ default 短语：定义字段默认值。

④ primary key | unique | candidate：定义字段索引类型为主索引（唯一索引、普通索引和候选索引），自由表不能使用 primary key 定义主索引。

（5）[，<字段名 2>…，…]：表示可有多个字段，定义格式与<字段名 1>相同。

（6）foreign key <关键字表达式 1> tag <索引名 3>　references <表名 2> [，…]短语：设置表间关联，可有多个，以逗号间隔，表示与多个表的关联。<表名 2>指定关联的表，tag 子句指定关联表的索引标识名。

（7）check <条件> [error <提示信息>]：指定表级有效性规则，条件中可含多个字段。

【例 5-1】 使用 SQL 数据定义命令创建"学生选课"数据库，包含如下 3 个表：

学生表(学号 c(8)，姓名 c(6)，性别 c(2)，出生日期 d，奖学金 n(4)，贷款否(1)，简历 m(4))。

成绩表(学号 c(8)，课程号 c(3)，成绩 n(4，1))。

课程表(课程代码 c(3)，课程名 c(20))。

要求：

① 学生表：文件名为"学生"，学号为主索引，姓名不可空，性别默认为"男"，出生日期可空。奖学金不少于 100 元，如输入数据小于 100 元，显示提示"奖学金不少于 100元"信息。

② 成绩表：文件名为"成绩"，子表，学号、课程代码外键。

③ 课程表：文件名为"课程"。

操作命令：

① 建立数据库学生成绩：

```
create database 学生选课
```

② 建立学生表：

```
create   dbf 学生;
(学号 c(8) primary key,姓名 c(6) not null,性别 c(2) default "男",出生日期 d   null,;
奖学金 n(4) check 奖学金>=100 error"奖学金不少于 100 元",;
贷款否 l,简历 m)
```

③ 建立课程表：

```
create   dbf 课程;
(课程代码 c(3) primary key,课程名 c(20))
```

④ 建立成绩表：

```
create dbf 成绩;
(学号 c(8),课程代码 c(3),成绩 n(4,1),foreign key 学号 tag xh;
references 学生,;
foreign key 课程代码 tag   kcdm references 课程)
```

操作：启动 Visual FoxPro，在命令窗口中分别输入以上 4 个命令，结果建成学生成绩数据库，包含学生、课程和成绩 3 个表。打开学生成绩数据库，如图 5-1 所示。

注意：

① 在写命令语句时，一条命令若比较长，可以在行尾加分号";"续行符，并回车换行在下一行续写。

② 必须首先完成数据库的创建操作，否则后面命令中用于设置扩展属性的短语不能使用。

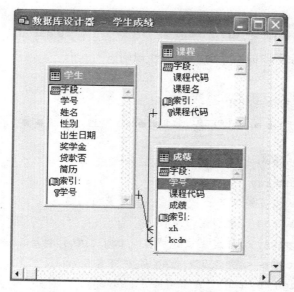

图 5-1 使用 SQL 命令创建的数据库

5.2.2 视图的定义

定义视图的 SQL 命令格式为

create view ＜视图名＞ as ＜select-命令＞

功能：在数据库设计器中创建视图。

说明：命令中的 as select 命令的作用是从一个或多个表中查询数据，将查询到的结果作为视图的内容，select 语句后面介绍。

例如：根据学生基本信息表创建名为"学生视图"的视图，包括学号、姓名、出生日期等。命令为：

  create view 学生视图 as select 学号, 姓名, 出生日期 from 学生基本信息表

5.2.3 表结构修改

通过 create table 创建的表结构如果有错误，可在表设计器中修改，也可使用 SQL 命令 alter table 修改。

alter table 命令功能强大，格式多样。下面仅就常用格式及其功能予以介绍。

格式一：

alter table ＜表名 1＞;
  add | alter ＜字段名 1＞ ＜类型＞(＜宽度＞[, ＜小数位数＞]) [null | not null];
  [default ＜默认值＞] [check＜条件＞ [error＜提示信息＞]] [primary key | unique];
  [references ＜表名 2＞ [tag ＜索引名＞]]

功能：添加（add）新字段或修改（alter）已有字段的类型、宽度、有效性规则、默认值、域完整性及出错提示、定义关键字和联系。但不能修改字段名、删除字段及其有效性规则。

格式二：

alter table <表名> alter <字段名> [set default <默认值>];
　　[set check <条件> [error <提示信息>]] [drop default] [drop check]

功能：设置或删除字段的默认值和有效性规则。

格式三：

alter table <表名> [drop <字段名 1>];
　　[set check <条件> [error <提示信息>]];
　　[drop check];
　　[add primary key <关键字表达式 1> tag <索引名 2>];
　　[drop primary key];
　　[add unique <关键字表达式 2> tag <索引名 3>];
　　[drop unique tag <索引名 3>];
　　[add foreign key <关键字表达式 3> tag <索引名 4> ;
　　　　references <表名 3> [tag <索引名 5>]];
　　[drop foreign key tag <索引名 4> [save]];
　　[rename <字段名 2> to <字段名 3>]

功能：删除字段、添加和删除索引关键字、外键和表级有效性规则，字段重命名。

以上三种命令格式都是对表结构的修改，但用途不尽相同：添加字段、修改字段类型一般使用格式一；设置及删除字段的有效性规则一般使用格式二；删除字段、重命名、设置及删除表级的有效性规则等一般使用格式三。命令格式中各短语的使用与 create table 相同。

例如：

为"课程"表增加字段"学时数 n(3)"的 SQL 命令为

　　alter dbf 课程 add 学时数 n(3)

删除"学生"表"贷款否"字段的 sql 命令为

　　alter dbf 学生 drop 贷款否

将"学生"表"姓名"字段的宽度改为 8 的 SQL 命令为

　　alter table 学生 alter 姓名 c(8)

删除"学生"表"奖学金"字段的有效性规则和默认值的 SQL 命令为

　　alter table 学生 alter 奖学金 drop default drop check

将"课程"表的"课程代码"字段改名为"课程号"的 SQL 命令为

　　alter table 课程 rename 课程名 to 课程名称

5.2.4　表文件的删除

删除表文件的 sql 命令格式为

drop table <表名>

功能：删除数据库表或自由表文件。

5.3　数据更新

SQL 数据操纵功能是指对数据表中数据的插入、更新、删除和查询。本节介绍数据的插入、更新、删除。

5.3.1 插入记录数据

使用 create table 创建的只是表结构，SQL 使用插入记录的命令为表添加记录，添加记录的命令有两种格式。

格式一：在命令中指定值

> insert into＜表名＞［（＜字段名 1＞［，＜字段名 2＞，…])]；
>   values(＜表达式 1＞［，＜表达式 2＞，…])

功能：在＜表名＞指定的表文件末尾添加一条新记录，字段值由 values 短语中表达式依次指定，未列出的字段取空值（null）。若为新记录的部分字段指定数据，则必须在命令中指明被赋值的字段名；若为新记录的全部字段指定值，可省略字段名。

格式二：使用内存变量、或二维数组的值

> insert into ＜表名＞ from array ＜数组名＞｜memvar

功能：以数组或内存变量的值作为记录的数据，在表的末尾追加一条记录。若用短语 from array ＜数组名＞，则使用指定数组的值追加新记录；若用短语 from memvar，则使用与字段变量同名的内存变量的值追加新记录，如果同名的内存变量不存在，相应字段为默认值或空。

例如，使用 SQL 命令完成下面的操作

① 在"课程"表末尾插入一条新记录：课程号：06，课程名：市场营销。命令为
   insert into 课程 values("06","市场营销")

② 在学生表的末尾插入一条新记录：学号：01060508，学生姓名：林清栋，奖学金：500。命令为
   insert into 学生(学号,姓名,奖学金) values("01060508","林清栋",500)

注意：为部分字段添加数据，必须指定字段名。

③ 使用数组为"课程"表添加新记录。需要先定义数组，并赋值。命令序列为
   dimension   arr(2)
   arr(1)＝"07"
   arr(2)＝"管理学"
   arr(3)＝80
   insert into 课程 from array arr

④ 使用同名内存变量的方式添加。命令序列为
   课程代码＝"08"
   课程名＝"经济学"
   学时数＝110
   insert into 课程 from memvar

5.3.2 更新记录数据

表文件数据更新是指对记录的修改。命令格式为

> update ＜表名＞set＜字段名 1＞＝＜表达式 1＞［，＜字段名 2＞＝＜表达式 2＞，…]
>   ［where ＜条件＞]

功能：对＜表名＞指定表中满足＜条件＞记录的字段用表达式的值替换。

说明：

① 一次可以更新多个字段，＜字段名 1＞＝＜表达式 1＞间用逗号分隔。

② where 短语指定筛选记录的条件，缺省更新表中全部记录。

例如：

① 将课程表中"经济学"的学时改为"105"的 SQL 命令为。

  update 课程 set 学时数＝105where 课程名="经济学"

② 修改成绩表：将学生表中"林清棟"同学的奖学金增加 100 元、贷款否改为真，使用的命令如下：

  update 学生 set 奖学金＝奖学金＋100,贷款否＝.t.where 姓名="林清棟"

5.3.3　删除记录数据

删除表文件的记录。命令格式为

delete from ＜表名＞[where ＜条件＞]

功能：对指定表中满足条件的记录做删除标记。from 短语指定要删除记录的表名，where 短语指定被删除记录应满足的条件。若缺省 where 短语，则删除所有记录。若要物理删除记录，还要继续执行 pack 命令。

例如，给"学生"表中姓名为"林清棟"的记录做删除标记的 SQL 命令为：

  delete from 学生 where 姓名="林清棟"

5.4　数据查询

SQL 查询命令与 Visual FoxPro 提供的查询设计器相比，功能更强，操作简单灵活，可作为可视化编程代码中的语句。select 命令的结构比较复杂，需要理解命令中各短语的含义，根据具体问题，选择合适的短语，逐步掌握。下面以第 4 章创建的学生成绩管理数据库为实例，进行查询操作。主要表的内容如图 5-2 所示。

5.4.1　select 命令的基本结构和功能

select 命令的一般格式

```
select＜查询列表＞ from ＜数据表列表＞;
    [where ＜筛选、连接条件＞];
    [order by＜排序依据＞ having ＜筛选条件＞]][top＜数值表达式＞ [percent]];
    [group by ＜分组依据＞ [having ＜筛选条件＞]]];
    [to ＜查询输出目标＞;
    [into＜查询保存形式＞]
```

功能：按照＜查询列表＞列出的字段表达式、where 短语中设定的条件，在 from 短语指出的一个或多个数据表、视图中查询，并以设置或默认的浏览窗口方式显示查询结果。查询结果可以按照 order by 短语的＜排序依据＞排序，按照分组短语 group by 中的＜分组依据＞分组，按照 to 短语指定的方式重定向输出，按照 into 短语指定类型保存查询结果。

参数说明

① ＜查询列表＞的内容和形式

all | distinct：查询结果是否包含重复记录，all 包含，默认；distinct 不包含。

[＜表名＞] | 表的别名＞.] ＜字段名＞|＜字段表达式＞[[as]＜显示名＞]，…；

学生基本信息表

学号	姓名	性别	出生日期	专业代号	学院代号	是否入团	籍贯	入学成绩	Qq	照片	备注
1214130101	刘梅	女	07/15/94	13	14	T	山东	623.00	21344589	Gen	Memc
1114140102	王翔宇	男	08/05/93	14	14	T	河南	634.00	34562113	Gen	memc
1214030102	王晓玲	女	12/09/94	03	14	T	四川	621.00	678954	Gen	memc
1214030103	张兰兰	女	09/07/95	03	14	F	河南	639.00	98766554	Gen	memc
1114140103	刘伟峰	男	03/11/93	14	14	T	山东	603.00	3445667	Gen	memc
1214130103	黄晓明	男	09/04/94	13	14	T	河南	605.00	467889	Gen	memc
1012110109	王东东	男	09/04/92	11	12	T	山东	598.00	678484	Gen	memc
1108010104	张芳	女	05/12/94	01	08	T	山东	601.00	56382621	gen	Memc
1102030101	肖杰宇	男	11/18/93	03	02	F	江苏	579.00	777777	gen	Memc
1214140103	张宏	男	09/26/95	14	14	T	黑龙江	607.00	646774	gen	Memc
1013080102	黄红娟	女	07/12/93	08	13	F	山西	599.00	38766292	gen	Memc
1013070103	刘威	男	12/12/94	07	13	T	河北	599.00	6758785	gen	Memc
1211030101	郑利强	男	03/11/94	03	11	T	河南	643.00	74583334	gen	Memc
1114140104	王琳琳	女	07/07/94	14	14	T	湖北	609.00	75433567	gen	Memc
1214070101	王鑫明	男	09/09/95	07	12	T	山东	589.00	75896443	gen	Memc
1107010103	王心雨	女	09/16/94	01	07	T	河南	623.00	974689	gen	Memc
1012120101	张小莉	女	03/06/93	12	12	F	山西	611.00	79354686	gen	Memc

学院名表

学院代号	学院名称
01	电子信息工程学院
02	材料科学与工程学院
03	动物科技学院
04	机电工程学院
05	艺术与设计学院
06	体育学院
07	经济管理学院
08	外国语学院
09	成人教育学院
10	国际教育学院
11	食品管理学院
12	林学院
13	法学院
14	软件职业技术学院
15	数学与统计学院
16	人文学院
17	医学院

课程表

课程代码	课程名
011010	测试技术
011020	传感器技术
011070	工程图学
011170	控制工程基础
011510	数控技术
011770	轴承制造学
011270	生产实习
011360	计算机辅助设计
011170	智能化仪器设计
011390	先进制造技术
101130	实验物理
101050	计量经济学
101020	软件工程训练
151430	中国美术简史
151370	特技电影艺术赏
151490	舞路与戏剧表演
151500	流行歌曲与演唱

成绩表

学号	课程代码	教师工号	学期	成绩
1214130101	011010	101120	第一	77
1114140102	011010	101120	第一	88
1114140103	011010	101120	第一	89
1214140103	011010	101120	第一	90
1214070101	011010	101120	第一	79
1114140104	011010	101120	第一	66
1012110109	151430	102072	第二	89
1013080102	151430	102072	第二	78
1114140102	151430	102072	第二	88
1102030101	151430	102072	第二	78
1114140104	151430	102072	第二	89
1214030102	011510	101120	第二	90
1212030103	011510	101120	第二	89
1012110109	011270	101216	第二	97
1012120101	011270	101216	第四	93
1108010104	101050	101122	第三	87
1102030101	101050	101122	第三	76
1107010103	101050	101122	第三	69
1114140104	101050	101122	第三	76
1114140102	101050	101122	第三	81
111414103	101050	101122	第三	73

图5-2　学生成绩管理数据库所需表

查询字段或字段表达式，可以有多项，以"，"间隔，相当于查询设计器中的"字段"选项卡。若显示所有字段，用"＊"代替。表名或表的别名，表示查询字段源自的表，如果是数据库表，还需在表名前增加"＜数据库名＞！"指出数据库名。单表查询时表的别名可缺省。字段表达式可包含字段名、运算符或函数。常用函数如表5-1所示。

② ＜数据表列表＞

指定查询所用的表，可以是一个、多个表或视图，多个时以"，"间隔，并指定别名。

③ ＜筛选、连接条件＞

指定参与查询记录符合的条件，或多表的连接条件，作用相当于查询设计器中的"筛选"选项卡，默认为全部记录。

表5-1　SQL常用统计函数

函数	功能	函数	功能
avg（＜字段名＞）	求列数据平均值	min（＜字段名＞）	求列最小值
sum（＜字段名＞）	求列数据的和	max（＜字段名＞）	求列最大值
count（＊）	求记录数		

④ <排序依据>

按照<排序依据>对查询结果排序，缺省不排序。作用相当于查询设计器中的"排序"。

⑤ top<数值表达式>［percent］

指出查询结果仅显示前面若干条记录，记录显示个数由<数值表达式>｜percent］指出，必须同时使用 order by 短语。

⑥ <分组依据>

按照<分组依据>对查询结果分组，缺省不分组，作用相当于查询设计器中的"分组"。

⑦ having<筛选条件>

用于限定查询结果中参与分组的记录。

⑧ to <查询输出目标>：对查询结果的显示方式重定向。默认浏览窗口。

⑨ into<查询保存形式>：指出对查询结果的保存方式，默认不保存。

注意：众多短语中，只有 from 短语必选。查询的主体结构为

select <查询结果列名表> from <表名>

5.4.2 简单查询

简单查询是指从一个表中筛选或计算字段（或字段表达式）的操作。命令形式为：

select ［all｜distinct］* ｜<表达式 1> ［as<显示名>］［，<表达式 2>…，…］；
from ［<数据表名>!］<表名> as ［<别名>］

使用<表达式>常用 as <显示名>命名显示名。

【例 5-2】在学生基本信息表中查询所有学生的信息。

分析：要查询的信息是"所有"信息，使用"*"代表所有字段，在关键字 from 之后写上数据表名"学生基本信息表"。命令为

　　select * from 学生成绩管理! 学生基本信息表

操作：进入 Visual FoxPro 系统，在命令窗口输入命令，并回车。显示查询结果与学生基本信息表浏览窗口相同，功能相当于 Visual Foxpro 的 use. brow 等多条命令。

【例 5-3】在成绩表中查询学生的学号和成绩。

分析：要查询的信息不是"所有"信息，应写出要显示的字段，用"，"间隔。命令为

图 5-3 【例 5-3】的查询结果

　　　　select 学号,成绩 from 成绩表

操作结果如图 5-3 所示。

结果分析：只显示选项学号和成绩字段值。

select 命令不仅可以实现对表中基本数据的查询，还可以使用专门的函数对数据计算后输出。

【例 5-4】统计成绩表中选课的人数。

分析：在 count 函数中使用 distinct，去掉"学号"字段的重复值。命令为：

　　select count(distinct 学号) as 选课人数 from 成绩表

操作结果如图 5-4 所示。

结果分析："选课人数"为统计函数的别名，若不指定，则显示"Dcnt _ 学号"。

【**例 5-5**】统计学生基本信息表中登记学生的平均年龄和平均入学成绩。

分析：学生基本信息表中没有年龄字段，可以根据出生日期计算年龄，并使用求平均函数计算平均年龄和平均入学成绩，用 as 命名别名。命令为

    select avg(year(date( ))-year(出生日期)) as 平均年龄,avg(入学成绩) as 平均入学成绩;
    from 学生基本信息表

操作结果如图 5-5 所示。

图5-4 【例5-4】的查询结果   图 5-5 【例5-5】的查询结果

注意：查询结果为两个字段表达式，使用 "," 间隔。

5.4.3 简单条件查询

条件查询就是在查询中使用 where 短语，限定参与查询的记录，简单条件是指查询条件由一个表的字段和简单运算符组成的查询。表 5-2 列出了常用简单运算符。

表 5-2　where 短语使用的运算符

运算符	说明
比较运算符	＝（等于）、＜＞、！＝（不等于）、＝＝（精确等于）、＞（大于）、＞＝（大于等于）、＜（小于）、＜＝（小于等于）
谓词 between	为字段内容指定范围，用法： ＜字段名＞（not）between＜范围始值＞and＜范围终值＞
谓词 like	字符数据比较。用法：＜字段＞like＜字符表达式＞＜字符表达式＞可含通配符、下划线。"＿"代表任一字符，百分号 "％" 代表 0 个或多个字符。
null	查询空值或非空值，用法：＜字段＞is null 或＜字段＞is not null
逻辑运算符	not、and、or（不带定界符）
谓词 成员测试 in	为字段内容指定取值列表集合表，形式为： ＜字段名＞（not）in＜结果集合＞

这些运算符，大部分和 Visual Foxpro 本身的运算符相同，用法也基本一致。

【**例 5-6**】查询成绩表中学号为 "1114140102" 学生的平均成绩。

分析：学号为 "1114140102" 为查询条件。命令为

    select 学号,avg(成绩) as 平均成绩 from 成绩表 where 学号＝"1114140102"

命令执行结果如图 5-6 所示。

结果分析：如果命令中没有 "as 平均成绩"，"平均成绩" 位置将显示 "avg_成绩"。

【**例 5-7**】在学生基本信息表中查询入学成绩大于 620 分学生的学号、姓名、出生日期、籍贯和入学成绩。

分析：入学成绩大于 620 分为查询条件。命令为

    select 学号,姓名,出生日期,籍贯,入学成绩　from 学生基本信息表 where 入学成绩＞620

操作结果如图 5-7 所示。

图 5-6 【例 5-6】的查询结果

图 5-7 【例 5-7】的查询结果

【例 5-8】 在学生基本信息表中查询入学成绩大于 620 分的"河南"籍学生的学号、姓名、出生日期、籍贯和入学成绩。

分析：入学成绩大于 620 分的"河南"籍学生"，包含两个条件，使用逻辑运算符"and"联接，组成逻辑表达式。命令为

  select 学号,姓名,出生日期,籍贯,入学成绩;
   from 学生基本信息表 where 入学成绩＞620 and 籍贯＝"河南"

操作结果如图 5-8 所示。

学号	姓名	出生日期	籍贯	入学成绩
1114140102	王翔宇	08/05/93	河南	634.00
1214030103	张兰兰	09/07/95	河南	639.00
1211030101	郑利强	12/18/95	河南	643.00
1107010103	王心雨	09/16/94	河南	623.00

图 5-8 【例 5-8】的查询结果

【例 5-9】 在学生基本信息表中查询成绩在 620 到 630 分之间学生的学号、姓名、籍贯和入学成绩。

分析：620 到 630 是一个区间，可以使用 between-and 运算指定范围。命令为

  select 学号,姓名,籍贯,入学成绩 from 学生基本信息表;
   where 入学成绩 between 620 and 630

操作结果如图 5-9 所示。

学号	姓名	籍贯	入学成绩
1214130101	刘梅	山东	623.00
1214030102	王晓玲	四川	621.00
1107010103	王心雨	河南	623.00

图 5-9 【例 5-9】的查询结果

本例也可使用以下命令：

  select 学号,姓名,籍贯,入学成绩 from 学生信息表 where 入学成绩＞＝620and 入学成绩＜＝630

【例 5-10】 在学生基本信息表中查询姓"刘"的学生信息。

分析："姓"刘"的含义为姓名中姓为"刘"，名字任意，可表示成 like "刘％"。"学生信息"可理解为全部信息，用"∗"表示。命令为

  select ∗ from 学生基本信息表 where 姓名 like "刘％"

操作结果如图 5-10 所示。

图 5-10 【例 5-10】的查询结果

姓名 like "刘％"也可写为：姓名＝"刘"、left(姓名,2)＝"刘"、at("刘",姓名)＝1 等形式。

where 短语的运算符较多，同一个条件可以表示为不同的表达式，学习时应善于挖掘和总结。

【例 5-11】 在学生基本信息表中查询籍贯为"四川"和"江苏"的学生信息。

分析：籍贯 in ("四川","江苏") 可以表示籍贯为"四川"和"江苏"，本例要显示"学生信息"，应理解为全部信息，使用"＊"。命令为

```
select ＊ from 学生基本信息表 where 籍贯 in("四川","江苏")
```

查询结果如图 5-11 所示。

图 5-11 【例 5-11】的查询结果

注意：in 运算符指定一个集合，可以从多个值的集合中比较选取。in ("四川","江苏") 等价于籍贯＝"四川" or 籍贯＝"江苏"。

【例 5-12】 在学生基本信息表中查询出生日期不详的学生的学号和姓名。

分析：出生日期不详，即出生日期为空。命令为

```
select 学号,姓名 from 学生基本信息表 where 出生日期 is null
```

注意：此命令的执行需要两个前提条件，第一，已经设置出生日期可空，第二，存在没有填入出生日期的学生，否则查询结果为空。

5.4.4 对查询结果排序

在 select 命令中，使用 order by 短语，将查询结果按＜排序依据＞排序。短语的基本格式为：

order by＜排序依据＞ [asc｜desc][top ＜数值表达式＞][percent]

参数说明：

＜排序依据＞：不能为备注型和通用型字段，可有多个字段表达式，之间用逗号分隔。排序时先按第一个关键字排序，若第一个关键字值相同，再按第二个关键字排序，依此类推。asc 升序，默认，可省略；desc 降序。排序依据可以是下列形式。

① 字段名。

② 列序号：表示该列在查询结果中的位置（各列序号，从左到右依次为 1、2、3……

③ as<显示列名> 命名的列标题。

top<数值表达式>［percent］显示查询结果中前<数值表达式>个或百分数的记录，percent 是 0.01～99.99 间的实数。短语从属于 order by，不能单独出现。

注意：

① order by 短语只能对最终结果排序，不能放在嵌套查询的内层查询中。

② where 和 having 的区别，where 对源记录筛选，having 对查询结果再筛选。

【例 5-13-1】在学生基本信息表中查询入学成绩大于 620 分学生的学号、姓名、出生日期、籍贯和入学成绩，并按入学成绩排序。

分析：本例与【例 5-7】相比增加了按入学成绩排序的要求，只需在其命令中增加 order by 入学成绩即可。命令为

    select 学号，姓名，出生日期，籍贯，入学成绩；
    from 学生基本信息表　where 入学成绩>620　order by 入学成绩

执行结果按照入学成绩升序排序，如图 5-12 所示。

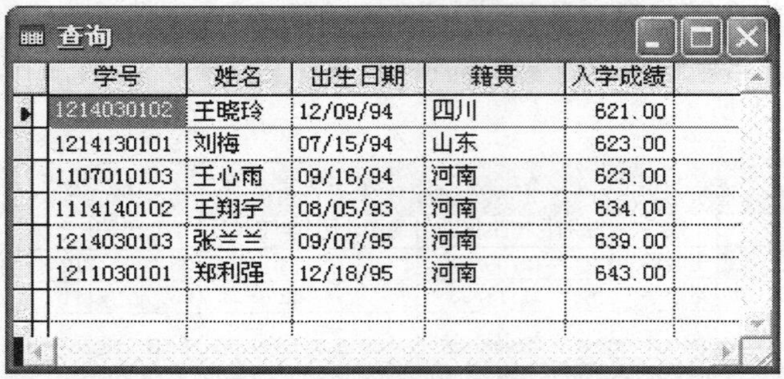

图 5-12 【例 5-13-1】的查询结果

结果分析：命令缺省排序类型，结果入学成绩由小到大升序排序，说明排序类型默认升序 asc。

【例 5-13-2】在学生基本信息表中查询入学成绩大于 620 分学生的学号、姓名、出生日期、籍贯和入学成绩，并按入学成绩降序显示"河南"籍的学生信息。

分析：本例与【例 5-13-1】相比多了两点要求，第一，要求降序排序，应当使用 desc 选项，第二就是在查询结果中只显示"河南"籍学生的信息，是对查询结果的进一步筛选，应在 order by 短语中增加 having 籍贯="河南"。命令为

    select 学号，姓名，出生日期，籍贯，入学成绩；
    from 学生基本信息表 where 入学成绩>620 and 籍贯="河南"；
    order by 入学成绩 desc

执行结果如图 5-13 所示。

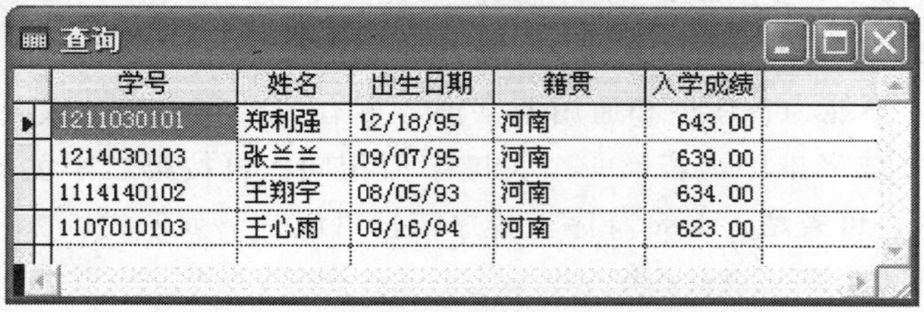

图 5-13 【例 5-13-2】的查询结果

【例 5-14】 在学生基本信息表中查询所有学生的姓名、性别和年龄，并按年龄、性别排序，性别相同再按年龄降序排列。

分析：根据出生日期计算年龄，命名别名为年龄。命令为

```
select 姓名,性别,year(date())-year(出生日期);
  as 年龄  from 学生基本信息表;
  order by 性别,年龄 desc
```

执行结果如图 5-14 所示。

说明：由于学生基本信息表中“肖杰宇”的出生日期为空，所以年龄显示“2013”为错误。

注意：order by 中的年龄也可以用列序号 3 代替 as 可省。

查询

姓名	性别	年龄
肖杰宇	男	2013
王东东	男	21
王翔宇	男	20
刘伟峰	男	20
黄晓明	男	19
刘威	男	19
张宏	男	18
郑利强	男	18
王鑫明	男	18
黄红娟	女	20
张小莉	女	20
刘梅	女	19
王晓玲	女	19

图 5-14 【例 5-14】的查询结果

【例 5-15】 在学生基本信息表中，查询入学成绩最高的 3 个学生的信息。

分析：入学成绩最高的 3 个学生是对查询结果记录顺序和个数的限定，应当在 order by 短语中使用 top，使用 desc 将成绩由高到低降序排序。命令为

```
select * from 学生基本信息表  order by 入学成绩 desc top 3
```

查询结果如图 5-15 所示。

查询

学号	姓名	性别	出生日期	是否入团	学院代号	专业代号	年级	籍贯	入学成绩	手机
1211030101	郑利强	男	12/18/95	T	11	03	12	河南	643.00	1345267
1214030103	张兰兰	女	09/07/95	F	14	03	12	河南	639.00	136937
1114140102	王翔宇	男	08/05/93	T	14	14	11	河南	634.00	139887

图 5-15 【例 5-15】的查询结果

说明：将 top 3 修改为 top 0.1 percent，则显示查询结果的前 10%条记录。

5.4.5 将查询结果分组

将查询结果分组，能够实现按某字段的值相同分组统计。短语基本格式为

group by ＜分组依据＞ [[having ＜筛选条件＞]]

参数说明：

＜分组依据＞：指定分组所依据的内容，不能是备注型或通用型。＜分组依据＞有下面四种形式：

① 字段名。

② 列序号：表示该列在查询结果中的位置，各列序号，从左到右依次为 1、2、3……

③ as＜显示列名＞ 命名的列标题。

④ 字段表达式。

having ＜筛选条件＞：是 group by 短语的子句，用于限定查询结果中参与分组的记录。

【例 5-16】 分别统计学生基本信息表中男女生人数。

分析：将表中的记录按性别分成两组，统计每组记录的个数，可以使用统计记录个数函

数 count(学号)或 count(＊)统计人数。命令为

> select 性别,count(＊)as 人数;
> from 学生基本信息表 group by 性别

查询结果如图 5-16 所示。

【例 5-17】 求成绩表中,每个同学的平均成绩,并按平均成绩排序。

分析:题目隐含的查询内容为学号和平均成绩,平均成绩需要使用 avg 函数计算,且需命名别名。命令为

> select 学号,avg(成绩) as 平均成绩;
> from 成绩表 group by 学号 order by 平均成绩

统计结果如图 5-17 所示。

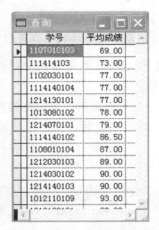

图 5-16 【例 5-16】的查询结果　　　　图 5-17 【例 5-17】的查询结果

【例 5-18】 在成绩表中,统计每位学生的平均成绩,并显示高于 90 分的平均成绩。

分析:高于 90 分的平均成绩是对查询结果的限定,应作为 having 选项的筛选条件。只需在上例命令 group by 短语中增加 having 平均成绩>90。命令为

> select 学号,avg(成绩)as 平均成绩;
> from 成绩表 group by 学号 having 平均成绩>90

"平均成绩高于 90"是对查询结果平均成绩的筛选,注意与"成绩高于 90"的区别,后者使用 where 短语限定参与查询的记录。

注意:使用 group by 短语可以实现 calculate 和 total 命令的功能,学习时注意比较,总结 SQL 查询命令的综合统一特性。

5.4.6　设置查询结果的输出方向

在 select 命令中,使用 to 短语,可以重定向查询结果输出目标。短语格式为

`to screen | file filename [additive]  | printer [prompt]`

参数说明:

① screen:将查询结果输出到屏幕,即 Visual FoxPro 主窗口。

② file <文本文件名> [additive]:将查询结果输出到文本文件,若选用 additive,则指<文本文件名>已经存在,查询结果加到原文件尾部,否则覆盖原文件。

③ printer [prompt]:输出到打印机,若选用 prompt,则在开始打印之前,打开打印机设置对话框。

④ 本短语缺省时，默认将查询结构以浏览窗口显示。

【例 5-19】在学生基本信息表中，将入学成绩最高的 3 个学生的信息存储到文本文件和"入学成绩前三名.txt"。

分析：本例与 5-15 相比，增加了输出重定向到文本文件和"入学成绩前三名"的要求，应使用 to 短语。命令为

select * from 学生基本信息表 order by 入学成绩 desc top 3 to file 入学成绩前三名

查询结果将在默认路径下生成"入学成绩前三名.txt"文件，并在主窗口中同步显示查询结果。若想查看文本文件的内容，可以使用 Visual FoxPro type 命令：type 入学成绩前三名.txt。

5.4.7 保存查询结果

在 select 命令语句中，使用 into 短语，保存查询结果。短语的格式为

into table | dbf ＜数据表名＞ | cursor ＜临时表名＞ | array＜数组名＞

参数说明：

① table | dbf ＜数据表名＞：保存为独立的数据表文件。

② cursor ＜临时表名＞：保存为临时数据表文件。

③ array ＜数组名＞：保存到数组。

【例 5-20】将【例 5-17】统计结果分别保存到"平均成绩表.dbf"、数组 a、临时文件 pj 中。命令分别为

select 学号，avg(成绩)as 平均成绩 from 成绩表；
　　group by 学号 order by 平均成绩 into table 平均成绩表

select 学号，avg(成绩)as 平均成绩 from 成绩表；
　　group by 学号 order by 平均成绩 into　array　a

select 学号，avg(成绩)as 平均成绩 from 成绩表
　　group by 学号 order by 平均成绩 into cursor pj

在三种形式中，第一种最常见。第三种形式使用后，生成一个内存中只读临时表，用户可以像使用表文件一样使用它，使用完后自动删除。

5.4.8 嵌套查询

嵌套查询是指内层查询为外层查询提供信息，即外层查询依赖内层查询的结果，内层查询不依赖外层，可以独立执行。

在 where 短语中使用如表 5-3 所示的运算符，与另一个查询的结果比较，构成嵌套查询。基本形式为

select ＜表 1 字段名表＞ from ＜表名 1＞；
　where ＜表 1 的关联字段＞ ＜比较运算符＞ [any|some|all]；
　（select ＜表 2 的关联字段＞ from ＜表名 2＞ where ＜表 2 的查询条件＞）

命令执行过程：首先执行括号内的 select-命令（又称子查询或内层查询），将查询结果提供给外层，作为外层查询条件的值使用。

表 5-3　where 短语使用的量词

运算符	说明
in	为字段内容指定取值列表集合表，形式为： <字段>（not）in（<子查询>）
any | some	>（>=）any　大于子查询中的某个最小值 <（<=）any　小于子查询中的某个最大值 =any　　等于子查询结果中的某个值 !=any 或 <>any　不等于子查询结果中的某个值
all	>（>=）all　大于子查询中最大值 <（<=）all　小于子查询中最小值 =all　　等于子查询结果中的所有值 !=all 或 <>all　不等于子查询结果中的所有值
exists	是否存在，结果：.t.、.f.

说明：

① 在 SQL 中，any、some 和 all 称为量词。any 和 some 同义，含义为只要子查询结果中有一条记录能使条件为真，就满足要求；all 指子查询结果的所有记录都能使条件为真，才满足要求。

② exists（not exists）用来检查子查询中是否有结果返回。子查询存在查询结果，主查询条件才满足。

【例 5-21】在学生基本信息表中查询入学成绩高于学号为"1114140102"的学生的学号、姓名和入学成绩。

分析：入学成绩要高于的值，没有直接给出，学号为"1114140102"的学生的入学成绩需要查询，形成嵌套查询。命令为

```
select 学号,姓名,入学成绩　from 学生基本信息表;
    where 入学成绩>;
      (select 入学成绩 from 学生基本信息表 where 学号="1114140102")
```

查询结果 5-18 所示。

图 5-18 【例 5-21】的查询结果

结果分析：打开学生基本信息表，可以看到，学生基本信息表中，学号为"114140102"的学生入学成绩为 534 分，高于这个成绩的只有图中两条记录，查询结果正确。

【例 5-22】在学生基本信息表中查询入学成绩大于"14"学院任一个成绩的学生的学号、姓名和入学成绩。

分析：入学成绩要大于的值，没有直接给出，大于"14"学院任一学生的成绩，应包含最低成绩，即大于最低成绩即可。故在 where 中使用量词 any。命令为

```
   select 学号,姓名,入学成绩   from 学生基本信息表;
      where 入学成绩＞any;
         (select 入学成绩 from 学生基本信息表;
            where 学院代号="14")
```

查询结果如图 5-19 所示。

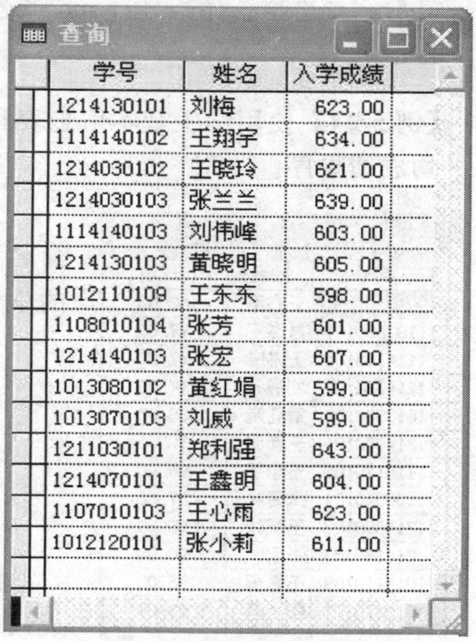

结果分析：打开学生基本信息表，可以看到，"14"
学院入学成绩最低的学生是"王琳琳"的 589 分，学生
基本信息表中入学成绩低于 589 分的记录只有"肖杰宇"
的 579 分一条记录，图中列出了 15 条记录，入学成绩都
大于 589，查询结果正确。

本例也可以使用下面的命令：

```
   select 学号,姓名,入学成绩;from 学生基本信息表;
      where 入学成绩＞;
         (select min(入学成绩)from 学生基本信息表;
            where 学院代号="14")
```

【例 5-23】在学生基本信息表中查询入学成绩高
于"14"学院所有学生的学号、姓名和入学成绩。

分析："入学成绩高于 14 学院"所有学生，可以
对子查询的结果使用量词 all。命令为

```
   select 学号,姓名,入学成绩 from 学生基本信息表 where 入学成绩＞all;
      select 入学成绩 from 学生基本信息表 where 学院代号="14"
```

图 5-19 【例 5-22】的执行结果

学号	姓名	入学成绩
1214130101	刘梅	623.00
1114140102	王翔宇	634.00
1214030102	王晓玲	621.00
1214030103	张兰兰	639.00
1114140103	刘伟峰	603.00
1214130103	黄晓明	605.00
1012110109	王东东	598.00
1108010104	张芳	601.00
1214140103	张宏	607.00
1013080102	黄红娟	599.00
1013070103	刘威	599.00
1211030101	郑利强	643.00
1214070102	王鑫明	604.00
1107010103	王心雨	623.00
1012120101	张小莉	611.00

查询结果如图 5-20 所示。

结果分析：打开学生基本信息表，可以看到，"14"
学院入学成绩最高的为张兰兰的 639，高于这个成绩的
只有"11"学院的郑利强 643，查询结果正确。

本例也可以使用下面的命令：

学号	姓名	入学成绩
1211030101	郑利强	643.00

图 5-20 【例 5-23】的执行结果

```
   select 学号,姓名,入学成绩 from 学生基本信息表 where 入学成绩＞;
      (select max(入学成绩) from 学生基本信息表 where 学院代号="14")
```

【例 5-21】到【例 5-23】各例中，得到的查询结果能够给决策者提供参考。如查询得到
的不同专业、不同院系入学成绩，能够得出生源基础知识水平的差异，可以给教学计划修订
提供参考依据。

5.4.9 联接查询

在【例 5-17】、【例 5-18】中，如果要求同时显示学生的姓名，就要用到学生基本信息
表和成绩表。将两个以上表的记录通过公用字段联接起来进行查询，称为联接查询（或多表
查询）。实现连接的方式有两种，一种是在 where 短语中设置联接条件，另一种是在 from 短
语中使用 join 子句。

多表查询要注意两点，第一，在 from 短语中为每个表命名别名，第二，在其他短语中
以＜别名＞.＜字段名＞或＜别名＞->＜字段名＞区分不同表的字段。

1. 在 where 短语设置联接条件

这种方式需要在 from 短语中指出使用的所有表，并命名别名，在 where 短语中指出表

间联接的条件。where 短语和 from 短语的格式为：

> where ＜连接条件＞［［and ＜连接条件＞］，and］［and＜筛选条件＞，and］
> from ＜表名＞［as］＜别名＞列表

【例 5-24】使用学生基本信息表和成绩表，查询每个学生的学号、姓名和平均成绩，并按平均成绩排序。

学号	姓名	平均成绩
1107010103	王心雨	69.00
1102030101	肖杰宇	77.00
1114140104	王琳琳	77.00
1214130101	刘梅	77.00
1013080102	黄红娟	78.00
1214070101	王鑫明	79.00
1114140102	王翔宇	86.50
1108010104	张芳	87.00
1214030102	王晓玲	90.00
1214140103	张宏	90.00
1012110109	王东东	93.00
1012120101	张小莉	93.00

图 5-21 【例 5-24】的执行结果

分析：数据源有学生基本信息表和成绩表两个表，分别命名别名 a 和 b，两个表的联接条件是学号相等，按成绩表的学号分组，按平均成绩排序。命令为：

> select b.学号，a.姓名，avg(b.成绩) as 平均成绩；
> from 学生基本信息表 as a，成绩表 as b；
> where a.学号＝b.学号；
> group by b.学号；
> order by 平均成绩

查询结果如图 5-21 所示。

结果分析：分别打开学生基本信息表和成绩表，可知在成绩表中学号为"1114140102"的成绩有四条记录，成绩分别是"第一"学期的 88，89，"第二"学期的 88，"第三"学期的 81，平均成绩应为 86.5，与图 5-22 所示的查询结果一致。条件 a. 学号＝b. 学号起连接作用，结果按照平均成绩排队。

2. 在 from 短语中使用 join 子句

这种联接方式把被连接的表放在 join 子句的右边。命令的一般格式为：

> select ＜列名表＞ from ＜左表名＞ ＜联接方式＞ join ＜右表名＞；
> ［on ＜左表名＞.＜关联字段＞ ＝＜右表名 2＞.＜关联字段＞］

其中＜左表名＞.＜关联字段＞ ＝＜右表名＞.＜关联字段＞为两个表联接的条件。

＜联接方式＞说明：

内联接：inner join，默认连接方式，可省略。又称普通连接，是从两表中选取满足联接条件的记录，联接生成新记录，作为查询结果输出。输出记录数小于两表中最小记录数。

外联接（outer）：又称超联接，结果可以包含原表中满足连接条件的记录，也可以包含左、右两表不满足连接条件的记录。

左联接：left［outer］，以左表为主，从左表中选取全部记录，按联接条件与右表中相关记录联接成新记录，作为查询结果输出，若原表中不存在相关记录，则输出时相应字段的值为 .NULL。输出记录数等于左表记录数。

右联接：right［outer］，以右表为主，从右表中选取全部记录，按联接条件与左表中相关记录联接成新记录，作为查询结果输出，若左表中不存在相关记录，则输出时相应字段的值为 .NULL。输出记录数等于右表记录数。

完全联接：full［outer］，左右记录都保留，从相关的两个表中选取所有记录，按联接条件联接成新记录，作为查询结果输出，若表 1 或表 2 中不存在相关记录，则输出时相应字段的值为 .NULL。输出记录数最少为两表记录数的和（1：1 关系）。

【例 5-25】根据学生基本信息表和学院名表，查询学生的学号，姓名和所在院名称。

分析：由于所查内容来自两个表，要满足学院代号相同的条件，使用内联接。命令为

```
select 学号,姓名,学院名称;
  from 学生基本信息表;
    inner join 学院名表;
      on 学生基本信息表.学院代号＝;
        学院名表.学院代码
```

查询结果如图 5-22 所示。

结果分析：这是一种内联接，就是找两表中关联字段相等的记录，相等则联接。分别打开学生基本信息表和学院名表，可以看到，学生基本信息表共有记录 17 条，其中学院代号为"14"的 8 条、为"12"的 3 条、为"08"的 1 条、为"02"的 1 条、为"13"的 2 条、为"11"的 1 条、为"07"的 1 条，而学院名表中，学院代码从"01"到"17"，没有重复，所以，连接查询结果为 17 条记录。

学号	姓名	学院名称
1102030101	肖杰宇	材料科学与工程
1107010103	王心雨	经济管理学院
1108010104	张芳	外国语学院
1211030101	郑利强	食品管理学院
1012110109	王东东	林学院
1214070101	王鑫明	林学院
1012120101	张小莉	林学院
1013070103	刘威	法学院
1013080102	黄红娟	法学院
1114140104	王琳琳	软件职业技术学
1214130101	刘梅	软件职业技术学
1214030103	张兰兰	软件职业技术学
1214030102	王晓玲	软件职业技术学
1214130103	黄晓明	软件职业技术学
1114140103	刘伟峰	软件职业技术学
1214140103	张宏	软件职业技术学
1114140102	王翔宇	软件职业技术学

图 5-22 【例 5-25】的执行结果

说明：

① 命令中 join 前的 inner 表示内联接，可省略。

② 可以将命令中的 inner 分别换成 left、right 和 full，执行命令，查询结果的记录数分别为 17、17 和 27，分析是否符合本题题意。

③ 本例也可以使用 where 短语联接，命令为

```
select 学号,姓名,学院名称;
  from 学生基本信息表,学院名表 where 学生基本信息表.学号＝学院名表.学院代码
```

④ 联接查询可扩展到多个表中。

【例 5-26】根据课程表、成绩表和学生基本信息表，查询学生的姓名、课程名和成绩。

分析：课程表、成绩表以学号联接，成绩表和学生基本信息表以学号联接，在两个联接值都相等时生成新记录。3 个表的表间关系为：

学生基本信息表与成绩表：一对多。

成绩表与课程表：多对一。

所以学生基本信息表与成绩表应采用右关联，成绩表与课程表应采用左关联。

查询涉及 3 个表名，需要使用别名。命令为：

```
select a.姓名,c.课程名,b.成绩;
  from 学生基本信息表 a;
    right join 成绩表 b on a.学号＝b.学号;
    left join 课程表 c on b.课程代码＝c.课程代码
```

查询结果如图 5-23 所示。

姓名	课程名	成绩
刘梅	测试技术	77
王翔宇	测试技术	88
王翔宇	传感器技术	89
张宏	测试技术	90
王鑫明	测试技术	79
王琳琳	测试技术	66
王东东	中国美术简史	89
黄红娟	中国美术简史	78
王翔宇	中国美术简史	88
肖杰宇	中国美术简史	78
王琳琳	中国美术简史	89
王晓玲	数控技术	90
.NULL.	数控技术	89
王东东	生产实习	97
张小莉	生产实习	93
张芳	计量经济学	87
肖杰宇	计量经济学	76
王心雨	计量经济学	69
王琳琳	计量经济学	76
王翔宇	计量经济学	81
.NULL.	计量经济学	73

图 5-23 【例 5-26】的执行结果

结果分析：查询结果的最后一条记录，姓名为空值，

说明学生基本信息表中没有对应的记录，是建立数据库的错误，缺乏完整性约束。

注意：

① 使用 join 短语进行 3 个或 3 个以上表的联接查询时，必须严格注意表的顺序，以及 on 短语的顺序，若顺序不符，则查询结果不正确。

② 别名的指定没有严格限制。如果表名较长，且使用次数多，可以指定。

5.4.10 多表嵌套联接查询

既涉及多表又涉及嵌套的查询称为多表嵌套联接查询。通常有以下两种形式。

1. 自联接查询

自联接是一种比较特殊的联接，是在 seledt 命令中将一个表与其自身进行联接。查询使用的本来是一个表，但联接时又要看作两个表，且必须指定别名，形成逻辑上的两个表。

【例 5-27】根据成绩表，查询同时选修课程代码"011010"和"101050"两门课学生的学号。

分析：所查内容及筛选条件只涉及成绩表，要求查询的学号需要同时满足课程代码＝"101050"和课程代码＝"011010"，对一个表进行查询是无法实现的，需要使用自联接方式。命令为

```
select  a.学号 from 成绩表 a,成绩表 b;
where a.学号＝ b.学号 and a.课程代码＝"101050";
    and b.课程代码＝"011010"
```

查询结果如图 5-24 所示。

图 5-24 【例 5-27】的执行结果

结果分析：打开成绩表，可以看到，同时选修"011010"和"101050"两门课的只有学号为"1114140104"和"1114140102"两个同学，查询结果正确。

2. 使用谓词实现多表连接查询

【例 5-28】根据成绩表和学生基本信息表查询选过课学生的学号和姓名。

分析：学生基本信息表中的学号如果出现在成绩表中，说明该生选课，使用谓词 exists，根据两表学号相等在成绩表中查询。命令为

```
select 学号,姓名 from 学生基本信息表
    where exists;
      (select*from 成绩表;
          where 学生基本信息表.学号＝成绩表.学号)
```

查询结果如图 5-25 所示。

结果分析：分别打开学生基本信息表和成绩表，可以看到，图 5-25 所示的 12 条记录在成绩表中存在，结果正确。如果将命令中的谓词运算符 exists 前添加 not 运算符，则可得到没有选课的学生名单。

图 5-25 【例 5-28】的执行结果

本例也可使用谓词 in 实现，命令为

```
select 学号,姓名 from 学生基本信息表 where 学号 in(select 学号 from 成绩表)
```

3. 使用集合并运算联接查询结果

并运算符 union 的功能是将两个 select 语句的查询结果合并成一个。

基本格式：

> select ＜列名表 1＞ from ＜表名 1＞ where ＜条件 1＞…；
> union；
> select ＜列名表 2＞ from ＜表名 2＞ where ＜条件 2＞…

说明：＜列名表 1＞和＜列名表 2＞中的字段个数、字段名、类型和宽度都要相同。两个 select 语句同一层次，不构成嵌套。

【例 5-29】在学生基本信息表中查询"湖北"和"河北"籍学生的姓名、qq。

分析：本例的命令形式有多种，使用将湖北籍和河北籍查询结果联合的命令为

> select 姓名,qq from 学生基本信息表 where 籍贯="湖北"
> union；
> select 姓名,qq from 学生基本信息表；
>   where 籍贯="河北"

查询结果如图 5-26 所示。

结果分析：打开学生基本信息表，可以看到"刘威"的籍贯是河北，王琳琳的籍贯为湖北，查询结果正确。

图 5-26 【例 5-29】的执行结果

该命令等价于以下命令

> select*from 学生基本信息表 where 籍贯="湖北" or 籍贯="河北"

5.5　SQL 命令综合运用

Visual FoxPro 嵌入的 SQL 命令能够定义和修改表结构，能够插入、删除表的记录，能够修改表记录的数据、能够查询数据库的各种信息，并能够保存查询结果，每条命令的短语较多，格式复杂。因此，初学者面对一个实际问题，应首先选取合适的命令和短语，并为问题中的实际数据选择恰当的位置，就能够较快地写出正确的 SQL 命令。

【例 5-30】已有表文件：

学生(学号 C，姓名 C，性别 C，出生日期 D，学校编号 C)；

成绩(学号 C，语文 N，数学 N，英语 N，总分 N)；

按照以下要求写出 SQL 命令。

1. 查询学生表中出生日期在 1980 年至 1985 之间学生的学号、姓名、性别和出生日期信息。

2. 在成绩表中查询数学良好（75～85 分）学生的学号、语文、数学、英语和总分信息，并将查询结果输出到 aa.dbf 中。

3. 在成绩表中求出所有学生的语文、数学、英语的平均成绩，显示结果为语文平均分、数学平均分和英语平均分。

4. 从学生表中分别统计各学校的学生人数。

5. 为成绩表增加两条记录，内容为（"04414"，58，79，87）和（"04418"，88，89，95）

6. 删除学生表中李丽的信息。

7. 将 04414 的语文成绩加 5 分。

分析：要求 1 是一个明显的查询，要求 2～4 中，虽然没有使用"查询"二字，但要的是信息，属于查询，均使用 select 命令，要求 5～7 是明显的记录插入、删除和更新。分别

使用 insert、delete 和 update 命令。具体命令分析和命令如下。

1. 查询内容为学号，姓名，性别，出生日期应填写在 select 命令之后，使用的表名为学生，应填写在 from 之后，出生日期在 1980 年至 1985 之间即 year（出生年月）between 1980 and 1985 是对原数据表的记录筛选，应写在 where 之后。命令为

    select 学号,姓名,性别,出生日期 from 学生 where year(出生年月) between 1980 and 1985

2. 查询内容为学号，语文，数学，英语，总分应填写在 select 命令字之后，使用的表名为成绩，应填写在 from 之后，数学良好（75～85 分）即数学＞＝75 and 数学＜＝85 分是对原数据表的记录筛选，应写在 where 之后，查询结果输出到 aa.dbf，应使用 into dbf aa 或 into table 短语 aa，命令为

    select 学号,from 成绩 where 数学＞＝75 and 数学＜＝85 into dbf aa

注意：这里数学＞＝75 and 数学＜＝85 不能写为 75≤数学≤85，这是非法的。

3. 查询内容为对语文，数学，英语求平均，没有现成数据，可以使用 avg 函数计算，但需要使用 as 对函数命名别名，即 avg(语文) as 语文平均分，avg(数学) as 数学平均分，avg(英语) as 英语平均分，应填写在 select 命令字之后，使用的表名为成绩，应填写在 from 之后，命令为

    select avg(语文)as 语文平均分,avg(数学)as 数学平均分,avg(英语)as 英语平均分 from 成绩

4. 分别统计各学校的学生人数是按学校分组，应使用 group by 短语，学生表中学校编号字段应为分组字段，所以使用"学生"表，命令为

    select count(∗) from 学生 group by 学校编号

5. 使用 insert 命令，需要指出表名、字段名和字段值，这里没有提供全部字段值，字段名表不可省，命令为

    insert into 成绩（学号,语文,数学,英语)values("04414",58,79,87)

    insert into 成绩（学号,语文,数学,英语)values("04418",88,89,95)

6. 删除记录的命令为 delete，条件数据为李丽，即姓名＝"李丽"。命令为

    delete from 学生 where 姓名="李丽"

注意：李丽为字符数据，必须加引号。

7. 更新数据的命令为 update，"将 04414 的语文成绩加 5 分"包含条件"学号＝"04414""应写在 where 之后，更新内容"语文加 5 分"，即"语文＝语文＋5"应写在 set 之后，表名为成绩，应写在 update 之后。命令为

    update 成绩 set 语文＝语文＋5 where 学号＝"04414"

注意：字段名不可随意写。例如字段名"语文"不得直接写为"语文成绩"，需要使用 as "语文成绩"命名显示名。

小 结

本章介绍使用 SQL 命令创建和修改数据库、表、视图和数据查询的命令。重点介绍了数据查询方法。从大量丰富的操作实例中，可以看出，SQL 命令的功能强大，操作简单，查询结果形式多样。SQL 命令可作为可视化编程中的语句，弥补了 Visual FoxPro 设计器的不足。学习本章，应注意总结各命令中短语、子句和选项的作用及使用方法，能够区分查询命令中数据源和查询结果。

习 题 5

一、选择题

1. 查询的输出形式默认为_____。
   A. 数据表　　　　　　B. 图形　　　　　　C. 报表　　　　　　D. 浏览
2. SQL 的核心是_____。
   A. 数据查询　　　　　B. 数据修改　　　　C. 数据定义　　　　D. 数据控制
3. 下列与修改表结构相关的命令是_____。
   A. insert　　　　　　B. alter　　　　　　C. update　　　　　D. create
4. select 命令的功能是_____。
   A. 选择工作区　　　　B. 查询表中数据　　C. 修改表中数据　　D. 选择 SQL 标准
5. SQL 中指定所用的数据表应使用_____短语。
   A. select　　　　　　B. where　　　　　　C. from　　　　　　D. having
6. 在成绩表中，查找数学分数最低的学生，下列 SQL 语句空白处应填入_____。
   select ＊ from 成绩 where 数学＜＝_____（select 数学 from 成绩）
   A. some　　　　　　B. exists　　　　　　C. any　　　　　　D. all
7. insert 命令的功能是_____。
   A. 在表头插入一条记录
   B. 在表尾插入一条记录
   C. 在表中指定位置插入一条记录
   D. 在表中指定位置插入若干记录
8. SQL 删除表的命令是_____。
   A. drop table　　　　B. delete table　　　C. erase table　　　D. delete dbf
9. SQL 语句中，用于将查询结果保存成表文件的短语关键词是_____。
   A. into table　　　　B. into cursor　　　C. to dbf　　　　　D. to table
10. 查询每个部门年龄最长者的信息，要求得到的信息包括部门名和最长者的出生日
    期。正确的命令是_____。
    A. select 部门名，min（出生日期）；
       from 部门 join 职工 on 部门．部门号＝职工．部门号 group by 部门名
    B. select 部门名，max（出生日期）；
       from 部门 join 职工 on 部门．部门号＝职工．部门号 group by 部门名
    C. select 部门名，min（出生日期）from 部门 join 职工；
       where 部门．部门号＝职工．部门号　group by 部门名
    D. select 部门名，max（出生日期）from 部门 join 职工；
       where 部门．部门号＝职工．部门号　group by 部门名

二、填空题

1. 在 order by 短语的选项中，desc 代表_____输出。
2. SQL 支持集合的并运算，运算符是_____。

3. 在 select 语句中，将结果存储到临时表使用的短语是_____。

4. 使用 SQL 语句查找"成绩"表中没有"分数"的记录，命令为：

select ＊ from 成绩 where 分数_____ 。

5. 将"学生"表中学生的年龄（字段名为"年龄"）增加一岁，应该使用的 SQL 命令为：

update 学生_____ 。

三、写 SQL 命令题

已有表文件：

图书（总编号 C（6），分类号 C（8），书名 C（16），作者 C（6），出版单位 C（20），单价 N（6，2））。按照以下要求写出 SQL 语句：

1. 查询"工业出版社"出版的所有图书信息，并按书名升序排序；

2. 查询单价在 15 元至 25 元（含 15 元和 25 元）之间图书的书名、作者、单价和分类号，结果输出到表文件 ts.dbf 中；

3. 将所有的图书单价都增加 5 元；

4. 将表中出版单位为"农业出版社"的所有记录加上删除标记。

四、操作题

（一）将自己的存储路径设置为默认路径，进入 Visual FoxPro 系统界面，完成下面的操作。

1. 使用 SQL 命令，在默认路径下创建"学生管理"数据库，根据例 5-30 所给表结构在"学生管理"中创建数据库表"学生.dbf"、成绩.dbf，并建立永久关联。

2. 下面是修改"学生管理"数据库中 2 个表的不完整命令，请根据题意填写完整后在 Visual FoxPro 命令窗口中输入，完成各种修改操作。

（1）为成绩表增加一个整数类型的德育字段。

alter table 成绩_____ "德育" i check（德育＞0）；

error"成绩应大于 0" default 60

（2）修改"学生"表中性别字段类型为逻辑型，默认值为 .t. 。并将该表中的"出生年月"，字段名改为"出生日期"。

alter table 学生_____ 性别 l defa .t.

alter table 学生_____ 出生年月 to 出生日期

（3）列出"学生.dbf"中的全部学生信息。

select ＊ _____ 学生

（4）列出"学生.dbf"中全部学生的姓名和年龄，去掉姓名重名记录。

select _____ 姓名 as 学生名单，year(date())-year(出生年月)as 年龄；

from 学生

3. 在命令窗口中输入以下 SQL 命令创建自由表 xs.dbf，其字段名均用英文缩写。xh、xm、xb，csrq，jxj，jg 和 rxcj 所代表的含义分别是学号、姓名、性别、出生日期，籍贯和入学成绩。

create table xs free(xh c(8)，xm c(8)，xb c(2)，csrq d，jxj n(4)，jg c(10)，rxcj n(5，1))

使用 sql 命令向"xs.dbf"中插入以下两条记录。

01010201 王小丽　女 1982.07.12　200 河北 530.0

01010308 李华　　男 1983.11.20　500 湖南 566.4

请完善下面的命令。

insert _____ xs(xh,xm,xb,csrq,jxj,jg,rxcj);

values('01010201','王小丽','女',{^1982-07-12},200,'河北',530.0)

insert into xs(xh,xm,xb,csrq,ssmcf,jg,lxcj);

values('01010308',_____,'男',{^1983-11-20},500,'湖南',566.4)

（二）操作注意事项

1. 在输入命令时，注意短语选项之间应加间隔符"空格"，项之间应加间隔符"逗号"。

2. SQL 命令行较长时可以使用分号";"分行。

3. 逗号和分号为英文半角格式。

4. 在使用 SQL 命令时，注意使用 close all 清理内存。

第 6 章　Visual FoxPro 程序设计基础

使用命令方式和菜单方式可以交互式地进行数据库管理，简单易学，但需用户反复操作，工作效率低。Visual FoxPro 提供一套功能完善的程序语言系统，能够进行结构化程序设计和面向对象可视化编程，人们可以根据实际任务要求，编制出命令序列，并按文件形式保存，需要时运行程序即可，从而大大提高了工作效率，这种工作方式称为程序工作方式。在实际应用中，程序工作方式是最重要、最常用的工作方式。结构化程序设计是面向对象可视化编程的基础，本章主要介绍结构化程序设计的基础知识。

6.1　Visual FoxPro 程序设计基本知识

为完成某种任务而编制的命令序列称为程序，编写命令序列的过程称为程序设计。

6.1.1　结构化程序设计方法

Visual FoxPro 采用结构化程序设计方法设计程序。结构化程序设计的基本思想是将复杂问题分解成简单问题，每个简单问题编写一个程序模块，然后用主模块有机地调用这些功能模块，如图 6-1 所示。

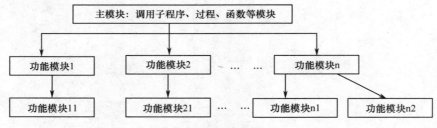

图 6-1　主模块调用

6.1.2　算法

解决问题的方法步骤称为算法。

起止框：表示程序的开始和结束

处理框：赋值、输入输出等

判断框：条件判断

指向线：程序的下一步走向

图 6-2　流程图符号

表示算法的方法很多，如自然语言、传统流程图、N-S 流程图和伪代码等。以下以传统流程图为例来说明算法。

传统流程图用一些简单的几何框图表示各种类型的操作，然后用带箭头的有向流线将各个框图连结起来，表示执行的先后顺序。用流程图描述算法，直观形象，易于理解。最常用的流程图符号如图 6-2 所示。

6.1.3 程序的三种基本结构

程序结构是指程序中命令或语句的流程结构。实践证明，顺序结构、选择结构和循环结构是构成程序的三种基本结构，任何程序都可以由这三种基本结构实现。

1. 顺序结构

顺序结构，即程序是按语句排列的先后顺序来执行，如图 6-3 所示，先执行 A，再执行 B。

2. 选择结构

条件为真执行一部分语句，否则执行另一部分语句，如图 6-4 所示。若条件为真执行 A，否则执行 B。

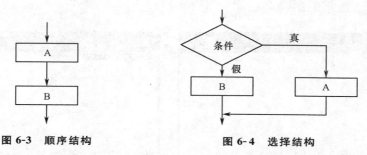

图 6-3　顺序结构　　　　　　图 6-4　选择结构

在选择结构中还有一种称为多分支选择结构，如图 6-5 所示。依次判断条件，若条件 1 为真执行 A1，否则判断条件 2，若条件 2 为真执行 A2……若前面所有条件为假，执行 An。

3. 循环结构

当条件为真执行循环体，否则结束循环，如图 6-6 所示。若条件为真执行循环体 A，否则结束循环执行下一个语句。

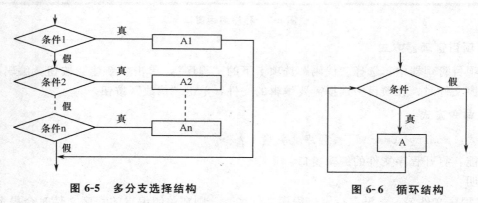

图 6-5　多分支选择结构　　　　　　图 6-6　循环结构

6.2　程序文件的建立、编辑与运行

6.2.1　程序文件的建立、编辑

Visual FoxPro 的程序文件是一种纯文本文件，扩展名为 .prg。可以用任何建立文本文件的工具建立和编辑。Visual FoxPro 系统提供建立和编辑程序文件的程序编辑窗口，并提

供三种方法打开程序编辑窗口。

1. 菜单方式

从"文件"菜单中选"新建"命令，在弹出的对话框中选择"程序"单选按钮，并单击"新建文件"按钮，弹出如图 6-7 所示的程序编辑窗口。编辑已经存在的程序文件时，从"文件"菜单中选择"打开"命令，弹出"打开"对话框，在"文件类型"列表框中选择"程序"。在文件列表框中选定要修改的文件，并单击"确定"按钮。

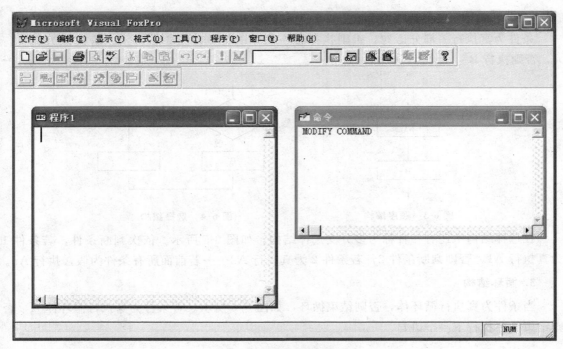

图 6-7　程序编辑窗口

2. 项目管理器方式

在项目管理器中，选择"代码"选项卡下的"程序"，单击"新建"按钮。编辑已经存在的程序文件时，在项目中选择需要编辑的文件，单击"修改"按钮。

3. 命令方式

格式：modify command［＜程序文件名｜？＞］

功能：打开程序文件的编辑窗口。

说明：

① 程序文件名：若没有指定＜程序文件名＞，则在关闭编辑的程序文件时会提示保存；若只有文件名没有指定路径，则关闭编辑窗口时不会提示保存而直接以指定文件名保存在默认目录中；若指定了路径及文件名，则会以指定文件名保存在指定路径下。

② ？：此时会打开一个"打开"对话框，选择程序文件，可以打开一个已经存在的程序文件，对文件进行修改。

在文本编辑窗口中输入程序内容。文本编辑窗口和命令窗口是不同的两个窗口，命令窗口中的内容可以按回车后立即执行，文本编辑窗口中的内容不能按回车立即执行，需保存成文件后用，再执行程序文件。

注意：程序编辑窗口打开后，系统自动增加如图 6-8 所示的"程序"菜单，用于操纵程序。

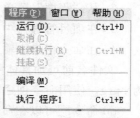

图 6-8　"程序"菜单

6.2.2　程序文件的保存

在程序文件的编辑过程中，选择"文件"菜单下的"保存"或"另存为"命令，或单击常用工具栏中的"保存"按钮，或按"Ctrl＋W"快捷键，或者直接单击"关闭"按钮，都可以保存程序文件。如果程序文件尚未命名，系统会弹出"另存为"对话框，提示用户输入程序名，选择程序的保存路径。

6.2.3　程序文件的运行

程序写好后，通过运行程序，可以检验程序是否有错。运行程序就是让计算机依次执行程序中的命令。Visual FoxPro 有多种运行程序的方法，用户应根据不同的情况，选择合适的方法运行程序。

1. 在程序文件的编辑窗口处于打开状态下，单击"程序"菜单下的"运行"命令或直接单击常用工具栏的！按钮，可以直接运行程序。

如果程序文件尚未命名，系统会弹出"另存为"对话框，用户输入程序名，选择程序的保存路径后，程序才能运行。如果程序文件修改后未保存，系统会弹出如图 6-9 所示的对话框，单击"是"，保存对程序文件的修改，或单击"否"，不保存对程序文件的修改，然后程序进入执行状态。

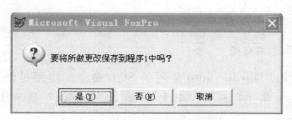

图 6-9　确认保存对话框

如果程序存在语法错误，系统会弹出如图 6-10 所示的对话框，单击"取消"，可以取消本次程序执行，回到编辑状态，纠正错误后再运行；单击"挂起"，可以停止程序的执行而不从内存中删除当前的变量。任何当前已打开的表格仍然保持打开，它们的记录指针也在各自的位置上。这时我们可以打开调试窗口（debug）和跟踪窗口（trace）来查看正在被执行的源代码及各种变量和表格的状态；单击"忽略"，忽略这个错误，程序继续运行下一条命令。

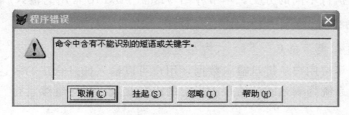

图 6-10　"程序错误"对话框

2. 从"程序"菜单中选择"运行"菜单项，从弹出的对话框中选择要执行的程序。

3. 在项目管理器中，选中要运行的程序，单击"运行"按钮。

4. 在命令窗口中输入以下命令：do ＜程序文件名＞。

文件名前可加具体路径，不加路径从默认目录中读取要执行的文件。程序文件的扩展名为.prg，使用命令创建和运行程序文件时，使用文件主名即可，扩展名系统自动会加上。

do 命令既可以在命令窗口发出，也可以出现在某个程序文件中，这样就使得一个程序在执行过程中还可以调用执行另一个程序。

【例 6-1】理解下列命令序列，在默认路径下，创建文件名为"例 6-1. prg"的程序文件，并运行文件。

```
create dbf 学生（学号 c(8),姓名 c(6),性别 c(2)）
insert into 学生    values ("1001110","林红梅","女")
use 学生
display
```

操作步骤为：

① 建立文件：从"文件"菜单中选择"新建"命令，在弹出窗口中选择"程序"单选按钮，并单击"新建文件"按钮。

② 输入程序代码。

③ 保存文件：按"Ctrl＋W"组合键。输入文件名"例 6-1. prg"。

④ 运行文件：从"程序"菜单中选择"运行"菜单项，从弹出窗口中选择"例 6-1. prg"文件。

运行结果

记录号	学号	姓名	性别
1	1001110	林红梅	女

结果分析：create dbf 与 insert into 是两条 SQL 命令，作用是创建学生.dbf 文件，并为其插入一条记录，"use 学生"打开"学生.dbf"，"display"显示插入的记录。运行结果与程序功能一致。

6.3 程序设计的基本命令

6.3.1 输入/输出命令

一个程序在执行过程中经常需要和外部进行交互，以便获得程序执行所需要的数据或依据获取数据的不同执行不同的分支，本节介绍 Visual FoxPro 常用的输入/输出命令。

1. 数据输入命令 input

格式：input [＜提示信息＞] to ＜内存变量＞

功能：该命令等待用户从键盘输入数据，用户可以输入任意合法的表达式。当用户以回车键结束输入时，系统将表达式的值存入指定的内存变量，程序继续运行。

说明：

① ＜提示信息＞不是必须的，只起提示的作用，＜提示信息＞可以是字符型内存变量、

字符串常量或合法的字符表达式，它的值会被直接输出。

② 输入的数据可以是常量、变量或表达式。但不允许不输入任何内容直接回车。

③ input 可以接收字符型数据、数值型数据、日期型数据和逻辑型数据，对于字符型、逻辑型数据的输入必须加定界符；输入日期型数据，应采用严格的日期格式。

【例 6-2】用 input 命令从键盘输入数值型、字符型数据、逻辑型数据、日期型数据，并输出。在命令窗口中输入以下命令，观察运行结果。

```
input"请输入一个数字:"to a1        && 输入 3,a1 的值是 3,a1 为数值型
input"请输入一个字符串:"to b1      && 输入"3",b1 的值是字符 3,b1 为字符型
input"请输入一个逻辑值:"to c1      && 输入 .t. ,c1 的值是逻辑值 .t. ,c1 为逻辑型
input"请输入一个日期值:"to d1      && 输入"{^2013-04-28}",d1 是日期型
? a1,b1,c1,d1                      && 显示结果为:   3 3 .T.  04/28/13
```

2. 字符输入命令 accept

格式：accept　［＜提示信息＞］to＜内存变量＞

功能：等待用户从键盘输入字符型数据，当用户以回车键结束输入时，系统将该字符串存入指定的内存变量，程序继续运行。

说明：

① 该命令只能接收字符型数据，用户在输入字符串时不需要加定界符；否则，系统会把定界符作为字符串本身的一部分。

② 如果不输入任何内容直接按回车键，系统会把空串赋给指定的内存变量。

【例 6-3】分别从键盘上输入 jg＋200，分析下面程序的执行结果：

```
* 例 6-3. prg
jg＝7800
input  "输入价格:"   to  jg
accept  "a1＝"  to  a1
? jg,a1
```

运行程序，在提示信息"输入价格:"和"a1＝"之后从键盘上输入同样的内容 jg＋200 并回车，显示结果为：8000 和 jg＋200。

结果分析：第一个输入语句 input，能够接受各种类型的数据，由于变量 jg 的初值为数值 7800，输入的"jg＋200"系统会理解为一个数学表达式，计算表达式得到 8000，并赋给变量 jg，所以显示 jg 的值为 8000。第二个输入语句为 accept 只能接受字符数据，无论从键盘上接受什么内容，都将其作为字符串，不对"jg＋200"进行计算，原样输出。

3. 暂停命令 wait

格式：wait［＜提示信息＞］［to＜内存变量＞］［window［at＜行，列＞］］;
　　　　［nowait］［timeout＜数值表达式＞］

功能：只能接收单个字符，直到用户按任意键继续。

说明：

① 若包含＜提示信息＞，则在屏幕上显示提示信息的内容；缺省则显示系统默认提示信息按任意键继续……

② 当命令中包括 to ＜内存变量＞可选项时，则定义一个字符型内存变量，并将输入的一个字符存入该变量；若只按回车键，则在内存变量中存入的内容将是一个空字符。

③ 若指定 window 子句，则会出现 wait 提示窗口，一般定位于主窗口的右上角，也可用 at 指定出位置。

④ 若同时选用 nowait 和 window 子句，系统将不等待用户按键，直接往下执行。

⑤ timeout 用来设定等待时间，一旦超时就不再等待用户按键，自动往下执行。

【例 6-4】 wait 的应用

```
* 例 6-4. prg
clear
text
    1、添加      2、删除
    3、修改      4、返回
endtext
wait"请选择 1~4"to m window timeout 5
clear
```

结果分析：程序使用 wait 语句进行菜单选择，如图 6-10 所示，可以从键盘上输入 1~4 的任意单个数字符，无须回车，程序继续执行。

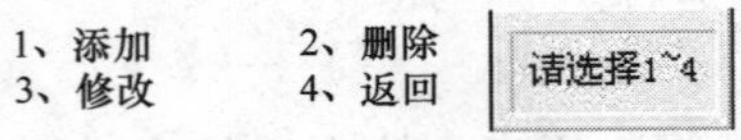

图 6-11 【例 6-4】执行结果

4. 格式输入/输出命令

格式：@＜行，列＞ [say ＜表达式＞] [get ＜变量名＞] [default ＜表达式＞]

功能：在屏幕的指定行、列位置输出表达式的值或输入内存变量的值。

该命令可分为下面输入和输出两种形式使用。

(1) 格式输出命令：@＜行，列＞ say ＜表达式＞

功能：在指定行、列位置输出表达式的值。

说明：标准屏幕是 25 行 80 列，左上角顶点为 (0, 0)，右下角坐标为 (24, 79)。行、列都可为表达式，还可为小数精确定位。

(2) 格式输入命令：@＜行，列＞ [say＜提示信息＞] get ＜变量＞ [default ＜表达式＞]

功能：在输入数据时按照一定的格式进行输入。

说明：

① say 子句：用于设置提示信息。

② get 子句用于为变量输入新值，get 子句的变量必须有确定的初值。初值决定了该变量的类型和宽度，如果没有初值，可以用 [default ＜表达式＞] 子句中的＜表达式＞为其赋初值。

③ 必须用 read 命令激活变量，才能输入数据。

(3) read 命令格式：read [save] [cycle] [timeout ＜等待时间＞]

功能：用来激活当前所有的 get 变量，显示并允许修改变量的值。

说明：

① 若有多个 get 变量，则它们将依次被激活（其中无须修改的变量可按回车键越过），直至最后一个 get 变量处理结束后，read 命令的作用才终止。

② 若在 read 命令中使用了 cycle 可选项，则在编辑最后一个 get 变量后，又回过去重新

激活第一个 get 变量，如此不断地循环，直至按"Ctrl＋W"组合键（保存编辑内容）或按"Esc"键（舍弃编辑内容）。

③ read 命令使用 timeout 子句来约束执行命令的等待时间（以秒为单位），若超过了预定的等待时间却还没有输入数据，则将中断 read 的执行。

④ 一般说来，已被激活过的 get 变量会被清除，但若在 read 命令中带有可选项 save，就不做清除工作，当遇到下一个 read 命令时，这些 get 变量将被再一次激活。

【例 6-5】在"学生成绩管理"数据库中的学生基本信息表中查找入学成绩大于等于指定分数的学生的学号，姓名，入学成绩。

程序设计：使用@命令从键盘输入指定的入学成绩，使用 SQL 命令根据指定入学成绩进行查询。程序如下。

```
* 例 6-5. prg
clear
open database 学生成绩管理
@ 10,10 say"输入入学成绩："get yc default 0
read
@ 10，10 say"指定入学成绩为："＋str(yc)
select 学号，姓名，入学成绩 from 学生基本信息表
where 入学成绩＞＝yc
close database all
return
```

图 6-12 【例 6-5】执行结果

运行程序，在"输入入学成绩："后的文本框中输入"620"并回车，执行结果如图 6-12 所示。

5. 文本输出命令 text…endtext

格式：

```
text
  <文本信息>
endtext
```

功能：将 text 与 endtext 之间的文本信息原样显示，文本信息可多行。

说明：

① 文本输出命令 text 与 endtext 只能在程序方式中使用，且必须成对出现。

② 在文本行输出命令和文本输出命令的文本信息中允许出现变量、函数和表达式，可以显示它们的值，但需要预先设置 set textmerge on，且需用符号"＜＜"和"＞＞"将表达式括起来。例如：

```
set textmerge on
text
  * * * * * * * * * * *
  *     学 籍 管 理 系 统     *
  * * * * * * * * * * *
         <<date()>>
endtext
……
```

可以在文本信息中显示当前日期。

6.3.2 状态设置命令

1. 设置会话状态命令

格式：set talk on | off

功能：通常，Visual FoxPro 在执行命令时会向用户反馈大量信息，当会话状态为开通时，不仅会减慢程序的运行速度，而且还会与程序本身的输出相互夹杂，引起混淆。所以程序调试时，一般置"会话"于开通状态，而在执行程序时则通常要求置"会话"于断开状态。

2. 设置打印状态命令

格式：set print on | off

功能：设置打印的输出方向，系统默认打印机置于断开状态，就是说命令的执行结果只送到屏幕，不送往打印机。若设置打印机为接通状态，则在屏幕上显示的执行结果被同时打印。

3. 设置屏幕状态命令

格式：set console on | off

功能：在系统的默认状态下，用户从键盘输入的内容都在屏幕上显示。如果有时要求输入的内容保密而不被显示，只需使用命令"set console off"便可。

4. 设置系统操作路径命令

格式：set default to ［盘符：］［路径］

功能：用于设置系统默认的盘符和路径。

5. 设置搜索路径

格式：set path to ［盘符 1：］［路径 1］；［盘符 2：］［路径 2］

功能：在 set defult 命令设置的路径中找不到文件时，在本命令设定的路径中进一步查找。

例如：set path to e：\zyb1；e：\data；e：\prog

6. 清屏命令

格式：clear

功能：清除屏幕输出窗口的内容（即清屏命令）。常用在程序开始处。

6.3.3 注释命令

Visual FoxPro 注释有 &&，＊，note 三种，是非执行命令。

格式 1：&&［＜注释内容＞］
格式 2：＊［＜注释内容＞］
格式 3：note［＜注释内容＞］

功能：为程序注释，是非执行语句。

说明：格式 1 为行尾注释，即可写在命令行的尾部。格式 2 与格式 3 为行首注释，即以＊和 note 开始的行都为注释。

6.3.4 程序结尾命令

1. cancel 命令

格式：`cancel`

功能：终止程序运行，清除所有私有变量，返回到命令窗口，有关私有变量的概念在本章后面将会详细介绍。

2. return 命令

格式：`return [to master]`

功能：结束当前程序执行返回到调用它的上级程序，若无上级调用程序则返回到命令窗口。to master 直接返回主程序。该语句可省略，因为在每个程序执行的最后，系统都会自动执行 return 语句。

3. quit 命令

格式：`quit`

功能：退出 Visual FoxPro 系统，返回 Windows 操作系统。

6.4 Visual FoxPro 程序设计

6.4.1 顺序结构程序设计

顺序结构是在程序执行时，根据程序中语句的书写顺序依次执行，是程序中最简单、最常用的基本结构。

【例6-6】已有"考生成绩"表，表结构如下：

考生成绩（考号 c（4），文化课成绩 n（3），专业课成绩 n（3））

表内容如图 6-13 所示。

按用户输入的考号在"考生成绩.dbf"中查找该考生的信息。

程序设计：选用 accept 供用户输入考号，locate 命令查找、display 显示找到的记录。程序如下。

图 6-13 "考生成绩"表

考号	文化课成绩	专业课成绩
1001	87	90
1002	76	72
1003	72	56
1004	88	75
1005	92	90
1006	68	87

```
* 例 6-6. prg
clear                  && 清屏
use  考生成绩
accept"请输入考号："  to kh
locate for 考号＝kh
?"该考生的考试信息为："
display
use
```

运行程序，屏幕上出现"请输入考号："，输入一名考生的考号：1003，并回车确认，则屏幕上显示出该考生的考试信息，如下所示：

该考生的考试信息为：

记录号	考号	文化课成绩	专业课成绩
3	1003	72	56

6.4.2　选择结构程序设计

当程序中需要根据逻辑判断的值选择不同的执行路径时，用选择结构来实现。选择结构分为单分支结构、双分支结构和多分支结构。

1. 单分支结构

单分支结构的语句格式为

```
if<条件>
    <语句序列>
endif
```

只有当<条件>为真时，才执行<语句序列>中的语句，条件为假时跳过<语句序列>继续向下执行。

if 和 endif 必须成对出现，if 是本结构的入口，endif 是本结构的出口。

【例 6-7】依据所输入的考号，在考生成绩表中查找该考生，若找到该考生，则显示其考试信息，若没有找到，则什么都不显示。

程序分析：考号为字符型，使用 accept 命令，从键盘输入数据，使用 locate 在全表查找记录数据，如果找到符合条件的记录，系统把记录指针指向该记录并停止查找，置 found 函数为真，所以可把 found 函数当做条件进行判断。同时如果找到符合条件的记录，eof 函数返回假；如果找不到符合条件的记录，eof 函数返回真，因此，也可把 .not. eof 函数当做条件进行判断。找到的记录用 display 显示。程序如下：

```
* 例 6-7. prg
clear
use 考生成绩
accept"请输入待查询的考号："to kh
locate for 考号＝kh
if found()                           && 或 . not. eof()
?"该考生的考试信息为："
    display
endif
use
```

程序执行：程序运行后，首先在屏幕上显示提示信息"请输入待查询的考号："，输入一名考生的考号：1003，并回车确认，则屏幕上显示出该考生的考试信息，如下所示：

该考生的考试信息为：

记录号	考号	文化课成绩	专业课成绩
3	1003	72	56

2. 双分支结构

双分支结构可以理解成二选一结构，双分支结构的语句格式为

```
if<条件>
    <语句序列 1>
else
    <语句序列 2>
endif
```

当<条件>为真时先执行<语句序列 1>，然后执行 endif 后面的语句；当<条件>为假时先执行<语句序列 2>，然后执行 endif 后面的语句。

【例 6-8】输入一个正整数，判断其奇偶性。

程序设计：一个数可能是奇数，也可能是偶数，设这个数为 n，如果 n%2＝0 或 mod（n，2）＝0 则为偶数，否则为奇数，将 n%2＝0 或 mod（n，2）＝0 作为条件，使用双分支判断。程序如下：

```
* 例 6-8. prg
clear
input"请输入一个要判断奇偶的整数:"to  n
if  n%2=0                        && 或 n mod 2=0
? n,"是偶数"
else
   ? n,"是奇数"
endif
use
```

程序执行：程序运行后，首先在屏幕上显示提示信息"请输入一个要判断奇偶的整数:"，输入一整数：12，并回车确认，则屏幕上显示输出信息，如下所示：

请输入一个要判断奇偶的整数：12

12 是偶数

【例 6-9】依据所输入的考号，在考生成绩表中查找该考生，若找到该考生，则显示其考试信息，如果没有找到，则显示"未找到所查询考生!"

程序设计：在【例 6-7】要求的基础上，增加找不到所查询信息的处理，使用双分支即可。程序如下：

```
* 例 6-9. prg
clear
use 考生成绩
accept"请输入待查询的考号:"to  kh
locate for 考号=kh
if found()        && 或 .not. eof()
   ?"该考生的考试信息为:"
   display
else
   ?"未找到所查询考生!"
endif
use
```

3. 多分支结构

多分支结构是一种扩展的选择结构，它可以根据条件从多条分支中选择一条执行。其语

句格式为

```
do case
   case<条件1>
      <语句序列1>
   case<条件2>
      <语句序列2>
   ……
   case<条件n>
      <语句序列n>
   [otherwise
      <语句序列>]
endcase
```

语句执行时，依次判断 case 后面的条件是否成立。当某个 case 后面的条件成立时，就执行该 case 和下一个 case 之间的语句序列，然后执行 endcase 后面的命令。如果所有条件都不成立，有 otherwise 子句时，则执行 otherwise 与 endcase 之间的命令序列，然后转向 endcase 后面的语句。若没有 otherwise 子句，则直接跳出本结构。

说明：

① 不管有几个 case 条件成立，只有最先成立的那个 case 条件的对应语句序列被执行。

② otherwise 子句必须放在最后。

③ do case 和 endcase 必须成对出现，do case 是入口，endcase 是出口。

【例 6-10】主选菜单程序 memo. prg。

程序设计：主选菜单程序供用户选择多个功能模块，一般使用多分支结构数据程序。程序如下：

```
* 例 6-10. prg
clear
text
────────────────────────
   1、添加        2、删除
   3、修改        4、返回
────────────────────────
endtext
wait"请选择 1～4："to m
do case
  case m="1"
     do p1            && 调用添加子过程
  case m="2"
     do p2            && 调用删除子过程
  case m="3"
     do p3            && 调用修改子过程
case m="4"
     cancel
otherwise
?"选择编号超范围"
endcase
```

注意：子过程 p1、p2 和 p3 应该事先定义好。

【例 6-11】计算分段函数值：$F(x) = \begin{cases} x^2 - 1 & (x < 0) \\ 3x + 5 & (0 <= x < 5) \\ x - 4 & (5 <= x < 10) \\ 7x + 2 & (x >= 10) \end{cases}$

程序设计：这是一个多条件问题，可以使用多分支语句。程序如下：

```
* 例 6-11. prg
clear
input"输入 x 的值"to x
do case
  case x<0
    f=x*x-1
  case x<5
    f=3*x+5
  case x<10
    f=x-4
  otherwise
    f=7*x+2
endcase
?"f="+str(f,3)
return
```

程序执行：程序运行后，首先在屏幕上显示提示信息"输入 x 的值"，输入一整数：4，并回车确认，则屏幕上显示输出信息，如下所示：

输入x的值4

f= 17

4. 选择结构嵌套

选择结构中可以嵌套选择结构。嵌套的层数没限制，但从程序设计的角度来说，嵌套的层数不要过多，嵌套的层数越多程序的可读性就越差，可以通过划分子模块的方式来减少嵌套层数。嵌套时不能交叉，为了使程序清晰、易于阅读，可按缩进格式书写。

【例 6-12】"xs. dbf"的结构为：xs（学号 c（6），姓名 c（10），性别 c（2），奖学金 n（4））编程序，输入一个学号，在"xs"中查找，若查到，按下列方式修改该生的奖学金：若奖学金低于 200 元则增加 50 元，否则增加 30 元。若查不到则提示"查无此人！"。

程序设计：由于学号未给出，学号字段又是字符型，选用 accept 语句接受用户输入的学号，同时选用 locate 命令查找记录，如果 found 函数为假，表示未找到，给出提示"查无此人！"；如果 found 函数为真，表示找到了，这时还要对该生的奖学金进行判断，分情况更新奖学金，形成了条件为真时的分支嵌套。使用 replace 更新数据，为检查奖学金更新是否正确，使用两条 display 命令，将更新前后的结果都显示出来。程序如下：

```
* 例 6-12. prg
clear
use xs
accept"输入学号："to xh
```

```
locate for 学号＝ xh
if found()
  display
  if 奖学金＜200
    replace 奖学金 with 奖学金＋50
  else
    replace 奖学金 with 奖学金＋30
  endif
  display
else
  ?"查无此人!"
endif
use
return
```

程序执行：程序运行后，首先在屏幕上显示提示信息"输入学号:"，输入学号如：044142，并回车确认，则屏幕上显示输出信息，如下所示：

输入学号:044142

记录号	学号	姓名	性别	奖学金
5	044142	宋思嘉	男	150

记录号	学号	姓名	性别	奖学金
5	044142	宋思嘉	男	200

6.4.3　循环结构程序设计

循环结构是指程序在执行的过程中，其中的某段代码被重复执行若干次。被重复执行的代码段，通常称为循环体。

1. do while 循环

do while 循环的语句格式为

do while＜条件＞
 ＜语句序列＞
enddo

执行该结构时先判断＜条件＞是否成立，成立则执行循环体（do while 和 enddo 之间的语句序列是循环体），不成立则终止循环，从 enddo 的下一条语句继续执行。

说明：do while 表示循环的开始，enddo 表示循环的结束，do while 和 enddo 必须成对出现。

【例 6-13】求 $1+2+3+\cdots+100$ 的累加和。

程序设计：求解此题要引入一个循环变量和累加变量的概念，循环变量从 1 依次增大到 100，每次增加 1 代表求解此题共需循环 100 次，由于在每次循环过程中，循环变量的取值正好和要累加的数值一致，所以直到把循环变量的值全部累加到累加变量中即可求出累加和。累加变量用于保存在循环过程中求得的累加和，其初值为 0。程序如下：

```
＊例 6-13. prg
clear
i＝1                    && 给循环变量 i 赋初值,表示从 1 开始循环
```

```
s=0                    && 给累加变量 s 赋初值,未开始循环前 s 值为 0
do while i<=100        && 循环开始,i>100 时循环结束
  s=s+i                && 循环体语句,把变量 i 的值加到变量 s 中
  i=i+1                && 循环变量加 1
enddo                  && 循环结束标记
?"s="+str(s,5)         && 循环结束后输出计算结果
```

执行结果:

s=5050

程序分析:此例中循环体 s=s+i 和 i=i+1 会被反复执行 100 次,每次都把上一次的 s (等号右边的 s) 值和本次的 i 值相加,再把相加后的结果重新赋给 s (等号左边的 s)。等号左右两边的 s 是同一个 s,只不过它们分别代表不同的含义,等号右边的 s 代表上一次累加计算后的 s 值,等号左边的 s 代表它将接收新的累加和。

注意:此处 s=s+i 中等号是赋值的含义,表示把等号右边表达式的运算结果赋给等号左边的变量 s,而不是逻辑相等判断。

请思考:

① 如何计算 1-1000 的和,以及 1-n 的和。

② 如何修改程序计算 $n!$、$1! + 2! + 3! + \cdots + n!$、$\dfrac{\pi}{4} = 1 - \dfrac{1}{3} + \dfrac{1}{5} - \dfrac{1}{7} + \cdots\cdots$ 等数值型计算问题?

【例 6-14】查找"考生成绩"表中专业课成绩在 90 分以上的考生信息。并统计这些考生的人数,将人数信息送入"考试分析"表中。考试分析表的结构为:考试分析(考试等级 c (10),人数 n (5,0))。

程序设计:要统计"考生成绩"表中专业课成绩在 90 分以上的考生信息,需要对每条记录进行考查。这类问题的处理一般采用将".not.eof()"作为循环条件,在循环体中使用 skip 命令移动记录指针。同时在循环体中需要对记录的字段值进行判断,符合条件进行相关的处理,这里判断的条件是"专业课成绩≥90",处理的方法是计数,一般使用变量名 n 做计数器,初值为 0。添加记录使用 append blank 与 replace 联用的方法。程序如下:

```
* 例 6-14. prg
clear
n=0                        && 计数器清零
use  考生成绩
do while . not. eof()
  if  专业课成绩>=90
    n=n+1                  && 计数器加 1
    display
  endif
  skip
enddo
use  考试分析
append blank
replace 考试等级 with"优秀", 人数 with  n
use
return
```

执行结果：本程序执行后把统计结果作为一条记录添加到表文件考试分析.dbf中要查看结果可以打开考试分析.dbf，并浏览数据。运行结果为：

记录号	考号	文化课成绩	专业课成绩
1	1001	87	90

记录号	考号	文化课成绩	专业课成绩
5	1005	92	90

注意：考试分析.dbf 需要单独建立。

【例 6-15】 向 xs.dbf 追加记录。

程序设计：题目要求向 xs.dbf 追加记录，追加多少，并未给出。对于这类问题使用在程序中设置一个特殊值作为结束输入的标志。程序遇到用户输入这个数据时添加记录结束。特殊值是实际输入数据中不可能出现的，例如选用"qqqqq"作为学号的特殊值。这个特殊值也称为程序结束标志。选用输入语句输入各个数据，使用 SQL-insert 命令添加记录。程序如下：

```
* 例 6-15.prg
use xs
accept"学号:"to m.学号
do while   m.学号<>"qqqqq"
   accept"姓名:"to m.姓名
   input"奖学金:"to m.奖学金
   insert into xs from memvar
   accept"学号:"to m.学号
enddo
browse
return
```

学号: 1001

姓名: 裴钰

奖学金: 1000

学号: qqqqqq

图 6-14 【例 6-15】执行结果

程序执行：程序运行后，首先在屏幕上显示提示信息"学号:"，输入学号如：1001，接着输入姓名如：裴钰，最后输入奖学金如：1000，并回车确认，则屏幕上显示输出信息，如图 6-14 所示：

2. for 循环

for 循环又称计数型循环，其语句格式为

```
for <循环变量> = <初值> to <终值> [step <步长值>]
    <语句序列>
endfor | next
```

语句功能：

① 在 for 循环中<初值>、<终值>和<步长值>决定了循环的执行次数，当<步长值>为 1 时，step 1 短语可以省略。

② endfor 或 next 为循环结束语句，用以标明本循环结构的终点，endfor 或 next 必须与 for 成对使用。

③ for 语句与 endfor | next 之间的语句序列为循环体，是每次循环都要执行的语句系列。

for 循环结构和 do while 循环结构有以下三点不同：

① for 循环结构本身已包含对循环变量赋初值的语句，不需要在 for 循环结构外给循环变量赋初值。do while 结构内没有对循环变量赋初值的语句，需要在循环开始之前，对循环

变量赋初值。

② for 循环结构内循环变量可以根据<初值>和<步长值>自动变化，不需要在循环体内加额外的语句来控制循环变量的取值。

③ for 循环适用于已知循环次数的循环。do while 循环适用于任何情况。

【例 6-16】 使用 for 语句求 $1+2+3+\cdots+100$ 的累加和。

程序设计：for 循环具有自动增加循环变量功能，无需给循环变量赋初值，也无需给循环变量增值。程序如下：

```
* 例 6-16. prg
clear
s=0
for i=1 to 100          && 步长值是 1,step 1 被省略
  s=s+i
next
?"s=", s
```

程序分析：通过两个程序的比较可以看出，用 for 结构写的程序更简单、更清晰，在用 for 结构写程序时一定要注意与 do while 结构的三点不同。

【例 6-17】 显示"学生基本信息表"表前 5 条记录的学生信息，若姓名为空，则不显示该记录。

程序设计：5 名同学数目确定，可以使用 for 循环控制记录。程序如下：

```
* 例 6-17. prg
clear
use  学生基本信息表
for i=1 to 5
  if 姓名! =space(8)
    display
  endif
  skip
endfor
use
```

2. scan 循环

scan 循环又称扫描型循环。专用于表文件的记录扫描。scan 语句格式为

```
scan [<范围>] [for<条件 1>] [while<条件 2>]
   <语句序列>
endscan
```

语句功能：scan 循环结构是对当前数据表中指定范围内符合条件的记录，逐个进行<语句序列>所规定的一系列操作；缺省<范围>和<条件>短语时，则对所有记录逐个进行<语句序列>所规定的一系列操作。

<范围>子句可取值 all、next n 和 rest。all 代表所有记录，next n 代表从当前记录开始的 n 条记录，rest 代表从当前记录开始到尾记录的所有记录。

说明：

① 使用 scan 循环结构前必须打开待处理的数据表。

② 循环结构每循环一遍，就会自动将当前数据表的记录指针向下移动一条记录，因而不需要在循环体中设置 skip 语句。

【例 6-18】 计算"学生基本信息表"中学生的平均年龄，用 scan 循环实现。

程序设计："学生基本信息表"并没有年龄字段，常用表达式"year（date（））-year（出生日期）"计算，使用 scan 循环。

```
* 例 6-18. prg
use 学生基本信息表
s＝0                         && 年龄累加器清 0
rs＝0                        && 人数累加器清 0
scan
  s＝s＋(year(date())-year(出生日期))
  rs＝rs＋1
endscan
pj＝int(s/rs)
?"平均年龄为",pj
use
```

3. 短路语句 exit 和回路语句 loop

格式：exit

语句功能：结束整个循环。

说明：在循环体中执行到 exit 时，立即无条件跳出循环，转去执行 enddo、endfor、endscan 后面的语句。

格式：loop

语句功能：结束本次循环。

说明：在循环体中执行到 loop 时，不再执行循环体内 loop 后面的语句，直接返回到对循环条件的判断。

【例 6-19】 分析下面程序的功能。

```
* 例 6-19. prg
clear
x＝0
y＝0
do while x<100
  x＝x＋1
  if int(x/2)＝x/2
    loop
  else
    y＝y＋x
  endif
enddo
?"y＝"＋str(y,5)
return
```

执行结果：

y＝2500

结果分析：程序中使用 loop 语句，当 int（x/2）＝x/2 为真，即 x 为偶数，即跳过 y＝

y＋x，提前结束循环，事实上偶数未参加求和，所以程序的功能是求 1～100 自然数中所有奇数的和。

【例 6-20】 使用 exit 控制例 6-15 中添加记录的个数。

程序设计：在循环体中，把结束标志 m. 学号＝"qqqqq"当做条件进行判断，当条件为真时，使用 exit 退出循环。而循环条件使用"．t．"。这是循环程序设计的常用方法。程序如下：

```
* 例 6-20. prg
use xs
accept"学号："to m. 学号
do while   .t.
  if m. 学号＝"qqqqq"
    exit
  endif
  accept"姓名："to m. 姓名
  input"奖学金："to m. 奖学金
  insert into xs from memvar
  accept"学号："to m. 学号
enddo
browse
return
```

4. 循环的嵌套

各种循环可以相互嵌套，循环也可以与选择嵌套。

【例 6-21】 用循环嵌套编写程序，输出右边图形。

程序设计：可以把"∗"当做字符输出，只需控制行数和每行"∗"的个数和空格的个数，即可形成图案。图中使用 for 循环控制行数，每行空格数与行数 i 具有空格数＝5-i 关系，每行"∗"个数与行数具有 2 ∗ i-1 的关系。程序如下：

```
* 例 6-21. prg
clear
for i＝1 to 5                                         *
  ? space(5-i)                                      * * *
  for j＝1 to 2 * i-1                              * * * * *
    ??" * "                                       * * * * * * *
  endfor                                         * * * * * * * * *
endfor
return
```

请思考如何设计下面各个图案。

```
    * * * * * * *              *
     * * * * *               * * *                      * *
      * * *                * * * * *                  * *
       *                 * * * * * * *              * *
    * * * * *          * * * * * * * * *           *
    * * * *                                      * *
    * * *                    *               * *                   *
    *                                      *                     *
```

【例 6-22】编制一个"九九乘法表",输出格式如下:

1 * 1＝1
2 * 1＝2　　2 * 2＝4
3 * 1＝3　　3 * 2＝6　　3 * 3＝9
……

程序设计:九九乘法表存在两个数的变化,其一,被乘数由 1 变化到九,其二,对于每一个被乘数(设为 i),乘数从 1 变化到 i,需要使用循环嵌套。程序如下:

```
* 例 6-22. prg
clear
for i＝1 to 9
  ?
  for j＝1 to i
    ??  space(2)＋str(i,1)＋" * "＋str(j,1)＋"＝"＋str(i * j,2)
  endfor
endfor
```

程序运行结果为:

```
1*1= 1
2*1= 2  2*2= 4
3*1= 3  3*2= 6  3*3= 9
4*1= 4  4*2= 8  4*3=12  4*4=16
5*1= 5  5*2=10  5*3=15  5*4=20  5*5=25
6*1= 6  6*2=12  6*3=18  6*4=24  6*5=30  6*6=36
7*1= 7  7*2=14  7*3=21  7*4=28  7*5=35  7*6=42  7*7=49
8*1= 8  8*2=16  8*3=24  8*4=32  8*5=40  8*6=48  8*7=56  8*8=64
9*1= 9  9*2=18  9*3=27  9*4=36  9*5=45  9*6=54  9*7=63  9*8=72  9*9=81
```

6.5　子程序、过程与函数

图 6-1 描述了数据库语言程序的结构,其中主模块调用功能模块、功能模块之间的调用需要使用子程序、过程和自定义函数实现。对程序中需要重复执行的语句序列也可单独编写成过程或自定义函数,使程序的结构更加清晰。

6.5.1　子程序

在 Visual FoxPro 程序文件中,可以通过 do 命令调用另一个程序文件。此时,被调用的程序文件称为子程序,也称外部过程。子程序末尾或返回处必须有返回语句 return。子程序中又可包含对另一个程序的调用,称为嵌套调用。

【例 6-23】分析下面的程序。

```
* 例 6-23. prg
clear
text
    1、查询        2、添加
endtext
wait"请选择"to m
if m＝"1"
```

```
        do 例 6-5
    else
        do 例 6-15
    endif
```

程序分析：

① 程序中调用了例 6-5. prg 和例 6-15. prg，则例 6-5. prg 和例 6-15. prg 称为该程序的子程序，该程序称为调用程序。

② 子程序例 6-5. prg 和例 6-15. prg 程序末尾必须写 return 语句，且已经建立。

6.5.2　过程

在有的程序中，一段代码可能需要多次出现，这时可以把重复代码独立出来作为一个过程，使用时调用即可。

1. 过程的结构

过程的结构为

```
procedure <过程名>
[parameters <形参表>]
<命令组>
return | return to master | endproc
```

说明：

① procedure 用于过程的第一条语句，表示过程的开始，并定义过程名，return | endproc 表示过程的结束。

② 过程可以写在程序内部，称为内部过程。

③ Visual FoxPro 早期的版本限制文件调用的个数，为减少过程的个数，常把多个过程或函数写在一起建立为一个文件，称为过程文件，此时程序中要调用该过程文件中的过程，需要打开过程文件。过程文件使用完后需要关闭。

④ 过程文件的打开命令格式为

```
set procedure to <过程文件名>
```

⑤ 过程文件的关闭命令为

```
set procedure to    && 关闭所有已打开的过程文件
release procedure <过程文件名 1> [, <过程文件名 2> …]
&& 关闭指定已打开的过程文件
```

⑥ parameters <参数表>：设定过程可以接受参数，该语句也可写在子程序开始位置，说明子程序需要参数。

6.5.3　子程序和过程的调用

1. 子程序和过程的调用

子程序和过程的调用命令为

```
do<过程名> [with <实参表>]
```

功能：调用一个指定的过程，with <实参表>用于给被调用过程传递参数。

调用过程：一个程序或子程序执行时遇到调用命令 do 时，就转去执行 do 命令中子程序名或过程名指定的子程序或过程，余下部分则等待从子程序或过程调用结束返回后继续执行，若子程序或过程的结束语句为 return to master，则直接返回第一级调用程序。

说明：

① 如果子程序中包含形式参数，调用时 do 命令中必须包含实参表，系统按照＜实参表＞中变量的顺序自动依次赋值给＜形参表＞中的各形参。若形参的数目多于实参的数目，多余形参自动赋值 .f. 。若实参的数目多于形参的数目时将出错。

② 实参可是常量、内存变量或表达式，形参必须是变量形式，形参和实参可同名。

【例 6-24】 分析下面程序的执行功能。

```
* 例 6-24. prg
input"请输入 n＝"to n
input"请输入 m＝"to m
sn＝1
sm＝1
smn＝1
do p1 with n, sn
do p1 with m, sm
do p1 with m-n, smn
?"n! ＝",sn
?"m! ＝",sm
?"(m-n)! ＝",smn
?"cmn＝",sm/(sn＊smn)
return
procedure p1
parameters n, s
s＝1
for i＝1 to n
  s＝s＊i
endfor
return
```

程序执行：程序运行后，首先在屏幕上显示提示信息"请输入 n＝"，输入一个整数"3"，接着在屏幕上显示提示信息"请输入 m＝"，输入一个整数"4"，并按回车键确认，则屏幕上显示输出信息，如下所示：

请输入 n=3

请输入 m=4

```
n!＝            6
m!＝           24
(m-n)!＝          1
cmn＝                      4.0000
```

程序分析：程序功能是求组合数。p1 是内部过程，功能是计算一个数的阶乘。

2. 参数传递

调用子程序或过程时，实参的形式不同，参数传递的方式也不同。参数传递分为按地址传递和按值传递两种方式。

（1）"按地址传递"：若实参为内存变量，则把变量的地址传递给形参，形参与实参共享存储单元。

（2）"按值传递"：若实参是常量、带括号的变量或表达式，则把实参的值传递给形参。

【例 6-25】根据参数传递的方式，分析下面 p1. prg 和 p2. prg 的执行结果。

```
* p1. prg                    * p2. prg                    * prog1. prg
clear                        clear                        parameters b
a＝3. 14                      a＝3. 14                      ? b
do prog1 with a              do prog1 with （a）           b＝2. 72
? a                          ? a                          return
return                       return
```

p1. prg 的执行结果为：3. 14   p2. prg 的执行结果为：3. 14

         2. 72   3. 14

结果分析：

p1. prg 使用地址传递的方式调用子程序 prog1. prg，把变量 a 的地址传递给形参 b，b 获得 a 的值为 3. 14，执行 "? b" 命令显示 3. 14，而后修改 b 的值为 2. 72，由于 a、b 共享存储单元，所以返回 p1 显示 a 的值时，显示为 2. .72。

p2. prg 使用值传递的方式调用子程序 prog1. prg，把变量 a 的值传递给变量 b，b 获得 a 的值 3. 14，执行 "? b" 命令显示 3. 14，而后修改 b 的值为 2. 72，由于 a、b 是不同的存储单元，返回 p1 后，b 的单元被清除，a 的值仍为 3. 14。

6.5.4　函数

Visual FoxPro 中除了可以使用标准函数外，用户还可以自定义函数。

1. 自定义函数的定义

自定义函数的定义格式为

```
[function ＜函数名＞]
[parameters ＜参数表＞]
＜命令组＞
return [＜表达式＞]
endfunc
```

说明：

① 缺省 [function ＜函数名＞]，则需单独建立程序文件，程序文件名作为函数名；否则和过程一样，函数可以定义在程序内部也可以放在一个过程文件中。

② 函数的值和类型与 return 后面的表达式的值和类型相同，缺省 [＜表达式＞] 则函数的返回值为 . t. 。

③ 函数名不能与内部函数同名。

2. 自定义函数的调用

格式：＜函数名＞（＜自变量表＞）

说明：自变量可以是任何合法的表达式，自变量的个数必须与自定义函数中 parameters 语句里的变量个数相等，自变量的数据类型也应符合自定义函数的要求。

【例 6-26】 分析下面程序的执行功能。

```
* 例 6-26. prg
clear
s=0
for i=1 to 10
  s=s+jc(i)
endfor
? s
return
function jc
parameters n
m=1
for j=1 to n
  m=m*j
endfor
return m
endfunc
```

执行结果：4037913

程序分析：求 1! ＋2! ＋3! ＋…＋10! 的值。利用自定义函数 jc 实现阶乘的计算。主程序通过循环调用函数，每次调用计算 i!，i 的值为 1～10。

6.5.5　变量的作用域

结构化程序设计的方法就是将系统功能模块分为主模块和功能模块，主模块及各功能模块之间需要传递数据，每个模块内部也需要自己的变量，并且不能影响别的模块。实现参数传递的方法除了使用形参和实参外，还可以使用全局变量，模块内部的变量则使用局部变量或私有变量。变量的使用范围称为变量的作用域。

根据变量的作用域，内存变量可分为全局变量（也称公共变量）、私有变量和局部变量三类。

（1）全局变量

全局变量又称为公共变量，在程序中建立后，它在整个程序的任何模块中均有效。建立公共变量的命令格式为

`public ＜内存变量表＞`

公共变量一旦建立一直有效，初始值为 .f.，即使程序运行结束返回到命令窗口也不会消失，只有执行 clear memory、release、quit 命令后，公共变量才释放。需要说明的是在命令窗口中建立的变量均为全局变量，但它不能在程序方式中使用。

（2）局部变量

局部变量只在建立它的模块内有效，在其父模块及子模块内均不能使用。从建立它的模块中跳出或返回时，局部变量自动释放。建立局部变量的命令格式为

`local ＜内存变量表＞`

该命令建立的局部变量初始值为 .f.。由于 local 和 locate 前 4 个字母相同，命令动词不能缩写。

（3）私有变量

在程序中直接使用的变量或使用私有变量说明的变量是私有变量。私有变量的作用域是

建立它的模块及其下属各层模块，一旦建立它的模块运行结束，这些私有变量将自动释放。建立局部变量的命令格式为

private ＜内存变量表＞

该命令只说明变量，并不建立变量，必须赋值后才可使用。

【例 6-27】分析下面程序的执行功能。

```
* 例 6-27. prg
public x              && 声明公共变量 x
x＝3                  && 给公共变量 x 赋值
y＝10                 && 给私有变量 y 赋初值
z＝5                  && 给私有变量 z 赋初值
p1()                  && 调用 p1 过程
? x, y, z             && 输出 x, y, z 的值
procedure p1
local z               && 声明局部变量 z
z＝3                  && 给局部变量 z 赋值
y＝y＋2               && 改变私有变量 y 的值
x＝y＋z               && 改变公共变量 x 的值
endproc
```

执行结果为：

    15   12   5

程序分析：x 是全局变量，y 和主程序中的 z 是私有变量过程 p1 中的 z 是局部变量。

【例 6-28】试分析程序。

```
* 例 6-28. prg
clear memory
a＝10
?? a
do zcx1
? a
return
procedure   zcx1
private   a
a＝20
return
```

运行结果：10   10

程序分析：在 zcx1 过程中，a 被说明为私有变量，屏蔽了调用模块中的变量 a，所赋的值 20 只在本过程有效，返回调用程序后释放，调用模块中的 a 恢复。所以执行 "? a" 命令后仍显示 10。

6.5.6 综合程序设计

【例 6-29】编写程序，从键盘上输入半径和高度，计算圆面积、球表面积和圆柱体积。

程序分析：设计本程序的方法很多。这里使用内部函数和内部过程调用的方法，计算圆面积、球表面积和圆柱体积。计算圆面积、球表面积、圆柱体积的公式分别为：

圆面积 $=\pi r^2$；球表面积 $=4\pi r^2$；圆柱体积 $=\pi r^2 h$；

使用变量 s 存放面积，用内部函数 ymj 和 qmj 计算圆面积和球表面积，用内部过程 ztj 计算圆柱体积，使用循环可以多次计算。程序如下：

```
* 例 6-29. prg
clear
do while .t.
    text
        1、圆面积          2、球表面积
        3、圆柱体积         4、退出
    endtext
    wait"请选择 1～4 :"to m
    do case
        case m＝"1"
            input"请输入圆的半径:"  to  r
            s＝ ymj(r)
            ?"圆面积:"＋str(s,8,4)
        case m＝"2"
            input"请输入圆的半径:"  to  r
            s＝qmj(r)
            ?"球表面积:"＋str(s,8,4)
        case m＝"3"
            input"请输入圆的半径:"  to  r
            input"请输入一个高度:"  to  h
            do ztj with r,h
        case m＝"4"
            return
        otherwise
            ?"输入错误"
    endcase
enddo
* * * * * * * * * * 圆面积 * * * * * * * * * * *
function ymj
parameters a
area＝3. 14159 * a * a
return  area
endfunc
* * * * * * * * * * 球表面积 * * * * * * * * * * *
function qmj
parameters a
area＝4 * 3. 14159 * a * a
return  area
endfunc
* * * * * * * * * * 圆柱体积 * * * * * * * * * * *
procedure  ztj
parameters a,b
area＝3. 14159 * a * a * b
?"圆柱体积:"＋str(area,8,4)
endproc
```

说明：程序运行时，通过选择数字 1~4，计算圆面积、球表面积、圆柱体积，验证结果。

【例 6-30】编写一个查询程序，从键盘输入学生的学号，在"成绩表"中计算该生的平均成绩，并给出成绩评定："合格"和"不合格"；若该生不在表中，则提示"查无此人!"。要求能反复查询，直到用户选定不再查询为止。

程序设计：从键盘输入学号后，使用 do while 对每条记录进行对照，如果学号等于输入的学号，则求和，并计数，最终求出平均成绩和成绩数目（即选修课程数），然后以平均分及格（平均分＝60）为条件判断是否合格。这个过程循环进行，直到用户选定不再查询为止，程序结构是一个循环嵌套结构。

```
* 例 6-30. prg
clear
use  成绩表
do while . t .
  accept"请输入查询学号:"to xh
  pj＝0                           && 平均值
  n＝0                            && 统计个数
  zd＝. f .                       && 找到与否
  do while . not. eof()
    if 学号＝xh
      pj＝pj＋成绩
      n＝n＋1
      zd＝. t .                   && 找到
    endif
    skip
  enddo
  if zd                          && 找到
    ?"一共选修"＋str(n,1)＋"门课"
    pj＝pj/n
    ?"平均分:",round(pj,2)
    if pj＞＝60
      ?"合格"
    else
      ?"不合格"
    endif
  else                           && 没找到
    ?"查无此人!"
  endif
  accept"继续查询吗（y/n）?"to xz
  if xz＝"N". or . xz＝"n"
    exit
  endif
enddo
?"查询完毕!"
use
return
```

程序执行：程序运行后，首先在屏幕上显示提示信息"请输入查询学号:"，输入学号：

1012110109，则屏幕上显示输出信息，如下所示：

请输入查询学号：1012110109

一共选修2门课
平均分：   93.00
合格
继续查询吗(y/n)?n

查询完毕！

【例 6-31】设计一个学生管理应用系统，系统具有 4 个功能，添加记录、查询数据、修改数据和退出系统。设各个模块和需要的表文件均保存在 e:\vf 下。

程序设计：添加记录、查询数据、修改数据功能模块设计实例如【例 6-20】、【例 6-6】和【例 6-12】，系统调用这些功能模块即可，各个功能模块的调用都必须循环执行。程序如下：

```
* 例 6-31. prg
set textmerge on
set default to e:\vf
clear
do while .t.
  text
    * * * * * * * * * * * *
    *    学 籍 管 理 系 统    *
    * * * * * * * * * * * *
               <<date ()>>
  endtext
  text
    1、添加      2、查询
    3、修改      4、返回
  endtext
  wait"请选择 1～4"to m window timeout 5
  do case
    case m="1"
      do 6-20
    case m="2"
      do 6-6
    case m="3"
      do 6-12
    case m="4"
      cancel
    otherwise
      ?"输入错误"
  endcase
enddo
set default to e:\vf
return
```

6.6 程序的调试

编写程序时，难免会出错，初学者应了解程序设计时容易出现的错误，减少错误，同时可以使用 Visual FoxPro 提供的纠错机制排除错误，使程序能够通过运行，得到正确的运行结果。

6.6.1 在程序设计时避免错误

程序设计时由于对语法的理解不够或考虑不周常会造成一定的错误，编写程序时应首先了解一些程序设计中常见的错误，避免或减少错误的发生。程序设计中常见错误如下：

① 遗漏关键字、空格、定界符；

② 关键字或变量名拼写错误；

③ 变量没有初值；

④ 表达式和函数类型不匹配；

⑤ 缺少结束语句；

⑥ 控制语句结构错误；

⑦ 命令语法错误；

⑧ 使用的表文件路径错误、缺少备注或索引文件。

6.6.2 使用"程序错误"对话框纠正错误

如果程序存在语法错误，在程序运行时弹出"程序错误"对话框，对话框的处理方法如下：

① 单击"取消"，可以取消本次程序的执行，回到编辑状态，纠正错误后再运行。

② 单击"挂起"，则停止程序的执行，并保存内存变量、已打开的表、记录指针不变。这时用户可在程序编辑窗口中单击，检查并纠正错误，然后单击"程序"菜单中的"继续运行"继续执行程序。

③ 单击"忽略"，忽略这个错误，程序继续运行下一条命令。

④ 单击"帮助"，如果不知问题所在可以求助系统帮助。

6.6.3 使用调试窗口跟踪程序

为了发现错误，可以在程序运行前或挂起后，使用调试窗口跟踪程序。使用"工具"下的"调试器"打开调试窗口（debug）。在调试器窗口"对象"区域指向程序执行的当前位置，在"调用堆栈"区域显示正在执行的程序名，这时还可以使用"调试器"窗口中"工具"下的"断点"打开"断点"对话框，设置程序中的断点，在程序执行时，遇到断点则被挂起。在"调试器"窗口中还可以选择"窗口"中的"监视"和"跟踪"来查看正在被执行的源代码及各种变量和表的状态。

小　结

本章介绍了 Visual FoxPro 程序设计的基础知识、方法、程序设计的三种基本结构和程序设计中常用的命令。重点介绍顺序、选择和循环程序设计的命令和方法，过程或自定义函数是模块化程序设计的必要手段，是本章的难点，需要特别注意模块之间参数传递的作用和特点。

习 题 6

一、选择题

1. 在 Visual FoxPro 中，如果希望跳出 scan…endscan 循环体、执行 endscan 后面的语句应使用_____。
   A. exit 语句   B. break 语句   C. return 语句   D. loop 语句

2. 将内存变量定义为全局变量的 Visual FoxPro 命令是_____。
   A. local   B. public   C. private   D. global

3. 要运行一个程序，可以使用的操作是_____。
   A. 打开"项目管理器"，选择要运行的文件，单击"运行"按钮
   B. 选择"程序"菜单中的"运行"命令，然后在文件列表框中选择要运行的程序。
   C. 命令窗口中输入 do <程序名> 命令
   D. 以上三种说法均正确

4. 在程序中不需要用 public 等命令明确声明和建立，可直接使用的内存变量是_____。
   A. 公共变量   B. 局部变量   C. 全局变量   D. 私有变量

5. 如果一个过程不包含 return 语句，或者 return 语句中没有指定表达式，那么该过程_____。
   A. 没有返回值   B. 返回 0   C. 返回 .T.   D. 返回 .F.

6. 在 Visual FoxPro 中，关于过程调用的叙述正确的是_____。
   A. 当实参的数量多于形参的数量时，多余的实参被忽略
   B. 当实参的数量少于形参的数量时，多余的形参初值取逻辑假
   C. 实参与形参的数量必须相等
   D. 上面 A 和 B 都正确

7. 有程序 proc1.prg 如下：

```
parameter n
for i=2 to n-1
    if mod(n,i)=0
        ?? i
    endif
endfor
return
```

运行命令 do proc1 with 10，则输出结果是_____。
A. 2　4　6　8　10   B. 2　4　8
C. 2　5   D. 5　10

8. 运行如下程序，显示结果为_____。

```
x1=1
x2=2
do proc1 with x1,x2
```

```
       ?  x1,x2
    return
    procedure proc1
      parameter n1,n2
      n2=n1 && n2=1
      n1=n2 && n1=1
    endproc
```
   A. 2　2　　　　　　　B. 1　2　　　　　　　C. 2　1　　　　　　　D. 1　1

9. 执行如下程序后，语句 ?"abc"被执行的次数是_____。

```
    i=0
    do while i<10
      if i%2=0
        ?"123"
      endif
      ?"abc"
      i=i+1
    enddo
    return
```
   A. 10　　　　　　　　B. 5　　　　　　　　C. 11　　　　　　　　D. 6

10. 执行如下程序后，变量 a 和 b 的值分别是_____。

```
    store 0 to a,b
      for a=1 to 4
        b=b+1
      endfor
    ? a,b
```
   A. 0　0　　　　　　　B. 5　5　　　　　　　C. 5　4　　　　　　　D. 4　6

二、填空题

1. 结构化程序设计有顺序结构、_____和_____三种最基本的结构。

2. 命令文件的扩展名为_____，建立命令文件的命令为_____，执行命令文件的命令为_____。

3. 循环结构分别为 do while …enddo、_____和_____。

4. 过程文件中每一个过程必须以_____语句开头，后面跟过程名。

5. 打开过程文件的命令为_____，然后用_____命令调用。

三、分析下列程序的运行结果

1. 有如下命令序列，其运行结果是_____

```
close all
mx="Visual FoxPro"
my="二级"
do sub1 with mx
  ? my+mx
return
*子程序:sub1.prg
procedure sub1
  parameters mx1
```

```
    local mx
    mx="Visual FoxPro dbms 考试"
    my="计算机等级"+my
  return
```

2. 有如下程序：

```
clear
store 10 to a
store 20 to b
do swap with a,(b)
? a,b
procedure swap
parameters   x1,x2
temp=x1
x1=x2
x2=temp
endproc
```

运行结果：＿＿＿＿＿＿＿＿

3. 当前盘当前目录下有一个数据库 db _ stock，其中有数据库表 stock. dbf，该数据库表的内容是：

股票代码	股票名称	单价	交易所
600600	青岛啤酒	7. 48	上海
600601	方正科技	15. 20	上海
600602	广电电子	10. 40	上海
600603	兴业房产	12. 76	上海
600604	二纺机	9. 96	上海
600605	轻工机械	14. 59	上海
000001	深发展	7. 48	深圳
000002	深万科	12. 50	深圳

执行下列程序段以后，内存变量 a 的内容是＿＿＿＿＿。

```
close database
a=0
use stock
go top
do while. not. eof()
  if 单价<10
    a=a+1
  endif
  skip
enddo
```

四、编程题

1. 从键盘任意输入两个数，输出这两个数的最大值。

2. 计算 $y = \begin{cases} 2x+1 & (x < 0) \\ \sqrt{x} & (0 \leqslant x \leqslant 10) \\ x^2 & (x > 10) \end{cases}$

3. 从键盘任意输入两个数，x，n，输出 x^n。

4. 设默认目录下存放学生基本信息表和专业表，其结构分别为：学生基本信息表（学号 c，姓名 c，性别 c，入学成绩 c）、专业表（专业编号 c，专业名称 c），编写程序，从键盘上任意输入一个学号，显示该生的姓名、入学成绩、专业名称。要求能反复查询，直到用户选定不再查询为止。（提示：使用 SQL _ select 命令显示查询数据）

五、操作题

（一）设有 e:\homework \ 12345678 已经建立，将其设置为默认路径。

（二）启动 Visual FoxPro，完成下面的操作。

1. 设默认目录下存放有数据表文件"学生成绩表 . dbf"，其结构为：姓名（c，10），学号（c，10），出生时间（d，8），程序文件 prog1. prg，程序的功能为显示所有在 1972 年以后出生的学生的姓名和学号信息，程序内容不完整，请在程序空缺处（endif 后面）填空。并运行程序。

```
    * prog1. prg
    clear
    go top
    do while . not. eof()
      if year(出生时间)>=1972
        ?"姓名:"+姓名,"学号:"+学号
      endif
      (        )
    enddo
    use
```

程序运行结果为：_____

2. 在默认目录下创建表文件"newtable1.dbf"，该文件有两个字段：个数 n（5），累加和 n（10）。默认目录下存放有 prog2. prg 程序文件，程序的功能为：统计 1～300 间不能被 3 和 7 整除的数的个数，并求这些数的和。"个数"保存到变量 n 中，"和"保存到变量 s 中，再将 n 和 s 的值写入表文件 newtable2. dbf 中。完善并运行程序。

```
    * prog2. prg
    clear
    close all
    s=0
    n=(      )
    for i=1 to 300
    if i%3<>0 (      ) i%7<>0
    n=n+1
    s=s+i
    (      )
    endfor
    use   newtable2
    append blank
    (      ) 个数 with n,累加和 with s
    ? n,s
    close all
```

程序运行结果为：_____

newtable2. dbf 文件的记录数据为：_____

3. 在默认目录下创建表文件 newtable3. dbf，该表只有一个字段：结果 n（20）。默认目录下存放有 prog3. prg 程序文件，程序的功能是：计算自然数 1～20 之间的奇数的累乘积（2＊4…＊20），"积"保存到变量 p 中，再将 p 的值写入表文件 newtable3. dbf 中。完善并运行程序。

```
* prog3. prg
clear
p＝1
for i＝（    ） to 20    step 2
    p＝（    ）        && 求积
endfor
use newtable3
（    ）
replace 结果（    ） p
?"p＝"＋str(p)
use
```

程序运行结果为：_____

newtable3. dbf 文件的记录数据为：_____

4. 在默认目录下存放有表文件 table4. dbf，记录数据如图 6-21 所示，程序文件 prog4. prg，程序的功能为：求"计算机"系学生的平均年龄（注：年龄根据出生日期得到），结果放在变量 pj 中。创建表文件 newtable4. dbf，该表只有一个字段：结论 n（10）；中。将 pj 的值写入表文件 newtable4. dbf 中。程序用 do while . not. eof（）控制每条记录。完善并运行程序。

学号	姓名	性别	出生日期	系列
044138	姚力	男	10/03/87	计算机
044139	黄天明	男	11/13/87	电子信息
044140	姜键群	男	12/01/85	自动化
044141	赵丽英	女	01/13/86	机电工程
044142	刘建国	男	01/01/87	计算机
044143	宋思嘉	女	11/20/86	计算机
044144	徐一林	女	12/21/85	文法
040345	苏小婉	女	08/13/87	数理
044146	李一	女	11/01/86	计算机
044147	王晓	女	09/11/87	自动化
044148	张添	女	02/03/87	自动化
044149	许游	女	08/18/87	计算机

图 6-21   table4. dbf

```
* prog4. prg
use table4
s＝0
rs＝0
do while . not. eof()
    if 系别＝（    ）
```

```
            s＝s＋(year({^2011/05/01})-year(出生日期))
            rs＝rs＋1
        endif
    (        )
    enddo
    pj＝int(s/rs)
    (        ) newtable4. dbf
    append blank
    replace 结论 with (        )
    use
```

newtable4. dbf 文件的记录数据为：＿＿＿＿＿＿

5. 在默认目录下存放有表文件 table5. dbf，记录数据如图 6-22 所示，程序文件为 prog5. prg，程序的功能为：

将 table5. dbf 文件另复制成 tableout5. dbf；

对 tableout5. dbf 中的每条记录的奖学金字段按如下要求作修改：

若奖学金＞＝150 元的增加 50 元，奖学金＜150 元的增加 60 元；

用 do while . not. eof () 控制每条记录。

完善并运行程序。

```
    * prog5. prg
    use table5
    copy to tableout5
    use tableout5
    do while . not . eof()
        if (        )
            replace 奖学金 with 奖学金＋50
        else
            replace 奖学金 with (        )
        endif
    (        )
    enddo
    use
```

图 6-22   table5. dbf

newtable5. dbf 文件的记录数据为：＿＿＿＿＿＿

6. 在默认目录下创建 newtable6. dbf，该表只有一个字段：结论 N (10)。默认目录下存放有程序文件 prog6. prg，程序的功能是：由键盘输入一个三位整数给 M，将其反向后保存到变量 Y 中，再将 Y 的值写入表文件 newtable6. dbf 中，请完善程序，并运行该程序，运行时输入 M 值为 326。

```
    * prog6. prg
    clear
    (        )"请输入 m 的值(326)"to m
    a＝(        )              && a 中存放百位上的数字
    b＝int((m%100)/10)
    c＝m%10
    y＝c * 100＋b * 10＋a
    @ 10,5 say y
    (        ) newtable6
```

```
append blank
replace 结论 with (    )
use
```

newtable6. dbf 文件的记录数据为：＿＿＿＿＿＿

（三）注意事项：

1. 使用工具 \ 选项 \ 文件位置 \ 默认目录将 e：\homework \ 12345678 设置为默认目录。

2. 在默认目录下不存在 newtable2. dbf～newtable6. dbf 文件，必须专门创建。

3. 程序填空后，必须去掉"（"、"）"再运行。

4. prog1. prg～prog6. prg 只是修改了表文件，屏幕上并没有任何内容显示，可以打开 newtable4. dbf～newtable6. dbf 查看记录数据。

第7章 可视化程序设计

Visual FoxPro 不仅支持传统的面向过程的命令行程序设计,还支持面向对象的可视化程序设计。可视化程序设计是一种全新的程序设计方法,该方法使程序设计人员利用软件本身所提供的各种控件,像搭积木似地构造 Windows 界面应用程序。

可视化程序设计是基于面向对象的思想,涉及基本概念有类、对象、属性、方法、事件、表单、组件、菜单、报表等。本章将介绍怎样利用面向对象和可视化技术开发 Windows 界面应用程序。

7.1 面向对象程序设计基础

7.1.1 对象与类

1. 对象

对象是用来描述客观事物的一个实体,可以是具体的有形物体,比如一位学生、一张桌子、一架飞机等,也可以是抽象的无形的规则或计划,比如一个表格、一项计划、一篇文章等。在面向对象的程序设计中,对象是构成程序的基本单位,是运行实体。对象由一组属性和若干方法构成,每个对象还能够识别一组特定的事件。

例如,Windows 应用程序都有一个或多个窗口,窗口上包含命令按钮、标签、单选框、复选框、文本框等部件(控件),这些窗口上的各个部件可以看作一个个的对象,不同的对象特征不同、功能不一样。

(1) 对象的属性

属性是指一个对象所具有的性质、特征。这些性质和特征可能是看得见摸得着的,也可能是内在的。对于自然界中的任何一个对象,都可以从不同的方面概括出许多属性,每个属性均有相应的属性名和属性值。通过属性名可以访问属性值。

例如,某位学生的学号是 100001、姓名叫王丽、性别为女、出生日期为 1982 年 5 月 20 日,这里的学号、姓名、性别、出生日期是这个人的属性,其中"学号"、"姓名"、"性别"、"出生日期"是属性名,"100001"、"王丽"、"女"、"1982 年 5 月 20 日"是对应的属性值。每个对象都有自己的属性值,例如学生甲和学生乙,虽然他们都是学生对象,但他们的属性值是相互独立的。

(2) 对象的方法

方法是指对象能够执行的动作和行为。例如,学生对象可以有考勤打卡、提交作业等方法;台灯对象可以有开、关、调亮等方法。这些方法往往是对对象属性操作的一段程序代码。"方法"类似于面向过程程序设计中的"过程"和"函数",在程序设计中可以直接调用对象的方法,从而执行对应的程序代码。

（3）对象的事件

事件是系统预先定义的由用户或系统触发的动作。事件作用于对象，对象识别事件并做出相应的反应。当触发某对象的特定事件时，该事件的过程代码就会被激活，并开始执行；若这一事件不触发，则这段程序就不会被执行。对于没有编写过程代码的事件，即使被触发也不会有任何反应。

用面向过程程序设计方法设计的程序，其代码的执行顺序是按照顺序、选择、循环、函数调用、返回等特定顺序有规律的执行，也就是采用"单入口单出口"的控制结构。Windows 应用程序主要采用事件驱动机制运行，事件由事件发生者触发和控制，程序员只能定义这些事件的执行代码，但什么时候运行这些代码由用户或系统事件控制。

2. 类

类是对具有相同属性、相同方法的某一类对象的描述，是抽象的、概念上的定义。对象是实际存在的某类的单个个体，因而也称实例（instance）。类是对象的模板，对象是类的实例。

例如，人是一个类，司马迁、李白、杜甫都是"人"类的对象；首都是一个类，则北京、伦敦、华盛顿、莫斯科都是"首都"类的对象。

理解类和对象的关系，是理解面向对象程序设计的基础。采用面向对象程序设计思想设计程序时，往往是先定义类（包括定义类的属性、方法、事件），即定义对象的类型，再用类创建对象，程序中的各个对象通过响应事件相互作用、修改对象的属性等操作，做出我们期望的反应。

在 Visual FoxPro 中有系统自带的一些类，这些类是系统封装好的基础类，可以用基础类直接创建对象，也可以创建自定义类，通常用户创建自定义类时，可以继承于基础类，以优化代码。

类具有继承性、封装性和多态性等特性。

（1）继承性

继承是类的不同抽象级别之间的关系，是子类自动共享父类属性和方法的机制。被继承的类称为父类，新的类称为子类（派生类）。子类直接继承其父类的属性和方法，同时可修改和扩充，从而拥有自己特有的属性和方法。

例如，把"人"视为父类，它包含姓名、性别属性，在"人"类基础上派生"学生"类，"学生"类就继承了"人"类的姓名、性别属性，这样"学生"类只需增加学号、系别等特有属性，定义一个"学生"类对象"张三"，"张三"对象具有姓名、性别、学号、系别4个属性。

继承具有传递性，类可有其子类，子类还可以有下层子类，形成类层次结构。继承分为单继承（一个子类只可以有一个父类）和多重继承（一个子类可以有多个父类）。继承不仅支持系统的可重用性，而且还促进系统的可扩充性。

（2）封装性

封装是一种信息隐蔽技术，它体现于类的说明，是类的重要特性。封装使数据和加工该数据的方法（函数）封装为一个整体，成为实现特定功能的模块，用户只能见到对象的外特性（对象能接受哪些消息，具有哪些处理能力），而对象的内特性（保存内部状态的私有数据和实现加工能力的算法）对用户是隐蔽的。封装的目的在于把对象的设计者和对象的使用者分开，使用者不必知晓行为实现的细节，只需用设计者提供的接口来访问该对象。

（3）多态性

多态性是指相同的对象引用调用同名的方法，可产生完全不同的调用。多态机制使一个类的内部可以定义多个参数类型或参数个数不同的同名方法，也可以使具有不同内部结构的对象共享相同的外部接口，通过这种方式减少代码的复杂度。存储对象的变量称为对象引用，通过"对象引用．方法名（）"调用对象的方法。

例如，定义一个形状类，该类有计算面积的方法。三角形类、圆形类、长方形类、梯形都是形状，继承于形状类，继承了计算面积的方法，但它们形状是不同的，有自己的属性和方法，面积的计算方法不一样，需要重写父类的计算面积方法。定义一个形状类的变量 shape，变量 shape 可以存储三角形、圆形、长方形、梯形类型的对象，也就是父类对象引用能存储子类的对象，当调用 shape 的求面积方法时，根据它所存储的对象的类型不同会调用不同类型的求面积方法。这就体现了类的多态性。

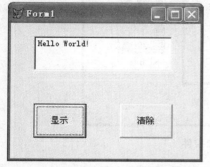

图 7-1 【例 7-1】运行效果

3. 可视化程序设计

下面通过一个实例介绍可视化程序设计的基本步骤。

【**例 7-1**】设计一个窗口，如图 7-1 所示。窗口中包含一个文本框和两个命令按钮，单击"显示"按钮，文本框中显示"Hello World!"，单击"清除"按钮，文本框的内容清空。

设计步骤如下。

（1）打开表单设计环境。执行"文件"菜单中的"新建"命令，在出现的"新建"对话框中选择"表单"单选按钮，再单击"新建文件"按钮，打开"表单设计器"，如图 7-2 所示。

图 7-2 表单设计环境

（2）在表单设计器中添加控件。单击"表单控件"工具栏上的"文本框"按钮 **abl**，然后在表单的适当位置拖动，建立一个文本框对象。单击"表单控件"工具栏上的"命令按钮" ，然后在表单的适当位置拖动，建立两个命令按钮对象，如图 7-3 所示。

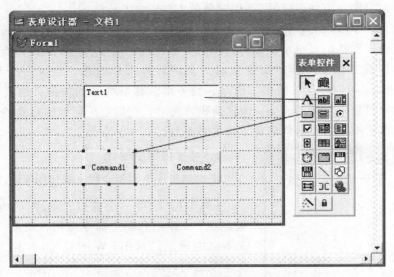

图 7-3　在表单设计器中添加控件

（3）利用"属性"窗口设置对象的属性。打开表单设计器时，"属性"窗口会自动打开，如图 7-4 所示，如果没有打开，选中"显示"菜单中的"属性"菜单项，打开"属性"窗口。单击 Command1 按钮，修改其 Caption 属性值为"显示"，按回车键确认；单击 Command2 按钮，修改其 Caption 属性值为"清除"，按回车键确认。

（4）为命令按钮编写单击事件代码。双击"显示"命令按钮，系统会弹出一个代码编辑窗口。确保"对象"下拉列表中的内容是"Command1"，"过程"下拉列表中的内容是"Click"，如图 7-5 所示。在窗口中输入如下代码。

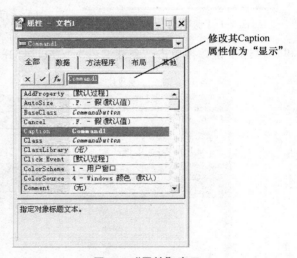

图 7-4　"属性"窗口

图 7-5　代码编辑窗口

ThisForm. Text1. Value＝"Hello World!"

同样双击"清除"命令按钮，在弹出的代码编辑窗口中输入如下代码。

ThisForm. Text1. Value＝""

（5）执行表单。单击常用工具栏上的执行按钮❗，系统会弹出一个提示对话框，提示用户保存表单，把表单保存到磁盘上的特定位置，表单名称设为 7-1. scx。. scx 是表单文件的扩展名。保存表单后，系统会执行该表单。

单击"显示"按钮，文本框中显示"Hello World!"，单击"清除"按钮，文本框的内容清空。

本例中，表单、文本框、命令按钮都是对象，这些对象是 Visual FoxPro 系统本身提供的基类（见 7.1.2 节）的具体实例。"表单控件"工具栏上显示的是系统部分可视基类，单击某个按钮，在表单上拖出一个该类的具体对象。每个对象产生后可以通过属性面板修改其属性，也可以通过程序代码修改其属性。

例如，Text1 是文本框对象的 Name 属性值，它代表了该对象的名称。Command1 是"显示"按钮的 Name 属性值，"显示"是"显示"按钮的 Caption（标题）属性值。Name、Caption 等属性值可以通过属性面板直接修改。ThisForm. Text1. Value＝"Hello World!"。表示用程序修改当前表单中的 Text1 对象的 Value 属性值为"Hello World!"。

当用户单击命令按钮"Command1"时，就会激发"Command1"对象的"Click"事件，从而执行"Click"事件中包含的代码，这就是"事件驱动"。可视化程序的执行采用"事件驱动"机制，程序首先显示一个 Windows 界面，当用户单击程序界面的组件或菜单时，产生事件，执行相应事件的代码，完成对应的功能。本章后面将对表单组件及其属性、事件和菜单进行深入的讲解。由于 Visud FoxPro 不区分大小写，为了叙述方便，后面章节对象，属性，方法名称等均采用小写字母，不再用首字母大写。

7.1.2　Visual FoxPro 中的类

基类是 Visual FoxPro 系统内部定义的类，可以在这些类的基础上直接创建对象，也可在这些类的基础上派生出自己的子类。熟练掌握这些类是编写面向对象程序的基础。

按照用类创建的对象是否可视来划分，Visual FoxPro 的基类可以分成两大类：可视类和不可视类。表 7-1 给出了 Visual FoxPro 基类。表 7-2 和表 7-3 分别列出了 Visual FoxPro 基类公有的事件和属性。

表 7-1　Visual FoxPro 基类

类名	含义	可视性	类名	含义	可视性
checkbox	复选框	是	label	标签	是
column	（表格）列	是	line	线条	是
combobox	组合框	是	listbox	列表框	是
commandbutton	命令按钮	是	olecontrol	ole 容器控件	是
commandgroup	命令按钮组	是	oleboundcontrol	ole 绑定控件	是
container	容器类	是	optionbutton	选项按钮	是
control	控件类	是	optiongroup	选项按钮组	是
cursor	游标类		page	页	是
custom	自定义类		pageframe	页框	是
dataenvironment	数据环境类		projecthook	项目挂钩	
editbox	编辑框	是	relation	关系	
form	表单	是	separator	分隔符	是

类名	含义	可视性	类名	含义	可视性
formset	表单集	是	shape	图形	是
grid	表格	是	spinner	微调控件	是
header	（列）标头	是	textbox	文本框	是
hyperlink	超级链接	是	timer	定时器	是
image	图像	是	toolbar	工具栏	是

表 7-2　Visual FoxPro 基类的最小事件集

事件	触发时机
init	当对象创建时激活
destroy	当对象从内存中释放时激活
error	当类中的事件或方法程序发生错误时激活

表 7-3　Visual FoxPro 基类的最小属性集

属性	说明
class	类名，该类属于何种类型
baseclass	基类名，该类由何种基类派生而来
classlibrary	类库名，该类从属于哪种类库
parentclass	父类名，对象所基于的类的父类，若该类直接由 Visual FoxPro 基类派生而来，则 parentclass 属性值与 baseclass 属性值相同

如果按照能否放置其他类的对象来划分，基类可分为容器类和控件类，分别生成容器类对象和控件类对象。

容器类是可以容纳其他对象的基类。例如，在表单中可包含命令按钮、文本框等对象，表单就是容器类。Visual FoxPro 的常用容器类如表 7-4 所示。

表 7-4　容器类

基 类 名	名　　称	可包含对象
column	表格控件上的列	标题对象等一部分对象
commandgroup	命令按钮组	命令按钮
container	容器类	任何控件
control	控件类	任何控件
custom	自定义类	任何控件、页框、自定义对象
form	表单	页框、任何控件、容器和自定义对象
formset	表单集	表单、工具栏
grid	表格	栅格、列
optionbuttongroup	选项组	选项按钮
page	页	任何控件和容器
pageframe	页框	页面
toolbar	工具栏	任何控件、容器和自定义对象

控件类是不能容纳其他对象的基类。例如，命令按钮、文本框、列表框都是控件类，它们不能再容纳任何其他控件。Visual FoxPro 的常用控件类如表 7-5 所示。

表 7-5　控件类

基类名	名称	基类名	名称
checkbox	复选框	oleboundcontrol	ole 绑定控件
combobox	组合框	olecontainercontrol	ole 容器控件
commandbutton	命令按钮	optionbutton	选项按钮
editbox	编辑框	separator	空的控件
header	标题行	shape	形状
image	图像	spinner	微调控制器
label	标签	textbox	文本框
line	线条	timer	定时器
listbox	列表框		

7.1.3　对象的操作

在面向对象编程中经常要操作对象，使用对象的属性和方法。对象是由类实例化而来的，利用 Visual FoxPro 中的基类，可以创建相应的对象。

创建对象有两种方法，一是直接编写代码创建，二是利用"表单设计器"，从"表单控件"工具栏选择要创建的对象类型，在表单上拖出一个对象。本节仅介绍用代码创建对象的方法，在"表单设计器"中创建对象将在下一节详细介绍。

1. 创建对象

命令格式：＜对象引用＞ = createobject（＜类名＞）

功能：创建一个＜类名＞所指类的对象，并把产生的对象赋给＜对象引用＞。

说明：对象引用是一种引用类型的变量，把新产生的对象赋给该变量，实际上是把新对象在内存的地址存放在该变量中。引用类型变量中存放的是地址，而普通变量中存放的是具体的变量值。通过引用类型可以对对象的属性和方法进行操作。

【例 7-2】基于基类 form 创建用户表单 myform1。

在命令窗口输入下面代码。

```
myform1＝createobject("form")
```

按下回车键执行代码，此时"form"类对象产生，该对象的地址存放在 myform1 引用类型变量中，引用类型变量 myform1 可视为对象名称，通过 myform1 引用该对象。但此时界面上看不到表单，因为 myform1 对象仅在内存创建，要使它显示出来，需要调用对象的方法。即输入下面代码并回车。

```
myform1. show
```

这时才看到表单。show 是对象 myform1 的方法，可以通过"对象引用．方法名"调用对象的方法，通过"对象引用．属性名＝＜属性值＞"修改表单的属性。例如：

图 7-6　表单对象

修改表单 myform1 的标题属性为"我的表单"，如图 7-6 所示。

```
myform1. caption＝"我的表单"
```

2. 设置对象的属性值

对象属性值的设置有两种方法，一是设计时通过属性窗口设置，二是用程序代码设置。大部分属性既可在设计时通过属性窗口设置也可通过程序代码设置；有的属性设计时不能在属性窗口设置，只能通过程序代码运行时设置；有的属性是读/写属性，既可以修改，也可以读取；有的属性是只读属性，只能读取，不可以修改。

使用程序代码设置属性的格式为

对象的引用.属性=＜属性值＞

功能：给指定对象的属性赋值。

读取属性的命令格式为

变量=对象的引用.属性

功能：把指定对象的属性值赋给变量。

Visual FoxPro 为各种类型对象提供了大量的属性，表 7-6 给出了对象的常用属性及其作用。

表 7-6　对象常用属性及其作用

属性	作用
name	对象引用名
caption	对象的标题文本
value	对象的值
forecolor	对象的前景色，颜色用 rgb（r，g，b）或颜色值表示
backcolor	对象的背景色
fontname	文本的字体
fontsize	指定对象的字号，与字体有关的属性还有：fontbold－粗体，fontitalic－斜体，fontstrike－空心体，fontunderline－下划线
enabled	对象是否可用，值为.t. 可用，为.f. 不可用
visible	对象是否可见，值为.t. 可见，为.f. 不可见
readonly	对象是否只读，值为.t. 只读，为.f. 可编辑
height，width，left，top	指定对象的高度、宽度和起点位于直接容器的左边和上边的度量

由于一个对象往往具有许多属性，若需对该对象的多个属性进行设置，则每个属性设置都要写出对象引用，这样编写代码比较麻烦。此时可以采用 with…endwith 结构，简化代码。格式为

with ＜对象引用＞
　.属性 1＝属性值 1
　.属性 2＝属性值 2
　…
　.属性 n＝属性值 n
endwith

例如，对例 7.2 中 myform1 表单的多个属性进行设置，可以采用下面代码。

```
with   myform1
    .width＝500              && myform1 的宽度设置为 500
    .caption＝"我的表单"      && myform1 的标题设置为"我的表单"
    .forecolor＝rgb(0,0,255) && myform1 的文字颜色设置为蓝色
endwith
```

该命令只能在程序中应用，不能在命令窗口中执行。

3. 调用对象方法

对象创建之后，就可以在应用程序的任何位置调用该对象的方法，调用对象的方法命令格式为

对象引用．方法([参数列表])

功能：调用对象的方法。当参数列表为空时，可以省略括号。

表 7-7 给出了 Visual FoxPro 中对象常用方法及其功能。

表 7-7　对象常用方法及其功能

方法名称	功能
addobject	在容器类对象中添加对象，语法： 对象．addobject（cname，cclass［，coleclass］［，ainit1，ainit2…]） 参数 cname 指定引用新对象的名称。 cclass 指定添加对象所在的类。 coleclass 指定添加对象的 ole 类。 ainit1，ainit2 指定传给新对象的 init 事件的参数
quit	结束一个 Visual FoxPro 事件
refresh	刷新对象的屏幕显示
setfocus	把焦点移到该对象
setall（属性，值［，类]）	为容器中所有（或某类）控件的属性赋值

【例 7-3】创建一个表单，在表单中增加一个标签、一个文本框和一个按钮，如图 7-7 所示。代码如下。

```
myform1＝createobject("form")
myform1. addobject("mylabel","label")
myform1. mylabel. caption＝"姓名："
myform1. mylabel. left＝30
myform1. mylabel. top＝50
myform1. mylabel. width＝30
myform1. mylabel. height＝40
myform1. mylabel. visible＝. t .
myform1. addobject("mytext","textbox")
myform1. mytext. top＝50
myform1. mytext. left＝60
myform1. mytext. visible＝. t .
myform1. addobject("mybutton","commandbutton")
myform1. mybutton. top＝90
myform1. mybutton. left＝30
myform1. mybutton. height＝30
myform1. mybutton. caption＝"确定"
myform1. mybutton. visible＝. t .
myform1. show
```

本例中表单对象 myform1 是容器类对象，在 myform1 中添加了标签对象 mylabel、文本框对象 mytext 和命令按钮对象 mybutton，myform1 是父对象，mylabel、mytext 和 mybutton 是子对象，此时操作子对象时，要用"父对象名．子对象名"逐级引用，例如：myform1. mybutton. caption。

4. 引用对象

在容器对象中可以包含其他容器对象和控件对象，包含者称为父对象，被包含者称为子对象。例如，在表单对

图 7-7 【例 7-3】要创建的窗体界面

象中可以包含标签、文本框和命令按钮组等控件，表单就是父对象，标签、文本框和命令组按钮等控件就是子对象。如果把命令按钮组控件视为父对象，那么其中的命令按钮就是子对象，命令按钮组控件既可视为容器，也可视为控件，相对表单它是控件，相对其中的命令按钮它是容器。在 Visual FoxPro 中，像命令按钮组、选项按钮组、表格、页框等既是容器又是控件，因为它们本身都包含了子对象，同时又可被别的容器包含。

操作对象时，首先要确定对象和容器的层次关系，逐级引用。

① 绝对引用

引用对象时，逐级指明对象和容器的层次关系，格式为

父对象名 . 子对象名 . 属性
父对象名 . 子对象名 . 方法

② 相对引用

使用表 7-8 中列出的关键词，引用当前对象、当前表单、当前表单集或当前对象的父对象中的对象。格式为

this. 属性
this. 方法
thisform. 对象 . 属性
thisform. 对象 . 方法

例如：

  this. caption＝"显示"
  thisform. command1. caption＝"显示"

表 7-8　引用对象的常用关键字

关键字	含义
this	特指当前对象
thisform	特指包含当前对象的表单对象
thisformset	特指包含当前对象的表单集对象
parent	特指包含当前对象的父对象

7.1.4　自定义类的创建

在编写程序过程中，有时 Visual FoxPro 提供的基类并不能满足全部要求，这时可通过设计自定义类来满足要求。自定义类是在 Visual FoxPro 提供的基类的基础上进行派生，自定义类继承基类的全部特性，同时还可以对其进行扩展。

创建自定义类有两种方法，一种是完全用代码创建，另一种是用类设计器创建。为了更好地理解面向对象程序设计的编程思想，本节仅讲解用代码创建自定义类的方法。

在 Visual FoxPro 中类的定义都存储在"类库文件"中，"类库文件"的扩展名为 .vcx。系统基类的库文件存储在 Visual FoxPro 的安装目录（例如 c:\program files \ microsoft visual studio \ vfp98）下的 ffc 文件夹中。

定义类的命令格式为

define class ＜新类名＞ as ＜父类名＞
 [［protected｜hidden］属性名列表]
 [对象名 . 属性名＝表达式...]

```
[add object <对象名> as <类名> with 属性名列表]
[procedure 事件名
 <命令序列>
 endproc]
enddefine
```

说明：

① protected 与 hidden 用来说明属性的访问特性。

图 7-8 【例 7-4】运行效果

②［对象名．属性名＝ 表达式…］用来给类添加属性及属性值。

③［add object <对象名> as <类名> with 属性名列表］用来给类添加指定的对象成员，with 后用来给该对象的各属性赋值。

④［procedure 事件名… endproc］用来给类添加事件代码。

【例 7-4】创建一个使用 commandbutton 基类派生的 mycmd 类，该类是一个退出按钮，单击该按钮，表单退出，如图 7-8 所示。

程序代码如下。

```
myform1＝createobject("form")            && 创建表单对象 myform1
myform1．addobject("quit","mycmd")      && 在表单容器中添加自定义类对象 quit
myform1．show                            && 显示表单 myform1
&& 创建自定义类
define class mycmd as commandbutton     && 定义类 mycmd，继承于 commandbutton 类
   caption＝"退出"                        && 为类 mycmd 添加属性及属性值
   visible＝.t.
   left＝20
   top＝30
   height＝30
   procedure click                       && 为类 mycmd 添加事件代码
      thisform．release
   endproc
enddefine
```

7.2　表单设计

窗口界面是 Windows 应用程序中最常见的交互操作界面，在 Visual FoxPro 中，窗口界面均由表单对象建立。表单是一种容器类对象，可以在其中放置页框、表格和各种控件，同时它自己可以包含在一个表单集中。表单设计是 Visual FoxPro 可视化设计的精华所在，它充分体现了面向对象程序设计的风格。Visual FoxPro 提供两种表单设计工具，即"表单设计器"和"表单向导"。

本节主要介绍表单的概念、表单的创建，以及表单中各种常用控件的使用。

7.2.1　表单设计基础

表单分为以下几种类型。

① 简单表单：简单表单的数据来源于一个表或一个视图。

② 一对多表单：一对多表单的数据来源于两个表，这两个表必须按照一对多的关系联

系起来，当一端的数据发生变化时，多端的数据同步变化。

③ 普通表单：普通表单的数据来源于多个表或视图，或不与数据关联。

用表单向导可以创建简单表单和一对多表单。此方法简单，但表单功能固定，不够灵活。用表单设计器可以创建各种复杂或简单的表单。

1. 用表单向导创建简单表单

【例 7-5】利用表单向导创建基于"学生基本信息表"的简单表单。

操作步骤如下。

（1）启动表单向导，方法有以下几种。

① 在"项目管理器"窗口的"文档"选项卡中选择"表单"项，单击"新建"按钮，在弹出的"新建表单"对话框中单击"表单向导"按钮，如图 7-9 和图 7-10 所示。

图 7-9 "项目管理器"窗口的"文档"选项卡　　图 7-10 "新建表单"对话框

② 选择"文件"菜单中的"新建"命令，或单击"常用"工具栏上的"新建"按钮，在弹出的"新建"对话框中选择"表单"单选按钮，然后单击"向导"按钮，如图 7-11 所示。

③ 选择"工具"菜单中"向导"子菜单中的"表单"命令。

此时弹出如图 7-12 所示的"向导选取"对话框。

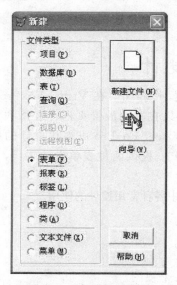

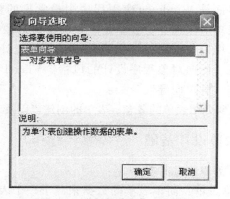

图 7-11 "新建"对话框　　　　　　图 7-12 "向导选取"对话框

（2）在"向导选取"对话框中选择"表单向导"，单击"确定"按钮。弹出"步骤1-字段选取"对话框，如图7-13所示。

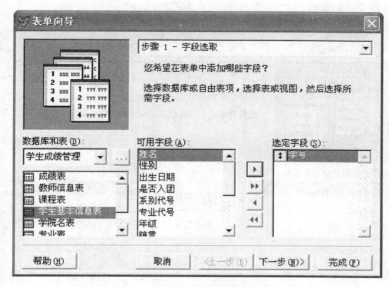

图7-13 "字段选取"对话框

（3）选取字段

在"数据库和表"组合框中选择数据库或自由表，本例选择的是"学生成绩管理"数据库，在其下的列表框中选择"学生基本信息表"，此时"可用字段"列表框中显示该表的所有字段，选择所需字段，单击 按钮，将其加入"选定字段"列表框中；单击 按钮可加入所有字段；单击 按钮，取消"选定字段"列表框中当前选定的字段；单击 按钮取消"选定字段"列表框中所有字段。单击"下一步"按钮进入如图7-14所示的"步骤2-选择表单样式"对话框。

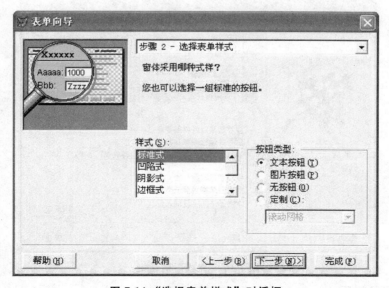

图7-14 "选择表单样式"对话框

（4）选择表单样式

选择需要的样式和按钮类型。本例中选择的是"标准式"和"文本按钮"。单击"下一步"按钮进入如图 7-15 所示的"步骤 3-排序次序"对话框。

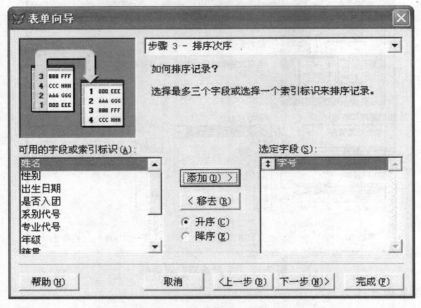

图 7-15 "排序次序"对话框

（5）选择排序字段

在"可用的字段或索引标识"列表框中选择排序依据的字段或索引，单击"添加"按钮，加入"选定字段"列表框中，并选择排序方式"升序"或"降序"。本例中选择按"学号"字段升序排列。单击"下一步"按钮，进入图 7-16 所示的"步骤 4-完成"对话框。

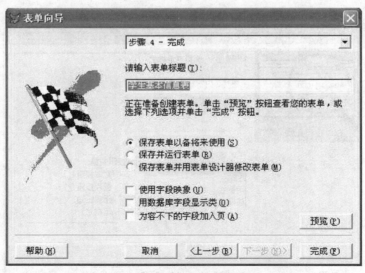

图 7-16 "完成"对话框

（6）输入表单标题

在"请输入表单标题"文本框中输入表单标题，选择"保存表单以备将来使用"单选按钮。本例中表单标题为"学生基本信息表"。

（7）单击"完成"按钮，弹出"另存为"对话框，在"保存表单为"文本框中输入"student"，保存，如图 7-17 所示。

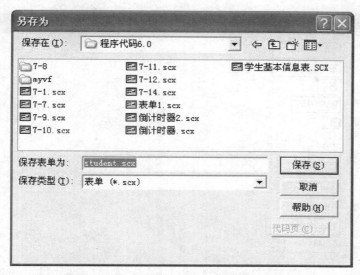

图 7-17 "另存为"对话框

（8）运行表单

运行表单有以下几种方法。

① 命令方式：do form ＜表单名＞。注意表单文件名的路径要正确。

② 菜单方式：选择"程序"菜单中的"运行"命令，打开"运行"对话框，如图 7-18 所示，选择表单所在的文件夹，在"文件类型"中选择表单，此时窗口中显示表单文件，选择要执行的表单，单击"运行"按钮。

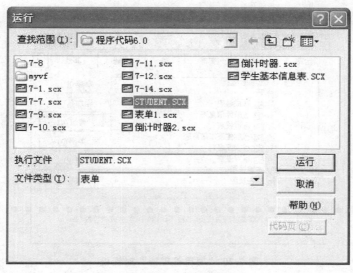

图 7-18 "运行"对话框

③ 选择"文件"菜单中的"打开"命令，选择要执行的表单，此时用表单设计器打开该表单，选择"表单"菜单中的"执行表单"命令，或直接单击工具栏中的红色惊叹号！。

④ 如果表单在项目管理器中，选中项目管理器的"文档"选项卡并指定要运行的表单，单击"运行"按钮。

student. scx 运行结果如图 7-19 所示。

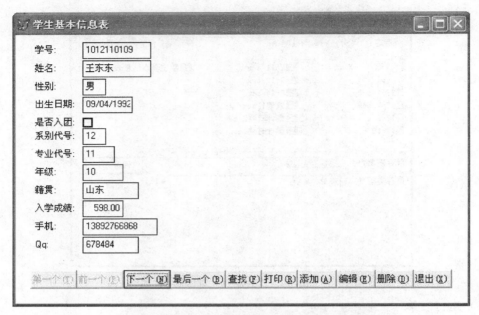

图 7-19 "学生基本信息表"表单运行结果

2. 用表单向导创建一对多表单

【例 7-6】利用表单向导创建基于"专业表"与"学生基本信息表"的一对多表单。

本例均在项目管理器下创建。设计步骤如下。

（1）创建项目

创建如图 7-20 所示的项目。

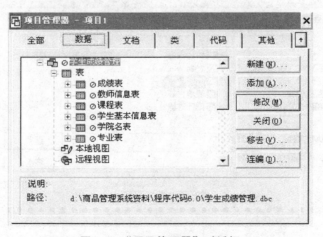

图 7-20 "项目管理器"对话框

（2）启动表单向导

选择"文档"选项卡中的"表单"，单击"新建"按钮，出现"新建表单"对话框，单击"表单向导"，选取"一对多表单向导"，单击"确定"按钮。弹出如图 7-21 所示的"步骤 1-从父表中选定字段"对话框。

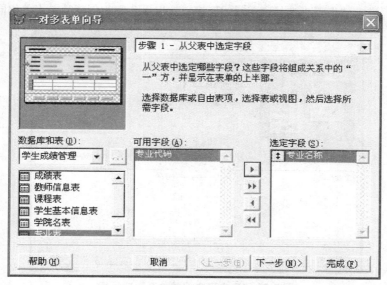

图 7-21 "从父表中选定字段"对话框

（3）从父表中选定字段

在"数据库和表"组合框中选择"学生成绩管理"数据库，在其下的列表框中选择"专业表"，选择添加所需字段。单击"下一步"按钮，进入如图 7-22 所示的"步骤 2-从子表中选定字段"对话框。

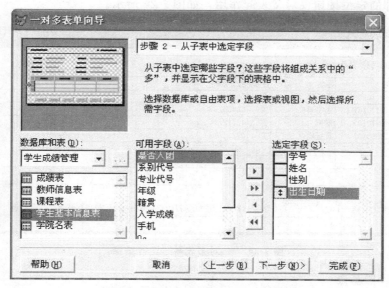

图 7-22 "从子表中选定字段"对话框

（4）从子表中选定字段

选定子表"学生基本信息表"，选择学号、姓名、性别、出生日期等字段，单击"下一步"按钮，进入如图 7-23 所示的"步骤 3-建立表之间的关系"对话框。

（5）建立表之间的关系

如图 7-23 所示，建立父表与子表之间的连接关系。系统将自动选择两表中名称相同的字段作为匹配字段，设计者也可自行选择关联字段，关联字段必须是数据类型与宽度相同的字段。单击"下一步"按钮，进入"步骤4-选择表单样式"窗口。以下步骤与创建简单表单相同。

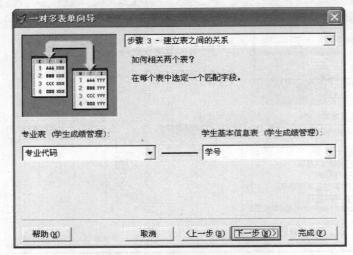

图 7-23 "建立表之间的关系"对话框

（6）选择表单样式

（7）选择排序关键字

（8）运行表单

表单运行时，表单上部每次显示父表的一条记录，表格中自动显示与之相关的所有子表记录，表单底部的定位按钮仅对父表起作用，如图7-24所示。

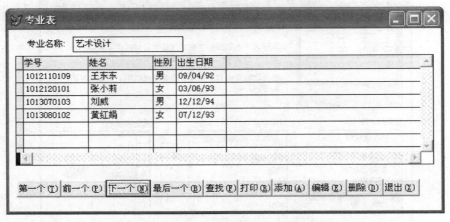

图 7-24 "一对多表单"运行结果

3. 表单设计器基础

（1）表单设计器的启动

启动表单设计器常见的方法有以下几种。

① 在"项目管理器"窗口的"文档"选项卡中选择"表单"项，单击"新建"按钮，在弹出的"新建表单"对话框中单击"新建表单"按钮。此种方法创建的表单将属于该项目。

② 选择"文件"菜单中的"新建"命令，在弹出的"新建"对话框中选择"表单"单

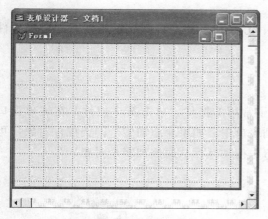

图 7-25　表单设计器窗口

选按钮，然后单击"新建文件"按钮。此种方法创建的表单将不属于项目。

③ 命令方式：create form

打开表单设计器后，Visual FoxPro 主窗口中出现表单设计器窗口、表单设计器工具栏、属性窗口、表单控件工具箱及表单菜单。与表单设计有关的还有数据环境设计器、代码窗口、布局工具栏、调色板工具栏等。

（2）表单设计器窗口

表单设计器窗口如图 7-25 所示，用户可以在表单窗口上添加和修改控件。网格线用来为控件是否对齐提供依据。

（3）表单设计器工具栏

表单设计器工具栏如图 7-26 所示，主要是控制各个常用工具窗口的显示与隐藏，其上各个按钮的名称及功能如表 7-9 所示。表单设计器工具栏通过"显示"菜单中的"工具栏"命令打开和关闭。

图 7-26　表单设计器工具栏

表 7-9　表单设计器工具栏

图标	名称	说明
	设置 Tab 键次序	用于对表单上的所有控件设置 Tab 次序号
	数据环境	打开或关闭数据环境编辑窗口
	属性窗口	打开或关闭属性窗口
	代码窗口	打开或关闭代码编辑窗口
	表单控件工具栏	显示或隐藏表单控件工具栏
	调色板工具栏	显示或隐藏调色板工具栏
	布局工具栏	显示或隐藏布局工具栏
	表单生成器	打开表单生成器窗口
	自动格式	打开自动格式生成器，快速设置选中控件的外观

（4）属性窗口

属性窗口如图 7-27 所示，在属性窗口中可以设置表单中所有控件的属性值。属性窗口包含对象框、选项卡、属性设置框、属性列表框、属性描述框等部分。

① 对象框：标识当前对象。展开其下拉列表，可以看到当前表单集中全部表单和表单中全部控件列表。

② 选项卡：分类显示属性、事件和方法程序。包括下面 5 个选项页面。

全部：显示所选对象的所有属性、事件和方法程序。

数据：显示所选对象所有与数据有关的属性。

方法程序：显示所选对象的各种事件和方法。

布局：显示所选对象所有与布局有关的属性。

其他：显示所选对象其他属性和用户自定义的属性。

③ 属性设置框：更改当前选定属性的属性值。属性设置框左侧的 3 个图形按钮分别表

示：取消更改，确认更改，打开表达式生成器。

④ 属性列表框：左侧显示选定对象的属性、方法和事件，右侧显示属性、方法和事件的当前值。

⑤ 属性描述框：给出所选属性的解释说明。

（5）表单控件工具栏

表单控件工具栏如图 7-28 所示，上面列出了常用的控件。单击某个控件，在表单窗口拖动鼠标，就可以把该类控件的一个对象添加到表单中。如果要添加多个同类控件对象，可以双击表单控件工具栏的按钮，多次在表单窗口中拖动鼠标从而添加多个对象。

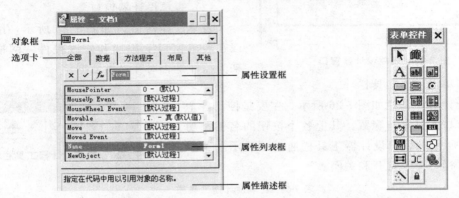

图 7-27　属性窗口　　　　　　　　图 7-28　表单控件工具栏

可以对表单上的对象进行复制、粘贴、移动、删除等操作，从而快速在表单中添加需要的控件。表单控件工具栏上各按钮的含义在 7.2.3 节详细介绍。

（6）布局控件

设计界面美观的表单需要对添加到表单中的控件进行布局，可以通过用鼠标或键盘移动控件的位置，改变控件的大小，并借助网格判断是否对齐，也可以利用 Visual FoxPro 提供的"格式"菜单和"布局"工具栏进行控件的布局操作。

对对象操作前要先选择对象，单击控件，控件周围出现 8 个小方块（控点），如图 7-29 所示，表示该控件被选中，要同时选择多个控件，可以先按下"Shift"键，逐个单击要选定的控件，或用鼠标拖动画一个虚线矩形框，出现在虚线框范围内的控件均被选中。

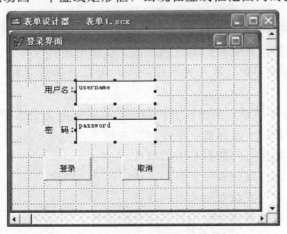

图 7-29　选定多个控件

选中控件后,将鼠标指针指向选定对象周围的控点,拖动控点可以改变对象大小。也可用 Shift 加方向键(↑、↓、→、←)改变对象的高度和宽度。鼠标放在选定控件的其他位置拖动鼠标或直接按方向键(↑、↓、→、←)来改变对象的位置。

选中控件后,"格式"菜单和"布局"工具栏上各按钮才变得可用,如图 7-30 所示。单击这些按钮或菜单可以实现对齐、调整大小、置前、置后等操作。

(7)调色板工具栏

使用调色板工具栏可以设定表单及各控件的"前景色"或"背景色"。"调色板"工具栏如图 7-31 所示。

(8)表单菜单

打开表单设计器后,在系统菜单中新增一个"表单"菜单项,如图 7-32 所示,利用该菜单为表单新建属性、新建方法程序、创建、编辑表单或表单集、执行表单等操作。也可以利用快速表单命令快速建立表单。

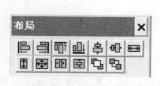

图 7-30 布局工具栏

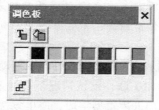

图 7-31 调色板工具栏

图 7-32 表单菜单

(9)数据环境设计器

如果创建的表单要对表进行操作,需要打开表。将控件与数据库中的表的字段绑定,从而更方便地对数据进行显示和控制操作。为此,Visual FoxPro 提供了"数据环境"对象。"数据环境"对象定义了表单使用的数据源(表或视图),数据环境中的表或视图会随着表单的打开而打开,并随着表单的关闭而关闭。数据环境的设计通过数据环境设计器实现。

① 打开数据环境设计器

在启动表单设计器后,有多种方法可以打开数据环境设计器。在表单设计器中右击,在出现的快捷菜单中选择"数据环境"项,或选择"显示"菜单中的"数据环境"命令,或单击"表单设计器"工具栏中的"数据环境"按钮,如图 7-33 所示。

② 添加表或视图

打开"数据环境设计器"窗口时,会自动打开图 7-34 所示的"添加表或视图"对话框,若未打开,可以在"数据环境设计器"窗口上右击,在弹出的快捷菜单中选择"添加"。在对话框中选择要添加的表或视图,单击"添加"按钮。在"数据环境设计器"窗口中能看到添加的表或视图的字段和索引。

③ 移去表或视图

在"数据环境设计器"中选定要移去的表或视图,右击,在快捷菜单中选择"移去",或选择"数据环境"菜单中的"移去"命令,则该表或视图及与之相关的所有关系都被移去。

图 7-33　数据环境设计器窗口

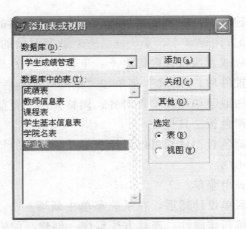

图 7-34　数据环境添加表或视图对话框

④ 设置表的关系

如果添加到数据环境中的表具有永久关系，则这些关系会自动添加到数据环境中，不具有永久关系的，可由用户为其添加临时关系。添加关系的方法是：在"数据环境设计器"中，将主表中的字段拖动到子表相应字段上，两表之间出现连线即可。若删除两表之间的关系，只要单击代表关系的连线，然后按"Delete"键删除。

注意：建立关系的两个字段必须事先建立索引，并且父表的索引应该是主索引或候选索引，否则当用拖动法建立关系时，会出错。

⑤ 从数据环境向表单添加字段

用户可以直接将字段、表或视图从"数据环境设计器"拖动到表单中。拖动成功时系统会自动创建相应的控件，控件自动与字段相关联。默认情况下，加入字符型字段，产生文本框控件；加入备注型字段，产生编辑框控件；加入逻辑型字段，产生复选框控件；加入整个表或视图，将产生表格控件；若一次拖入多个字段，默认产生表格控件；也可以一次用右键拖动多个字段到表单中，在快捷菜单中选择"创建多重控件"，将同时产生多个控件，分别对应每个字段。

例如：在把"学生基本信息表"中的姓名、性别字段从数据环境中拖动到表单中，此时表单中自动增加标签和文本框控件，文本框控件已经和"学生基本信息表"中的姓名、性别字段绑定在了一起，运行表单时，移动表的记录指针，文本框中的数据将随机记录指针的变化而变化。为了控制表的记录指针的移动，在表单中添加一个"命令按钮"控件，修改其caption 属性为"下一条"，如图 7-35 所示。

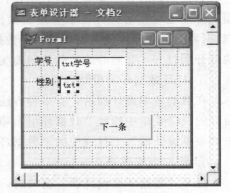

图 7-35　添加字段到表单

（10）代码窗口

代码窗口用来为对象的事件添代码。例如，为了单击"下一条"按钮，使得表的记录指针移动，需要双击该命令按钮，打开代码窗口，为该按钮的"click"事件添加如图 7-36 所示的代码。运行表单，单击"下一条"按钮，可以看到姓名、性别的变化。

（11）焦点与控件的 Tab 键次序

焦点是指当前处于活动状态并能够接受用户鼠标操作或键盘输入的控件。可以通过方法程序使控件获得焦点，也可以通过设置 Tab 键控制表单中控件获得焦点的次序。

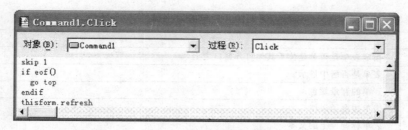

图 7-36 代码窗口

① setfocus 方法。

格式：对象 . setfocus

功能：使对象获得焦点。

例如：thisform. text1. setfocus 表示当前表单的 text1 对象获得焦点，此时光标停留在 text1 文本框内。

② 设置 Tab 键次序

设计表单时，Visual FoxPro 按照控件添加到表单的先后顺序自动给每个控件指定一个获得焦点的次序，称为 Tab 键次序，其数值由控件的 tabindex 属性表示。默认第一个控件的 tabindex 值为 1，第二个控件的 tabindex 值为 2，其他以此类推。当运行表单时，用户按 Tab 键，焦点按照 Tab 键次序在控件之间转换。

用户可以改变控件的 Tab 次序。方法是选择"显示"菜单中的"Tab 键次序"命令或单击"表单设计器"工具栏上的 ⊟ 按钮，此时表单上的控件左上方出现深色小方框，里面显示"Tab 键次序"，双击某个方框，则该控件的 Tab 键次序值变为 1，依次单击其他控件，其"Tab 键次序"分别改为 2、3、4 等，如图 7-37 所示。

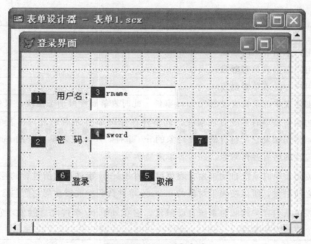

图 7-37 Tab 键次序

7.2.2 表单对象

表单是拥有自己的属性、事件和方法程序的对象。

1. 表单的常用属性

通过修改表单属性达到控制窗口界面显示效果的目的，表单的常用属性如表 7-10 所示。

表 7-10　表单的常用属性

属性名称	含义	默认值
alwaysontop	指定表单是否总是位于其他打开窗口之上	.f.
autocenter	表单是否居中显示	.f.
backcolor	表单的背景颜色	255，255，255
borderstyle	表单边框的风格	3
caption	表单标题栏上的文本	form1
closable	是否可以通过单击关闭按钮或双击控制菜单框来关闭表单	.t.
height	表单的高度	250
maxbutton	表单是否有最大化按钮	.t.
minbutton	表单是否有最小化按钮	.t.
moveable	表单是否能够移动	.t.
scrollbars	表单的滚动条类型：0（无）、1（水平）、2（垂直）、3（既有水平又有垂直）	0
showwindow	设置表单类型。0（默认值，表单位于 Visual FoxPro 的主窗口中）、1（在顶层表单中）、2（顶层表单）	0
width	表单的宽度	375
windowstate	指明表单的状态：0（普通）、1（最小化）、2（最大化）	0
windowtype	指定表单是模式表单（值为1）还是非模式表单（值为0）。在一个应用程序中，如果运行了一个模式表单，那么在关闭该表单之前不能访问应用程序中的其他界面元素	0

2. 表单的常用事件

表单有 60 多种事件，表 7-11 列出了表单的常用事件及其说明，这些事件也适用于大多数控件。

表 7-11　表单的常用事件

事件	说明
click	用户单击表单时触发
dblclick	用户双击表单时触发
rightclick	用户右击表单时触发
load	创建表单前系统自动触发 load 事件，此时表单属性可动态修改，表单未显示
init	初始化表单时系统自动触发，此事件在 load 事件之后触发。在表单对象的 init 事件触发之前，将先触发它所包含的控件对象的 init 事件，所以在表单对象的 init 事件代码中能够访问它所包含的所有控件对象。此时表单未显示
destroy	关闭表单时系统自动触发，表单对象的 destroy 事件在它所包含的控件对象的 destroy 事件触发之前触发，所以在表单对象的 destroy 事件代码中能够访问它所包含的所有控件对象
unload	表单从内存中卸载时系统自动触发，它在 destroy 事件之后触发，它是表单对象释放时最后一个要触发的事件
error	当对象方法或事件代码在运行过程中产生错误时触发。事件触发时，系统会把发生的错误类型和错误发生的位置等参数传递给事件代码，事件代码可以据此对错误进行相应的处理
gotfocus	当对象获得焦点时触发。对象可能会由于用户的动作（单击）或代码中调用 setfocus 方法而获得焦点

3. 表单的常用方法

表 7-12 列出了表单对象的常用方法。

表 7-12　表单的常用方法

方法	说明
refresh	重新绘制表单或控件，并刷新所有值
release	关闭表单并将表单从内存中释放
show	显示表单，将表单的 visible 属性值设为 .t.
hide	隐藏表单，将表单的 visible 属性值设为 .f.
setfocus	使表单或控件获得焦点，使其成为活动对象。如果一个控件的 enabled 属性或 visible 属性值为 .f.，将不能获得焦点

4. 新建属性和方法

在实际工作中有时需要新的属性和方法，可以向表单中添加任意多个新的属性和方法程序。添加的新属性和新方法的调用方法与默认属性和方法程序一样。

（1）创建新属性

① 打开表单设计器，选择"表单"菜单中的"新建属性"命令，打开如图 7-38 所示"新建属性"对话框。

② 在"名称"框中输入属性名称。

③ 在"说明"框中输入新属性的说明信息。单击"添加"按钮即可添加一个新的属性。

新建的属性显示在表单的"属性"窗口列表的底部，如图 7-39 所示，其默认值为 .F.，其值可以根据需要修改。

（2）创建新方法

① 打开表单设计器，选择"表单"菜单中的"新建方法程序"命令，打开如图 7-40 所示的"新建属性"对话框。

② 在"名称"框中输入方法名称。

③ 在"说明"框中输入新方法的说明信息。单击"添加"按钮即可添加一个新的方法。

新建的方法显示在表单"属性"窗口列表的底部，双击方法名可以打开代码窗口，为它添加程序代码。

（3）删除新建属性方法

要删除用户添加的新属性和方法，可以在"表单"

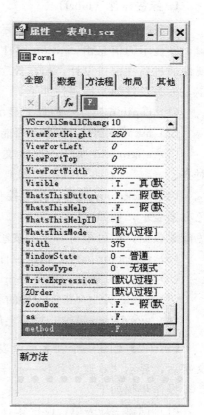

图 7-38　"新建属性"对话框

图 7-39　新建属性方法

菜单中选择"编辑属性/方法程序"命令，在打开的对话框中，选择不需要的属性和方法，单击"移去"按钮，完成删除操作。

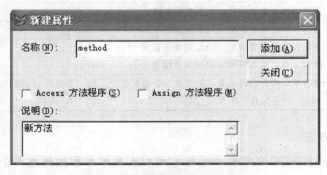

图 7-40 "新建属性"对话框

7.2.3 常用控件介绍

控件是表单设计的核心，灵活使用各种常用控件的属性、方法和事件，才能设计出功能强大界面友好的 Windows 风格应用程序。本节详细介绍各种常用控件使用方法。很多属性和事件对大多数控件的意义都相同，因此前面介绍过的控件的属性和事件，在后面的控件中就不再介绍。

1. 标签控件（label）

标签控件是用来在表单上显示文本信息的控件，只能输出信息，不能接受输入或进行编辑，其显示的信息由 caption 属性设置。一般来说，标签控件的文本是静态的，其 caption 属性通过属性窗口设计。但在程序中也可以通过重新设置 caption 属性值修改标签显示的文本。标签控件的常用属性如下。

（1）caption 属性：控件上显示的标题文本，最多可包含 256 个字符。

（2）autosize 属性：控件是否能根据 caption 属性文本长度自动调整大小。其值为.t. 或.f.。

（3）alignment 属性：指定文本在控件中的对齐方式。0 左对齐，1 右对齐，2 居中对齐。

（4）backcolor 属性：指定控件的背景颜色。颜色用 Windows 系统的红绿蓝（rgb）配色方案表示，例如（255，255，255）表示白色。用户可以在"属性设置框"中直接输入颜色配置数据，也可单击右侧的按钮，选择预设的颜色。

（5）forecolor 属性：指定控件的前景颜色。

（6）fontsize 属性：指定 caption 属性文字的字体大小。

（7）name 属性：指定控件的名称，设计代码时，用 name 属性值来引用对象。

（8）wordwrap 属性：标签上的文本能否换行。其值为.t. 或.f.。

【例 7-7】创建一个新表单，表单标题栏显示"欢迎程序"，窗口中显示"单击我"，单击文字后，显示"欢迎您和我一起学习 VFP！"。

操作步骤如下。

（1）创建一新表单，设置其 caption 属性值为"欢迎程序"，name 属性值默认为"form1"。

（2）在表单中添加一个标签控件，设置其 autosize 属性值为".t."，caption 属性值为

"单击我"，fontname 属性值为"黑体"，fontsize 属性值为"25"，name 属性值"mylable"。

（3）双击"mylable"标签，打开代码窗口，为"mylable"的 click 事件添加代码：this. caption＝"欢迎您和我一起学习 VFP!"

（4）保存表单文件，文件名为"7-7. scx"。

（5）运行表单，结果如图 7-41 所示。

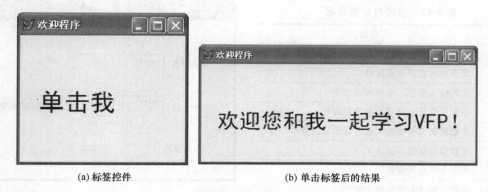

(a) 标签控件　　　　　　　　　　　(b) 单击标签后的结果

图 7-41　标签控件演示

2. 文本框控件（textbox）

文本框控件用来进行单行数据的编辑，通常以表中的一个字段或一个内存变量作为自己的数据源，几乎可编辑任何类型的数据，如字符型、数值型、逻辑型、日期型或日期时间型等。文本框常用属性如下。

（1）value 属性：在文本框中显示的值，通过该属性可以得到用户在文本框中输入的值，也可以通过程序设置文本框 value 属性值，并通过文本框显示出来。

（2）controlsource 属性：该属性为文本框指定一个字段或内存变量作为其数据源，此时value 属性将与 controlsource 属性所设置的字段或内存变量具有相同的数值和数据类型。文本框中显示数据源的内容，对文本框内容的修改会反映到字段或内存变量中。注意，要想让文本框显示的内容和数据源同步，必须执行 thisform. refresh 方法刷新表单。

（3）passwordchar 属性：若文本框用来输入用户口令，则需要设置该属性，比如把该属性值设为 ＊，用户在文本框中输入密码时，将以 ＊ 代替。该属性不影响 value 值的设置。

（4）enabled 属性：指定文本框是否响应用户事件。默认值为 .t. .。

（5）readonly 属性：指定文本框是否只能浏览不能编辑。默认值为 .f. .。

（6）visible 属性：指定文本框是否可见。默认值为 .t. .。

（7）inputmask 属性：设置输入内容的掩码格式，掩码用于控制在文本框中如何输入和显示数据。该属性值是一个由模式符组成的字符串，每个模式符规定在相应位置上数据的输入和显示规则。各种模式符的功能如表 7-13 所示。

（8）dateformat 属性：用于指定文本框中日期或日期时间型数据的显示格式。

文本框的常用事件或方法如下。

（1）gotfocus 事件：当文本框获得焦点时，触发该事件。

（2）lostfocus 事件：当文本框失去焦点时，触发该事件。

（3）keypress 事件：当用户按住并释放一个键时，触发该事件。

（4）setfocus 方法：使文本框获得焦点。

（5）refresh 方法：刷新文本框。

【例 7-8】 设计一个登录界面，如图 7-42 所示。用户输入用户名和密码，如果错误则显示"用户名或密码错误"。如果正确则打开主页面，并在主页面上显示"欢迎您：admin"。

表 7-13　模式符功能说明

模式符	功能
x	允许输入任何字符
9	允许输入数字和正负号
#	允许输入数字、空格和正负号
$	在固定位置上显示当前货币符号
$ $	在数值前面相邻的位置上显示当前货币符号
*	在数值左边显示星号 *
.	指定小数点的位置
,	分隔小数点左边的数字串

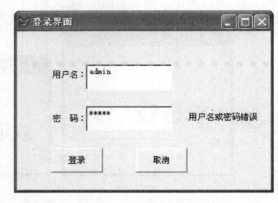

图 7-42　登录界面程序运行效果

该例题将综合应用表单、文本框、标签的有关属性和方法，并介绍两个表单间传递参数的基本方法。

操作步骤如下。

（1）创建用户表.dbf：字段有 yhm，char（20）；mima，char（20），并输入若干行记录数据。

（2）创建表单 form1，保存为 7-8.scx，将用户表加入数据环境。在表单中加入 3 个标签 label1、label2、label3，2 个文本框 text1、text2 和 2 个命令按钮控件 command1、command2。表单和各控件的属性设置如表 7-14 所示。在该表单的 load 事件中定义 2 个内存变量。

表 7-14　表单和控件属性设置

控件名称	属性	属性值
form1	caption	登录界面
	load 事件中定义两个内存变量	strname＝"" strpass＝""
label1	caption	用户名：
	alignment	1
label2	caption	密码：
	alignment	1
label3	caption	空
	autosize	.t.
	name	yzlable1
text1	name	username
	controlsource	strname
text2	passwordchar	*
	name	password
	controlsource	strpass
command1	caption	确定
command2	caption	取消

```
    strname=""
    strpass=""
```

分别用来存储输入的用户名和密码，即把文本框绑定到内存变量。

（3）为 command1 的 click 事件添加代码。

```
select 用户表                        && 选择用户表所在工作区为当前工作区
locate for alltrim(strname)= yhm and alltrim(strpass)= mima
if not eof()
    thisform. release
    do form main. scx with alltrim(strname)  && main. scx 为主界面表单名称
else
    thisform. yzlable. caption="用户名或密码错误"
    thisform. password. value=""          && 清空密码文本框
    thisform. username. setfocus
endif
```

（4）为 command2 的 click 事件添加代码。

```
release thisform                    && 关闭表单
```

（5）创建表单 form2，保存为 main. scx。在表单中加入 1 个标签 label1，把表单的 caption 属性改为"主页面"，showwindow 属性改为"2-作为顶层表单"。

（6）为表单 main. scx 的 init 事件添加下面代码。

```
parameters strname
thisform. label1. caption="欢迎您:"+strname
```

其中 parameters strname 为表单 main. scx 接收参数列表，这条语句与调用表单执行语句 do form main. scx with alltrim (strname) 后的 with 表达式相对应。

运行表单 7-8. scx，输入用户名和密码，如果用户名或密码错误，程序给出提示，如果正确，进入主界面，如图 7-42 和图 7-43 所示。

图7-43 主页面程序运行效果

3. 编辑框控件 （editbox）

编辑框的主要用途与文本框相似。但编辑框可以输入或编辑长字段或备注字段，能自动换行，有滚动条，适于浏览较长的文本。数据表中的备注型字段加入表单时，自动产生编辑框控件。编辑框的常用属性如下。

（1）scrollbar 属性：确定编辑框是否具有垂直滚动条。

（2）selstart 属性：返回用户在编辑框中所选文本的起始点位置或插入点位置（没有文本选定时）。也可用以指定要选择文本的起始位置或插入点位置。属性的有效取值范围在 0 与编辑区中的字符总数之间。该属性在设计时不可用，在运行时可读/写。

（3）sellength 属性：返回用户在控件的文本输入区中选定字符的数目，或指定要选定的字符数目，属性的有效取值范围在 0 与编辑区中的字符总数之间。该属性在设计时不可用，在运行时可读/写。

（4）seltext 属性：返回用户在编辑区选定的文本，如果没有选定任何文本，则返回空串。该属性在设计时不可用，在程序运行时可读/写。

（5）allowtabs 属性：指定编辑框控件中能否使用 Tab 键。切换各控件焦点的键是 Tab，但有时可能需要在文本中输入 Tab 字符，这是就需要把编辑框的 allowtabs 属性设置为 .t.，

此时按 "Ctrl＋Tab" 组合键将焦点移出编辑框。

4. 命令按钮 (command)

命令按钮是表单中最常用的控件之一，通常将操作代码加入命令按钮的 click 事件中，通过单击按钮启动一个事件以完成某个功能。命令按钮的常用属性如下。

（1）default 属性：该属性默认值为 .f.。设置该值为 .t. 时，按 "Enter" 键可以激活该按钮的 click 事件。一个表单内只能有一个按钮的 default 属性为 .t.。

（2）cancel 属性：该属性默认值为 .f.。设置该值为 .t. 时，按 "Esc" 键可以激活该按钮的 click 事件。一个表单内只能有一个按钮的 cancel 属性为 .t.。

（3）enabled 属性：该属性指定控件是否可用，默认值为 .t.。

（4）picture 属性：设置在按钮上显示的图片。

（5）tooltiptext 属性：设置命令按钮的提示文本。但要显示提示文本，必须设置命令按钮所在表单的 showtip 属性为 .t.。所谓提示文本是指在表单运行时，每当鼠标指针移到该命令按钮上时会显示一个提示框，显示该文本的内容。

5. 命令按钮组 (commandgroup)

命令按钮组是包含一组命令按钮的容器控件，当表单上需要多个彼此相关的命令按钮时，可以使用命令按钮组把它们组合在一起。它们的 click 事件代码都写在命令按钮组的 click 事件代码中，代码更简洁、界面更整齐。

在表单上选定命令按钮组，就可对该命令按钮组设置属性，但不能对其中的某一个命令按钮设置属性。命令按钮组属于容器类控件，要编辑容器内各命令按钮，必须先激活容器，使其处于编辑状态，才能选中其中的某个按钮，单独设置其属性、方法或事件。

右击命令按钮组，从弹出的快捷菜单中选择 "编辑" 命令，这时可以看到在命令按钮组四周有一浅蓝色斜线边框，表明命令按钮组进入了编辑状态。用户可以通过单击来选择某个具体的命令按钮，也可以按住 Shift 键单击多个命令按钮进行多重选定，然后对选定的控件进行设置。单击容器以外任一位置将退出编辑状态。这种编辑方法对其他容器类控件（如选项按钮组控件、表格控件）同样适用。

另外也可通过从属性窗口的 "对象" 下拉式组合框中选择所需的命令按钮，然后对其设置。

命令按钮组默认的名称为 commandgroup1，其中的各个按钮也有自己的名称，分别为 command1、command2 等。命令按钮组常用属性如下。

（1）buttoncount 属性：设置命令按钮组中命令按钮的数目，系统默认值为 2。

（2）value 属性：指定命令按钮组的当前状态。该属性的默认类型为数值型，表示命令按钮组中第 n 个命令按钮被选中；也可设置为组内某个命令按钮的 caption 属性值，表示该命令按钮被选中。

（3）buttons 属性：用于访问命令按钮组中按钮的数组。数组下标的取值范围应该在 1 到 buttoncount 属性值之间。例如下面的语句代表给命令按钮组的第 2 个命令按钮的 caption 属性赋值。

thisform. commandgroup1. buttons(2). caption＝"确定"

由于命令按钮和命令按钮组都有 click 事件，当用户单击命令按钮组时，到底哪一个 click 事件的程序被执行？判别的标准如下。

① 若命令按钮组及其所包含的各命令按钮都编写了 click 事件代码，则用户单击组内空白处

时，组控件的 click 事件被触发；若单击组内某命令按钮时，则该命令按钮的 click 事件被触发。

② 若只有命令按钮组编写了 click 事件代码，则用户不论单击组控件的何处，都触发命令按钮组的 click 事件。此时根据命令按钮组的 value 属性判断单击的是哪个按钮。

命令按钮组还可以使用生成器来设置属性。方法是：在表单中右击命令按钮组，选择快捷菜单中的"生成器"命令，可在弹出的"命令组生成器"对话框中设置按钮数目、标题、布局等属性。

【例 7-9】创建一新表单，如图 7-44 所示。浏览学生基本信息，单击"首记录"、"上一条"、"下一条"和"末记录"等 4 个按钮，可以浏览到不同的学生信息。

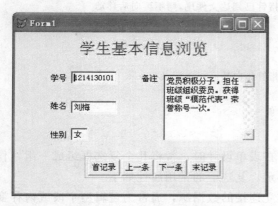

图 7-44 【例 7-9】示意图

操作步骤如下。

（1）创建一新表单，添加一标签，caption 属性为"学生基本信息浏览"。

（2）为表单添加数据环境。在表单上右击，选择快捷菜单中的"数据环境"命令，在"添加表或视图"对话框中选择"学生基本信息表"，把它添加到数据环境中。

（3）关闭"添加表或视图"对话框，在"数据环境设计器"中选中需要加入的字段，右键拖动至表单，调整各控件的大小、格式、相对位置等。

（4）添加命令按钮组控件。在命令按钮组上右击，选择"生成器"，打开如图 7-45 所示的命令组生成器对话框，分别设置命令按钮数目、标题，选择水平布局。单击"确定"按钮退出生成器。

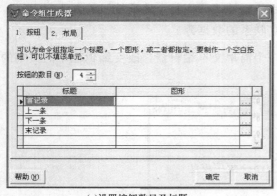

(a)设置按钮数目及标题

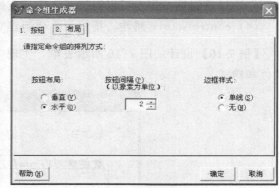

(b)设置按钮布局

图 7-45 命令按钮组生成器

（5）双击命令按钮组，打开代码窗口，为 click 事件输入下面代码。

```
do case
    case this. value＝1          && "首记录"按钮被单击
    go top                        && 把记录指针指向首记录
    case this. value＝2          && "上一条"按钮被单击
    if not bof()                  && 若记录指针已到达文件首，则不再向前移动
    skip -1
```

```
            endif
    case this. value＝3
        if not eof()                    && 若记录指针已到达文件尾,则不再向后移动
            skip
        endif
    case this. value＝4
            go bottom                   && 把记录指针指向最后一条记录
    endcase
    thisform. refresh                   && 刷新表单
```

6. 复选框（checkbox）

复选框用来表示选中和没选中两种状态。在表单设计时，常将几个复选框组成一组，作为多项选择。复选框也常与逻辑型字段进行绑定。复选框的常用属性如下。

（1）controlsource 属性：指定与复选框建立连接的数据源，通常为逻辑型字段或内存变量，变量值为 .t.，则复选框被选中，反之不被选中。

（2）value 属性：指定复选框的当前状态。该属性有三种不同的值：0 表示复选框未被选中，1 表示选中，2 表示复选框不可用，显示为灰色。

7. 选项按钮组（optiongroup）

选项组控件是包含选项按钮的容器，可以建立一组相关选项，用户只能从中选择一项，因此又称单选按钮控件。选项按钮组至少包含两个选项按钮。选项组控件常用属性如下。

（1）buttoncount 属性：设置选项组中选项按钮的个数，系统默认值为 2。

（2）value 属性：表明用户选择了哪个选项按钮。该属性值的类型可以是数值型，也可以是字符型，与命令按钮组的 value 属性用法相同。

（3）buttons 属性：用于存取选项组中每个按钮的数组，如 buttons(1)表示第一个选项按钮。通过该属性，用户可以设置每个选项按钮的属性或调用每个选项按钮的方法。

（4）controlsource 属性：指定与选项组建立联系的数据源。

【例 7-10】设计如图 7-46 所示表单，实现一个简单文本编辑器，改变编辑框中的文字的颜色和样式。

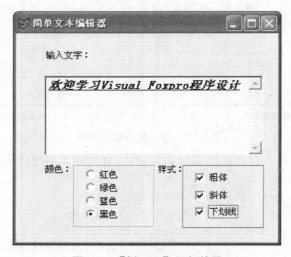

图 7-46 【例 7-10】运行结果

操作步骤如下。

（1）新建表单 form1，加入各种控件，属性设置如表 7-15 所示。按图 7-46 排列布局。

表 7-15　表单和控件属性设置

控件名称	属性	属性值
form1	caption	简单文本编辑器
label1	caption	输入文字：
	backstyle	0-透明
label2	caption	颜色：
	backstyle	0-透明
label3	caption	样式：
	backstyle	0-透明
edit1	fontsize	9
optiongroup1		
container1		
check1	caption	粗体
check2	caption	斜体
check3	caption	下画线

（2）选项组控件用"选项组生成器"设置，设置按钮数目为 4，各按钮标题分别为"红色"、"绿色"、"蓝色"、"黑色"，按钮的 value 分别设为 1，2，3，4，如图 7-47 所示。

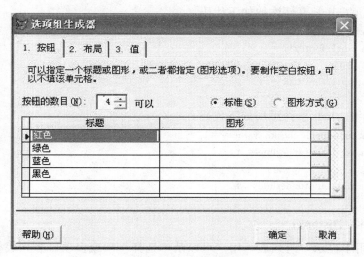

图 7-47　选项组生成器

（3）设置选项按钮和复选框的属性。由于这些按钮包含在容器类控件中，要设置它们的属性，需要右击容器，选择"编辑"，容器类控件进入编辑状态，再分别选中里面的单个控件设置属性。

（4）添加事件代码。

① 为 form1 的 init 事件添加如下代码，使得选项按钮开始运行表单时，选中"黑色"按钮。

thisform. optiongroup1. value＝4

② 为 optiongroup1 的 interactivechange 事件添加如下代码。当单击选项按钮组中不同

的选项按钮时，代码将执行。

```
if this. value==1
    thisform. edit1. forecolor=rgb(255,0,0)
else
    if this. value==2
        thisform. edit1. forecolor=rgb(0,255,0)
    else
        if this. value==3
            thisform. edit1. forecolor=rgb(0,0,255)
        else
            if this. value==4
                thisform. edit1. forecolor=rgb(0,0,0)
            endif
        endif
    endif
endif
```

③ 为 check1 的 click 事件添加如下代码。

```
if thisform. container1. check1. value==1
    thisform. edit1. fontbold=. t .
else
    hisform. edit1. fontbold=. f .
endif
```

④ 为 check2 的 click 事件添加如下代码。

```
if thisform. container1. check2. value==1
    thisform. edit1. fontitalic=. t .
else
    thisform. edit1. fontitalic=. f .
endif
```

⑤ 为 check3 的 click 事件添加如下代码。

```
if thisform. container1. check3. value==1
    thisform. edit1. fontunderline=. t .
else
    thisform. edit1. fontunderline=. f .
endif
```

8. 列表框控件（listbox）

列表框主要用于显示一组列表，用户可以从中选择一项或多项。当列表框的高度不够显示所有条目时，会显示垂直滚动条。列表框的常用属性如下。

（1）columncount 属性：用于设置列表框的列数，默认值为 1。

（2）controlsource 属性：指定列表框中选择的值对应的数据源。既可以是字段名，也可以是内存变量。

（3）rowsource 属性：指定列表框中显示数据的来源。其设置与 rowsourcetype 属性相对应。

（4）rowsourcetype 属性：指定列表框中显示数据的来源类型。该属性有 10 种不同取值，如表 7-16 所示。

表 7-16　rowsourcetype 属性值说明

取值	含义说明
0-无（默认）	在程序运行时，通过 additem 方法添加条目，通过 removeitem 移去条目
1-值	在 rowsource 属性中输入一组用逗号隔开的数据项为列表项。如 rowsource＝"one, two, three"
2-别名	rowsource 属性设为表别名，表由数据环境提供，将表中的字段值作为列表框条目。column-count 属性指定要取的字段数，即列表框的列数
3-sql 语句	在 rowsource 属性中输入 sql 语句，把查询结果作为列表框条目的数据源，如 rowsource＝"select 姓名 from 学生基本信息表 into cursor list1"
4-查询	rowsource 属性设为查询文件全名，把查询结果作为列表框条目的数据源，如 rowsource＝"query1. qpr"
5-数组	rowsource 属性设为数组名，把数组各元素值作为列表框条目
6-字段	rowsource 属性设为字段名列表，字段名列表的首字段前要加表名前缀，字段之间用逗号来分隔，把字段的取值作为列表框条目
7-文件	将某个驱动器或目录下的文件名作为列表框条目。如"d:\ ＊.dbf"，将此路径下符合条件的文件名作列表框条目
8-结构	rowsource 属性设为表名，该表中的字段名作为列表框条目
9-弹出菜单	将弹出菜单作为列表框条目的数据源

（5）list 属性：用于存放列表框中条目的字符串数组，list(i)代表列表框的第 i 个条目。该属性在设计时不可用，在运行时可读/写。

（6）listcount 属性：返回列表框中条目的数目。该属性在设计时不可用，在运行时只读。

（7）selected(i)属性：指定列表框中第 i 个条目是否处于选定状态，如果选定，该值为.t.，否则该值为.f.。

（8）multiselect 属性：指定列表框是否支持多重选定。当属性值为.t.时，可选择多个列表项，属性值为.f.时，只能选择一个列表项。

（9）value 属性：返回列表框中被选中的条目。该属性可以是数值型，也可以是字符型。若为数值型，返回的是被选中条目在列表框中的次序号。若为字符型，返回的是被选条目的本身内容。

（10）moverbars 属性：是否在列表项左侧显示移动按钮栏，这样有助于用户更方便地重新安排列表中各项的顺序，默认值为.f.。

列表框的常用方法如下。

（1）additem 方法：给 rowsourcetype 属性值为 0 的列表添加一项。

（2）removeitem 方法：从 rowsourcetype 属性值为 0 的列表中删除一项。

（3）requery 方法：当 rowsource 中的值改变时更新列表。

（4）clear 方法：清除当 rowsourcetype 属性值为 0 的所有列表选项。

9. 组合框控件（combobox）

组合框兼有列表框和文本框的功能，文本框可以接收键盘输入，单击文本框后面的下箭头，会列出一组列表，用户可以从中选择一项。除 multiselect 外，列表框的属性、方法，组合框同样适用，且具有相似的含义和用法。

组合框的常用属性如下。

（1）style 属性：指定组合框类型。默认值为 0-下拉组合框，用户既可在组合框中输入，也可从列表中选择；值为 1-下拉列表框时，表示只能在列表中选择。

（2）listindex 属性：返回或设置组合框列表被选中选项的顺序号。可取 1～listcount 之间的整数。该属性默认值为 0，表示没有选定列表项。对于下拉组合框，当列表中没有与输入值相同的项时返回 0。该属性在设计时不可用，在运行时可读/写。

组合框的常用事件如下。

interactivechange 事件：当组合框中选中的条目发生改变时触发。

【例 7-11】设计如图 7-48 所示表单，从下拉组合框 combo1 中选择不同性质课程，下面的 list1 列表框会显示该类课程名称，从 list1 中选择要选择的课程，单击"添加"按钮可把选好的课程添加到右面的列表框 list2 中，单击"移去"按钮把 list2 中选择的课程从 list2 中删除，单击"全部添加"按钮可将 list1 中的全部列表添加到 list2 列表框中，单击"全部移去"按钮可清空 list2 列表框。

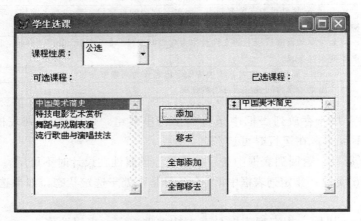

图 7-48 【例 7-11】运行效果

操作步骤如下。

（1）新建表单 form1，加入各种控件，属性设置如表 7-17 所示。按图 7-48 排列布局。

表 7-17 表单和控件属性设置

控件名称	属性	属性值
form1	caption	学生选课
label1	caption	课程性质：
	backstyle	0-透明
label2	caption	可选课程：
	backstyle	0-透明
label3	caption	已选课程：
	backstyle	0-透明
combo1	rowsource	select distinct 课程性质 from 课程表 into cursor temp1
	rowsourcetype	3-sql 语句
list1	multiselect	.t.
	rowsourcetype	3-sql 语句
list2	multiselect	.t.
	moverbars	.t.
	rowsourcetype	0-无
command1	caption	添加
command2	caption	移去
command3	caption	全部添加
command4	caption	全部移去

（2）为表单添加数据环境，在数据环境中添加"课程表"。

（3）添加事件代码如下。

① 为 combo1 的 interactivechange 事件添加如下代码。

```
thisform. list1. rowsource＝"select 课程名 from 课程表 where 课程性质＝'"＋this. value＋"' into cur-
sor temp2"
```

② 为"添加"按钮的 click 事件添加如下代码。

```
for i＝1 to thisform. list1. listcount
  if thisform. list1. selected(i)
    bz＝. f .
    for  j＝1 to thisform. list2. listcount
      if(thisform. list1. list(i)＝thisform. list2. list(j))
        bz＝. t .
      endif
    endfor
    if . not. bz
      thisform. list2. additem(thisform. list1. list(i))
    endif
  endif
endfor
```

③ 为"移去"按钮的 click 事件添加如下代码。

```
for i＝1 to thisform. list2. listcount
  if thisform. list2. selected(i)
    thisform. list2. removeitem(i)
    i＝i-1
  endif
endfor
```

④ 为"全部添加"按钮的 click 事件添加如下代码。

```
thisform. list2. clear
for i＝1 to thisform. list1. listcount
  thisform. list2. additem(thisform. list1. list(i))
endfor
```

⑤ 为"全部移去"按钮的 click 事件添加如下代码。

```
thisform. list2. clear
```

10. 表格控件（grid）

表格是一个容器对象，它包含了多个列（column）对象。每个列对象包含一个列标头（header）对象和一个列控件。表格、列、列标题和列控件都有自己的属性、事件和方法。

表格控件的常用属性如下。

（1）columncount 属性：指出表格列的数目。默认值为-1，此时表格将列出表格数据源的所有字段。

（2）recordsource 属性：指定表格的数据源，根据 recordsourcetype 属性值的不同，recordsource 属性取值也不同。

（3）recordsourcetype 属性：指定表格数据源类型，其取值范围及含义如表 7-18 所示。

（4）allowaddnew 属性：是否允许向表格中添加记录，为 . t . 时，当光标移动到表格最后一行时，按下向下箭头，可以为表格增加一条记录；为 . f . 时只能用 append blank 或 insert 命令为表格添加一行。

表 7-18　recordsourcetype 属性值说明

取值	含义	说明
0	表	数据来源于由 recordsource 属性指定的表，该表能被自动打开
1	别名（默认值）	数据来源于已打开的表，由 recordsource 指定该表的别名
2	提示	运行时，用户根据提示选择表格数据源
3	查询	数据来源于查询，由 recordsource 属性指定一个查询文件
4	sql 语句	数据来源于 sql 语句，由 recordsource 属性指定一条 sql 语句

列控件的常用属性如下。

（1）controlsource 属性：指定要在列中显示的数据源，常见是表中的一个字段。

（2）currentcontrol 属性：为列指定用来显示和接收数据的控件。默认控件为文本框 text1，也可改为复选框用于接收逻辑型数据。

（3）sparse 属性：用于确定 currentcontrol 属性是影响列中的所有单元格还是只影响活动单元格。如果属性值为 .t.，只有列中活动的单元格使用 currentcontrol 属性指定的控件显示和接收数据。其他单元格的数据用默认的 textbox 显示。如果属性值为 .f.，列中所有的单元格都使用 currentcontrol 属性指定的控件显示数据，活动单元格可接收数据。

标头控件的常用属性如下。

（1）alignment 属性：标头的对齐方式。

（2）caption 属性：显示在标头的文字。

【例 7-12】设计如图 7-49 所示的表单，要求根据选择的专业，显示该专业学生的有关信息。

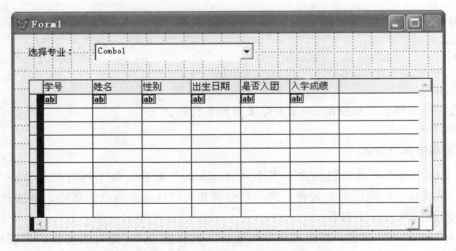

图 7-49　【例 7-12】表单界面

操作步骤如下。

（1）新建表单 form1，加入各种控件，属性设置如表 7-19 所示。按图 7-49 排列布局。其中表格控件通过把数据环境中的"学生基本信息表"拖动到表单中产生，其编辑通过表格生成器完成。

表 7-19　表单和控件属性设置

控件名称	属性	属性值
label1	caption	选择专业：
	backstyle	0-透明
combo1	rowsource	select　专业名称,专业代码 from 专业表 into cursor temp1
	rowsourcetype	3-sql 语句
	columncount	2
	boundcolumn	2,该值使组合框的 value 为选择的专业代码,以便于查询。

（2）为表单添加数据环境,在数据环境中添加"专业表"和"学生基本信息表"。单击"学生基本信息表"的表头,把该表拖动到表单中,这时表单中出现一个表格,把该表的 name 属性改为 grid1。

表格的设置常用表格生成器完成。在表单中添加表格控件后,右击表格,选择快捷菜单中的"生成器"命令,弹出"表格生成器"对话框,其中包含表格项、样式、布局和关系等 4 个选项卡。

①"表格项"选项卡

指定在表格中显示的字段,用户可先选择数据库表、自由表或视图,然后选取需要的字段。

②"样式"选项卡

指定表格显示的样式,系统提供 5 种不同的外观方案。

③"布局"选项卡

指定列标题和显示字段值的控件类型。选中表格的某一列后,可在"标题"文本框中输入指定标题,若不指定标题,字段名将作为列标题。"控件类型"组合框指定选定列的控件类型。默认控件为文本框,但对于数值型数据也可改用微调控件显示,字符型数据也可用编辑框控件,逻辑型数据适合用复选框控件等。在此选项卡中拖动列标题间分隔线,可以调整表格列宽。

④"关系"选项卡

若要创建一对多表单,可使用该选项卡指定父表与子表的关系。"父表中的关键字段"组合框指定父表的关键字段,可以单击浏览按钮查找、选择父表,此选项对应于表格的 linkmaster 属性。"子表中的相关索引"组合框指定表格控件数据源的索引标识名,即子表中的关联字段,该选项对应于 childorder 属性。

（3）添加事件代码如下。

为 combo1 的 interactivechange 事件添加如下代码。

    thisform. grid1. recordsourcetype＝4

    thisform. grid1. recordsource＝"select 学号,姓名,性别,出生日期,是否入团,入学成绩 from 学生基本信息表　where 专业代号＝'"＋this. value＋"' into cursor temp2"

    thisform. grid1. refresh

11. 页框控件（pageframe）

页框是"页面（page）"的一种容器,而"页面"也是一种容器,可以放置任何控件、容器和自定义对象,一个页面在运行时对应一个屏幕窗口。页框建立在表单上,页面建立在页框上,经过页框的处理后,一个表单中的全部对象就分布到了多个窗口中,起到了扩展表单面积的作用。页框常用属性如下。

（1）pagecount 属性：指定一个页框对象包含的页对象数目。默认值为 2，该属性最小值是 0，最大值是 99。

（2）pages 属性：该属性是一个数组，用于存取页框中的某个页对象。例如，将页框 pageframe1 中第 1 页的 caption 属性设置为"学生基本情况表"，可用如下代码。

  thisform. pageframe1. pages(1). caption="学生基本信息表"

（3）activepage 属性：指定当前的活跃页面编号。

12. 图像控件（image）

图像控件用来显示图片，常用来美化表单或显示通用型数据。图像控件的主要属性如下。

（1）pictures 属性：指定要显示的图像文件的路径。在属性窗口中设置该属性时，可通过单击"浏览"按钮，查找要显示的图像文件。

（2）stretch 属性：用于设置图片的显示情况。有三种属性值可供选择：0（剪裁）为默认值，表示将图像裁剪成图像控件大小；1（等比填充）表示保持图片原内容和宽高比例不变，根据图像控件大小，压缩或放大填充；2（变比填充）表示根据图像控件大小，压缩或放大图片。

13. 微调（spinner）

微调控件主要用于输入指定范围内的数字。其主要属性如下。

（1）increment 属性：用户单击向上或向下按钮时增加或减少的数值。

（2）keyboardhighvalue 属性：用户输入微调控件的最大值。

（3）keyboardlowvalue 属性：用户输入微调控件的最小值。

（4）spinnerhighvalue 属性：用户单击向上按钮时，微调控件能够达到的最大值。

（5）spinnerlowvalue 属性：用户单击向下按钮时，微调控件能够达到的最小值。

14. 计时器控件（timer）

计时器控件使程序能够按照设定的时间间隔重复执行某种操作。该控件在设计时可见，运行时不可见，其大小不可以改变。计时器控件的常用属性和事件如下。

（1）enabled 属性：设定计时器是否启动。该属性默认值为 .t.，计时器启动；值为 .f. 时，计时器停止运行。

（2）interval 属性：指定计时器 timer 事件的触发间隔，单位为毫秒。

（3）timer 事件：在此事件中添加的程序代码，每隔 interval 指定的时间，就会自动执行一次。

【例 7-13】设计如图 7-50 所示的表单。实现一个倒计时器。

操作步骤如下。

（1）创建表单 form1，加入各种控件，属性设置如表 7-20 所示。按图 7-50 排列布局。

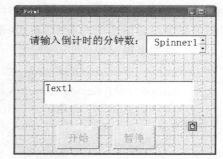

图 7-50 【例 7-13】表单界面

（2）添加事件代码如下。

① 为 spinner1 的 interactivechange 事件添加下面代码，使得在微调控件内输入的分钟数值转换成时间格式："时：分：秒：百分秒"显示在 text1 文本框中。

  thisform. sec=this. value * 60 * 100

```
a1＝this. value
a2＝iif(a1％60＜10,"0"+str(a1％60,1),str(a1％60,2))
a3＝iif(a1/60＜10,"0"+str(a1/60,1),str(a1/60,2))
thisform. text1. value＝a3+":"+a2+":00"+":00"
if a1＞0
    thisform. command1. enabled＝. t .
else
    thisform. command1. enabled＝. f .
endif
```

表 7-20　表单和控件属性设置

控件名称	属性	属性值
form1	添加用户自定义属性：sec	用来保存计时时间
label1	caption	请输入倒计时的分钟数：
	fontsize	20
spinner1	increment	1
	keyboardhighvalue	100
	keyboardlowvalue	0
	spinnerhighvalue	100
	spinnerlowvalue	0
timer1	interval	10
	enabled	. f .
command1	caption	开始
command2	caption	暂停

② 为 timer1 的 timer 事件添加下面代码。

```
thisform. sec＝thisform. sec-1
a0＝thisform. sec
if a0＞-1
    a1＝int(a0/100)
    a2＝int(a1/60)
    a3＝int(a2/60)
    b0＝iif(a0％100＜10,"0"+str(a0％100,1),str(a0％100,2))
    b1＝iif(a1％60＜10,"0"+str(a1％60,1),str(a1％60,2))
    b2＝iif(a2％60＜10,"0"+str(a2％60,1),str(a2％60,2))
    b3＝iif(a3％60＜10,"0"+str(a3％60,1),str(a3％60,2))
    thisform. text1. value＝alltrim(b3+":"+b2+":"+b1+":"+b0)
    thisform. spinner1. value＝a2
else
    this. enabled＝. f .
    thisform. spinner1. enabled＝. t .
    messagebox("到时间了!")
endif
```

③ 为 command1 的 click 事件添加下面代码。

```
thisform. timer1. enabled＝. t .
thisform. spinner1. enabled＝. f .
this. enabled＝. f .
```

thisform. command2. enabled＝. t .

④ 为 command2 的 click 事件添加下面代码。

thisform. timer1. enabled＝. f .

thisform. spinner1. enabled＝. t .

this. enabled＝. f .

thisform. command1. enabled＝. t .

7.3 菜 单 设 计

菜单设计是可视化程序设计一个重要组成部分，Windows 应用系统一般都以菜单的形式列出系统的各种功能，方便用户进行应用程序的操作。Visual FoxPro 提供了程序编码方式和菜单设计器两种方法创建菜单，但是由于菜单设计器能够满足绝大多数的应用，而且操作简单，因此本节仅介绍使用菜单设计器设计菜单的方法。

7.3.1 菜单的认识

菜单分为下拉式菜单和快捷菜单两大类。

下拉式菜单一般显示在窗口的顶部，常被称为主菜单。快捷菜单是一种显示在窗体上的浮动菜单，通常用鼠标右键激活快捷菜单。图 7-51 给出了 Visual FoxPro 编辑窗口的主菜单和快捷菜单。

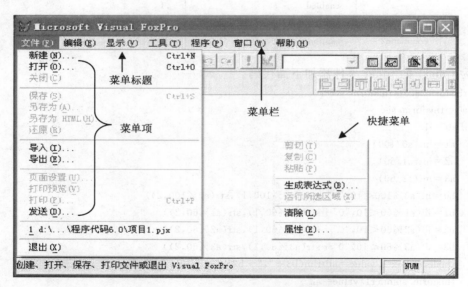

图 7-51　Visual FoxPro 编辑窗口菜单

下拉式菜单由菜单栏（menu bar）、菜单标题（menu tile）、菜单项（menu item）组成。

① 菜单栏：通常位于窗口标题栏下方，工具栏之上，它是包含若干菜单标题的一个区域。

② 菜单标题：位于菜单栏上，用于表示菜单功能的一个单词、短语或图标。菜单标题后括号内带下画线的字母是这个菜单的访问键，按下 "Alt" 键的同时按下菜单访问键，可打开它所标识的菜单。

③ 菜单项：单击菜单标题后会列出菜单项。每个菜单项代表一个功能，或者弹出下一级子菜单。菜单项后面的 "Ctrl＋*" 是该菜单项的快捷键。菜单项之间的横线是分割线，

用于对菜单项分组。

7.3.2　菜单设计介绍

Visual FoxPro 中菜单设计分为 4 个步骤，分别是设计菜单、保存菜单、生成菜单、执行菜单。

1. 设计菜单

设计菜单在菜单设计器中完成，打开菜单设计器的方法有以下几种。

① 选择"文件"菜单中的"新建"命令，在弹出的"新建"对话框中选择"菜单"单选按钮，然后单击"新建文件"按钮。

② 在"项目管理器"窗口的"其他"选项卡中选择"菜单"项，单击"新建"按钮。

③ 在 Visual FoxPro 的命令窗口中使用下面命令。

格式 1：create menu ＜文件名＞　　　&& 新建菜单文件

格式 2：modify menu ＜文件名＞　　　&& 新建或打开菜单文件

采用以上任一方法，均可打开如图 7-52 所示的"新建菜单"对话框。选择"菜单"或"快捷菜单"，即可打开如图 7-53 所示的菜单设计器。

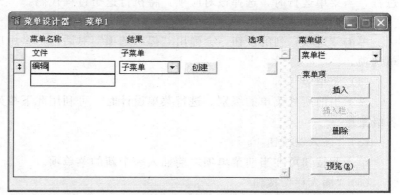

图 7-52　"新建菜单"对话框　　　　　　　图 7-53　"菜单设计器"窗口

"菜单设计器"窗口功能说明如下。

（1）菜单名称

用于输入菜单项的名称，在名称后加上"＼＜字符"可为该菜单项定义访问键。例如：如在菜单名称中输入"文件（＼＜F）"，则表示字母"F"为"文件"菜单的访问键。

若要将功能相近的菜单项分组，可在"菜单名称"中输入"＼-"，则在此位置插入一条水平分隔线，将菜单项分开。

（2）结果

指定菜单项所具有的功能，有命令、填充名称、子菜单和过程四种选择。

命令：选择此项后，列表框右侧出现文本框，可在该文本框中输入具体命令。当用户选择该菜单项时，将执行这条命令。

填充名称：选择此项后，列表框右侧出现文本框，可为第一级菜单（条形菜单）设置一个内部名字或为子菜单设置菜单项序号，以方便对它引用。

Visual FoxPro 系统菜单是一个典型的菜单系统，其主菜单是一个条形菜单。表 7-21 列出了条形菜单中一些常见选项的名称及内部名字。

表 7-21　Visual FoxPro 常见菜单选项名称及内部名字

选项名称	内部名字	选项名称	内部名字
文件	_ msm _ file	撤销	_ med _ undo
编辑	_ msm _ edit	重做	_ med _ redo
显示	_ msm _ view	剪切	_ med _ cut
工具	_ msm _ tools	复制	_ med _ copy
程序	_ msm _ prog	粘贴	_ med _ paste
窗口	_ msm _ windo	清除	_ med _ clear
帮助	_ msm _ systm	全部选定	_ med _ slcta
新建	_ mfi _ new	查找 …	_ med _ find
打开	_ mfi _ open	替换 …	_ med _ repl

子菜单：选择"子菜单"选项时，其右侧出现一个"创建"（或"编辑"）按钮，单击该按钮，可创建或编辑该项的子菜单。编辑后可通过窗口右侧的"菜单级"的下拉列表框，选择返回上一级或最外层的菜单。

过程：选择"过程"选项时，其右侧出现一个"创建"按钮，单击该按钮，可编辑一个过程，当菜单运行时，选择该对应项，将执行这个过程代码。

（3）选项

单击"选项"列的按钮，会弹出"提示选项"对话框，供用户定义键盘快捷键和其他菜单选项。

（4）菜单级

显示当前所处菜单的级别。进行菜单设计时，可利用此下拉列表框，从子菜单返回上面各级菜单。

（5）"插入"按钮

单击此按钮可在当前菜单项之前插入一个新的菜单项。

（6）"插入栏"按钮

可在当前菜单项前插入一个 Visual FoxPro 系统菜单。单击该按钮后，会打开"插入系统菜单栏"对话框，在对话框中选择需要的菜单命令（可多选），并单击"插入"按钮。该按钮仅在定义快捷菜单时有效。

（7）"删除"按钮

单击该按钮，可删除当前菜单项。

（8）"预览"按钮

单击该按钮，可预览菜单运行效果。

（9）"移动"按钮

每个菜单项左侧均有一个移动按钮，拖动移动按钮可调整菜单项在当前菜单中的位置。

2. 保存菜单与生成菜单

菜单设计完成后，单击"文件"菜单下的"保存"命令，把菜单存放到磁盘上，每个菜单对应两个文件，分别是扩展名为 .mnx 的菜单文件和扩展名为 .mnt 的菜单备注文件。

菜单文件编译后才能运行。在菜单设计器窗口处于打开状态时，允许选择"菜单"菜单中的"生成"命令编译菜单程序，此时会生成扩展名为 .mpx 和 .mpr 两个文件，其中扩展名为 .mpr 的文件是可执行文件。

3. 执行菜单

执行菜单的方法有以下几种。

① 选择系统"程序"菜单中的"运行"命令，在出现的"运行"对话框中，选择扩展名为.mpr 的菜单文件。单击"运行"按钮即可运行菜单。

② 在命令窗口输入命令：do 菜单文件.mpr 来运行菜单程序，注意扩展名.mpr 不可省略。

③ 在项目管理器中选中菜单文件，单击"运行"按钮。

在运行一个用户定义的菜单后，如果要从菜单退出，回到系统菜单下，可在命令窗口中输入命令：set sysmenu to default。

4. 为顶层表单添加菜单

执行菜单的结果默认出现在 Visual FoxPro 环境窗口中，如果要为顶层表单添加菜单，需要以下几个步骤。

① 在菜单设计器环境下，系统的"显示"菜单会增加两条命令："常规选项"和"菜单选项"。选择"显示"菜单下的"常规选项"命令，在打开的对话框中选择"顶层表单"复选框。

② 将表单的 showwindow 属性值设置为 2，使其成为顶层表单。

③ 在表单的 init 事件代码中添加调用菜单程序文件的命令，格式为

do <文件名.mpr> with this [,"<菜单名>"]

<文件名>指定被调用的菜单程序文件，其中的扩展名.mpr 不能省略。this 表示当前表单对象的引用。通过<菜单名>可以为被添加的下拉式菜单的条形菜单指定一个内部名字。

④ 在表单的 destroy 事件代码中添加清除菜单的命令，使得在关闭表单时能同时清除菜单，释放其所占用的内存空间。命令格式为

release menu <菜单名> [extended]

其中的 extended 表示在清除条形菜单时一起清除其下属的所有子菜单。

7.3.3 菜单设计举例

【例 7-14】设计如图 7-54 所示的菜单，内容包括："数据查询"、"系统维护"2 个条形

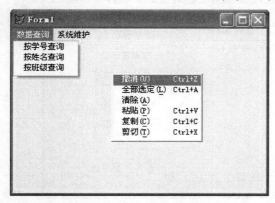

图 7-54 【例 7-14】运行效果

菜单项和若干子菜单；创建一个顶层表单 form1，把该下拉菜单添加到顶层表单中；设计一个弹出式快捷菜单，在 form1 中右击，能弹出该快捷菜单。

操作步骤如下。

（1）打开"菜单设计器"，设置菜单栏的主菜单项，如图 7-55 所示。

（2）保存菜单。生成菜单定义文件 main.mnx 和菜单备注文件 main.mnt。

（3）建立子菜单，选择数据查询菜单项，在"结果"列中选择"子菜单"，单击

"创建"按钮，打开下一级子菜单设计窗口，子菜单设计如图 7-56 和图 7-57 所示。

（4）选中"显示"菜单"常规选项"中的"顶层表单"复选框。

（5）生成菜单程序。选择"菜单"中的"生成"命令，产生菜单程序文件 main.mpr。

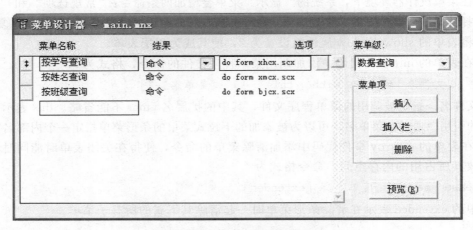

图 7-55 主菜单设计

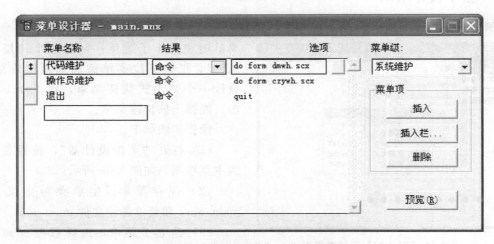

图 7-56 "数据查询"子菜单设计

图 7-57 "系统维护"子菜单设计

　　(6) 再次打开"菜单设计器",注意选择快捷菜单类型。在"快捷菜单设计器"中设计快捷菜单 cd.mnx,如图 7-58 所示。注意各菜单通过单击"插入栏",然后选择对应项完成。

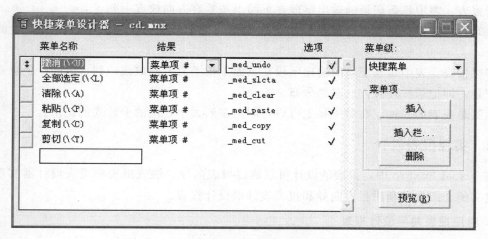

图 7-58　快捷菜单设计

（7）保存菜单。生成菜单定义文件 cd. mnx 和菜单备注文件 cd. mnt。

（8）生成菜单程序。选择"菜单"中的"生成"命令，产生菜单程序文件 cd. mpr。

（9）新建一个表单 form1，设置 showwindow 属性值为"2-作为顶层表单"。在表单的
init 事件代码中添加调用菜单程序的命令，代码为：

```
do  main. mpr  with this  ,"主菜单"
```

（10）为 form1 的 rightclick 事件添加代码如下。

```
do cd. mpr
```

7.4　报　表　设　计

Visual FoxPro 提供了可视化报表设计工具，它可以方便地将数据库表、自由表、视图
或查询结果中的数据以打印的方式提供给用户。本节将介绍如何利用报表向导和报表设计器
设计不同应用需求的报表。

7.4.1　报表设计基础

1. 报表的组成

报表由两部分组成：数据源和布局。数据源是报表输出的数据的来源，可以是数据库
表、自由表、视图等数据。设计报表时把数据源添加到数据环境设计器中，以便于调用。报
表布局定义了报表的排版格式，包括纸张大小、报表列数、宽度、左边界、打印方向，报表
中所有对象的位置、大小、外观等信息。

报表设计的结果保存在报表文件中，它只存储报表布局的定义信息及报表数据源连接信
息，并不存储要打印的数据本身。报表文件包括扩展名为 .frx 的报表文件以及扩展名为 .frt
报表备注文件。

2. 报表的布局种类

Visual FoxPro 提供了以下 5 种常用的报表布局。

列报表：表中每行一条记录，每条记录的输出字段在页面上按水平方向放置。

行报表：表中每条记录的输出字段在页面上按垂直方向放成一列。

一对多报表：一对多报表就是输出父表中的一条记录，以及与其对应的子表中的多条记录。

多栏报表：表中每条记录的输出字段在页面上按垂直方向放成一列，但同一个页面上有多列记录，即记录按垂直方向多栏分布。

标签是报表的一种，在每一页上可以打印出多列大小相同的卡片式的记录。

7.4.2　实现报表设计

在 Visual FoxPro 中，报表的设计可以通过报表向导、快速报表和报表设计器实现。下面通过实例介绍如何利用报表向导和报表设计器设计报表。

1. 利用报表向导设计报表

【例 7-15】 用报表向导为"学生基本信息表"设计一个打印报表。

操作步骤如下。

（1）启动报表向导，方法有以下几种。

① 选择"文件"菜单中的"新建"命令，在弹出的"新建"对话框中选择"报表"单选按钮，然后单击"新建文件"按钮。

② 在"项目管理器"窗口的"文档"选项卡中选择"报表"项，单击"新建"按钮，如图 7-59 所示。

③ 在"工具"菜单中选择"向导"选项，然后从其级联菜单中选择"报表"选项。

④ 直接单击工具栏上的"报表向导"图标按钮。

采用以上任一方法，均可打开"向导选取"对话框，如图 7-60 所示。若要创建的报表是基于单一表的报表，则选取"报表向导"选项；若要创建的报表是一个包含一组父表记录及相关子表记录的报表，则选取"一对多报表向导"选项。本题选择"报表向导"选项。单击"确定"按钮，打开"步骤 1-字段选取"对话框，如图 7-61 所示。

图 7-59　"新建报表"对话框

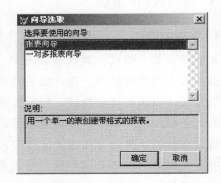

图 7-60　"向导选取"对话框

（2）选择数据库和表及可用字段。

在"数据库和表"下拉列表框中选择"学生成绩管理"数据库中的"学生基本信息表"作为报表的数据源，把"可用字段"列表中的相关字段添加到"选定字段"列表中。单击

"下一步"按钮，打开"步骤2-分组记录"对话框，如图7-62所示。

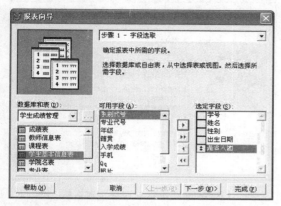

图7-61 "步骤1-字段选取"对话框

（3）确定记录的分组方式。分组就是按照某个字段的值分组显示数据，分组字段值相同的数据将连续打印在一起。最多可以设置3个字段作为分组依据。单击"总结选项"按钮，可以在每组的后面附加本组的统计信息。本例无须进行分组和统计设置。直接单击"下一步"按钮，打开"步骤3-选择报表样式"对话框，如图7-63所示。

（4）选择报表样式。系统提供了5种可选择的样式：经营式、账务式、简报式、带区式和随意式。本例选择"经营式"。单击"下一步"按钮，打开"步骤4-定义报表布局"对话框，如图7-64所示。

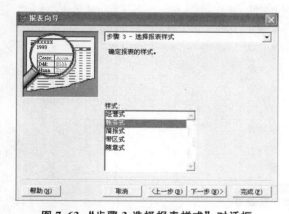

图7-63 "步骤3-选择报表样式"对话框

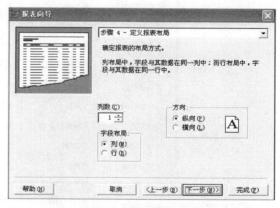

图7-64 "步骤4-定义报表布局"对话框

（5）定义报表布局。

在"列数"微调按钮中设置报表列的数目，本例列数为1。在"方向"区域选择打印方向。在"字段布局"区域中可以选择是列布局还是行布局。设置后单击"下一步"按钮进入"步骤5-排序记录"对话框，如图7-65所示。

（6）设置记录的排列顺序。

本例选取"学号"升序排序字段。单击"下一步"按钮进入"步骤6-完成"对话框，如图7-66所示。

（7）设置报表标题。在"步骤6-完成"对话框中设置报表标题。单击"预览"按钮，可以看到图7-67所示的报表预览效果。单击"完成"按钮，保存报表到特定的文件夹中。

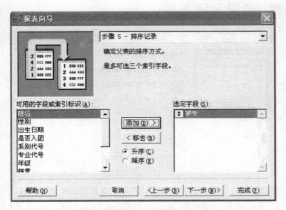

图 7-65 "步骤 5-排序记录"对话框

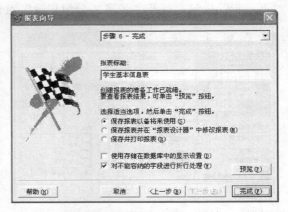

图 7-66 "步骤 6-完成"对话框

| 学生基本信息表 |
04/09/13

学号	姓名	性别	出生日期	是否入团	系别代号
1012110109	王东东	男	09/04/92	N	12
1012120101	张小莉	女	03/06/93	N	12
1013070103	刘威	男	12/12/94	Y	13
1013080102	黄红娟	女	07/12/93	N	13
1102030101	肖杰宇	男	11/18/93	N	02
1107010103	王心雨	女	09/16/94	Y	07
1108010104	张芳	女	05/12/94	Y	08
1114140102	王翔宇	男	08/05/93	Y	14
1114140103	刘伟峰	男	03/11/93	Y	14
1114140104	王琳琳	女	07/07/94	N	14
1211030101	郑利强	男	12/18/95	Y	11
1214030102	王晓玲	女	12/09/94	Y	14
1214030103	张兰兰	女	09/07/95	N	14

图 7-67 报表预览效果

2. 利用报表设计器设计报表

【例 7-16】用报表设计器设计学生"入学成绩单"。要求按学院分组统计学生人数,最高分、最低分,并在页面末尾统计总人数、最低分和最高分。

操作步骤如下。

(1) 启动报表设计器。

在"项目管理器"窗口的"文档"选项卡中选择"报表"项,单击"新建"按钮。在"新建报表"对话框中选择"新建报表"按钮,打开报表设计器,如图 7-68 所示。

在报表设计器中将报表的不同部分分成不同的区域,这些区域称为带区。"页标头"、"细节"、"页注脚"是 3 个默认带区。用户可以根据具体需要添加或关闭新的带区。带区的打开、关闭与修改必须在报表设计器中进行。单击"报表"菜单下的"标题/总结"命令可以打开标题与总结带区；单击"报表"菜单下的"数据分组"命令可以打开组标头与组注脚带区；单击"文件"菜单下的"页面设置"命令，在打开的"页面设置"对话框的"列"选择框中把报表列数设置为大于1，可打开"列标头"和"列注脚"带区。包含全部带区的报表设计器如图7-69所示。各带区作用不同。

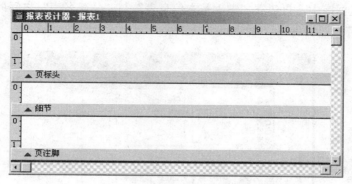

图 7-68 "报表设计器"窗口

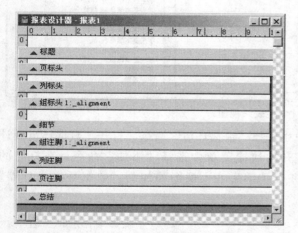

图 7-69 包含全部带区的"报表设计器"窗口

① 页标头带区：该带区中的数据将会显示在每一页报表的开头处，而且每一页只显示一次。通常用于设置报表的名称、字段标题（字段名序列）、日期、页码，以及必要的图形。

② 细节带区：细节带区是报表的核心部分，用于显示数据表及表达式的实际值。一般用于放置要打印的字段及表达式，在进行报表输出时，报表设计器会根据该带区的设置，显示表的所有记录。

③ 页注脚带区：该带区中的数据打印在每一页报表的最底端，而且每页只打印一次。通常用于打印每页的一般信息，例如，将制表日期、页码等注脚信息放在该带区。

④ 标题带区：该带区中的数据只会打印在第一页报表的最顶端，而且整个报表只打印一次。通常放置报表的标题、公司的名称、徽章图案、报表用途说明、制作人、制表日期等。该带区的内容可以作为单独的一页输出，也可以与报表的第一页一起输出。

⑤ 总结带区：该带区中的数据只会出现在报表最后一页的底端，而且整个报表只显示一次。通常用于放置整份报表的统计信息。该带区的内容可以作为单独的一页输出，也可以与报表的最后一页一起输出。

⑥ 组标头带区：该带区中的数据只会出现在报表中每一个分组开始处，通常用于打印分组的标题信息。

⑦ 组注脚带区：该带区中的数据只会出现在报表中每一个分组的结束地方，通常用于放置分组的小计信息。组标头和组注脚这两个带区总是成对出现。

⑧ 列标头带区：与页标头带区的内容类似，在多列布局报表中使用，每列的头部打印一次，一般用于放置列标题。

⑨ 列注脚带区：与组注脚带区的内容类似，在多列布局报表中使用，每列的底部打印一次。一般用于列统计小结。

（2）设置数据环境。

由于要显示学生信息和院系名称，首先在项目管理器中建立"学生成绩管理"数据库，把相关表格添加到数据库中，再建立"学生基本信息表"与"学院名表"之间的视图，如图 7-70 所示，保存视图名为：学生表。

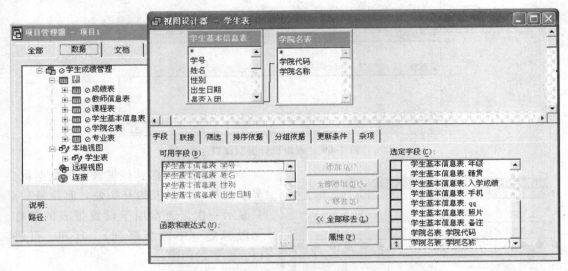

图 7-70 "学生表"视图

在报表设计器窗口中右击，在快捷菜单中选择"数据环境"命令，打开"数据环境设计器"；在"数据环境设计器"中右击，在打开的快捷菜单中选择"添加"命令，在打开的"添加表或视图"对话框中选定"视图"，并把"学生表"视图添加到"数据环境设计器"中，关闭"添加表或视图"对话框。

（3）在报表的各带区中添加报表控件。

选择"显示"菜单中的"工具栏…"命令，或在 Visual FoxPro 的工具栏右击，调出"报表控件"工具栏，如图 7-71 所示，"报表控件"工具栏中各按钮的作用如下。

标签控件：用于在报表的指定位置增加一个文本说明。

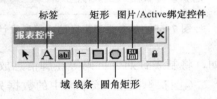

图 7-71 "报表控件"工具栏

域控件：用于显示表或视图的字段、内存变量或表达式。

线条控件：用于在报表中画各种线条。

矩形控件：用于在报表中画矩形。

圆角矩形控件：用于在报表中画椭圆或圆角矩形。

图片/Active 绑定控件：用于在表单上显示图片或通用数据字段的内容。

本例各带区中添加的报表控件如图 7-72 所示。

其中文字信息和线条通过报表工具栏按钮添加。细节和组标头中的域控件通过把数据环境中的字段拖动到报表设计器中完成，组注脚和总结中的域控件通过报表工具栏的域控件按钮添加，添加时会打开图 7-73 所示的"报表表达式"对话框，在"表达式"中设置相关字段，单击"计算"按钮打开"计算字段"对话框，设置字段的计算类别。

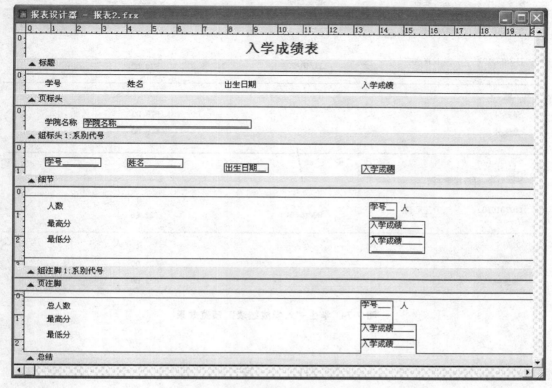

图 7-72 "入学成绩表"设计界面

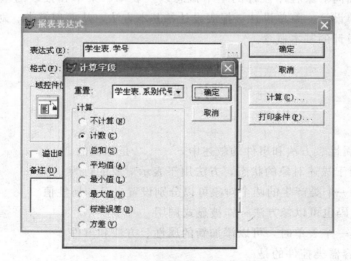

图 7-73 "计算字段"设计

（4）预览报表。

设置完成后，选择"显示"菜单中的"预览"命令，即可看到报表效果，如图 7-74 所示。

（5）关闭预览窗口，保存报表。

入学成绩表

学号	姓名	出生日期	入学成绩
学院名称 材料科学与工程学院			
1102030101	肖杰宇	11/18/93	579.00
人数			1 人
最高分			579.00
最低分			579.00
学院名称 经济管理学院			
1107010103	王心雨	09/16/94	623.00
人数			1 人
最高分			623.00
最低分			623.00

图 7-74 学生"入学成绩表"预览效果

小　结

本章介绍了面向对象程序设计的基本概念以及表单、菜单和报表的基本概念和创建方法。重点掌握表单设计、菜单设计、报表设计的基本方法，从而理解类、对象、方法、事件等面向对象程序设计的基本概念。

习　题　7

一、选择题

1. 下列关于属性、方法和事件的叙述中，_____是错误的。

    A. 属性用于描述对象的状态，方法用于表示对象的行为

    B. 基于同一个类产生的两个对象可以分别设置自己的属性值

    C. 事件代码也可以像方法一样被显式调用

    D. 在新建一个表单时，可以添加新的属性、方法和事件

2. 以下属于容器类控件的是_____。

    A. text　　　　　　　B. form　　　　　　C. label　　　　　　D. commandbutton

3. 假定表单中包含有一个命令按钮，那么在运行表单时。下面有关事件引发次序的陈述中，_____是正确的。

    A. 先命令按钮的 init 事件，然后表单的 init 事件，最后表单的 load 事件

    B. 先表单的 init 事件，然后命令按钮的 init 事件，最后表单的 load 事件

C. 先表单的 load 事件，然后表单的 init 事件，最后命令按钮的 init 事件

D. 先表单的 load 事件，然后命令按钮的 init 事件，最后表单的 init 事件

4. 假定一个表单里有一个文本框 text1 和一个命令按钮组 commandgroup1，命令按钮组是一个容器对象，其中包含 command1 和 command2 两个命令按钮，如果要在 command1 命令按钮的某个方法中访问文本框的 value 属性值，下面_____式子是正确的。

A. this. thisform. text1. value
B. this. parent. parent. text1. value

C. parent. parent. text1. value
D. this. parent. text1. value

5. 命令按钮中显示的文字内容，是在_____属性中设置。

A. name
B. caption
C. fontname
D. controlsource

6. 下面属于事件的是_____。

A. click
B. caption
C. refresh
D. value

7. 以下叙述与表单数据环境有关，其中正确的是_____。

A. 当表单运行时，数据环境中的表处于只读状态，只能显示不能修改

B. 当表单关闭时，不能自动关闭数据环境中的表

C. 当表单运行时，与数据环境中的表无关

D. 当表单运行时，自动打开数据环境中的表

8. 在表单上有一个选项按钮组，要编辑选项组里的某个选项按钮，可以_____。

A. 单击该选项按钮

B. 双击该选项按钮

C. 右击选项组，选择"编辑"命令，然后再单击该选项按钮

D. 以上选项 B 和 C 都可以

9. 在 Visual FoxPro 中，运行表单 t1. scx 的命令是_____。

A. do　t1
B. run　form1　t1

C. do　form　t1
D. do　from　t1. scx

10. 在 Visual FoxPro 中，使用"菜单设计器"定义菜单，最后生成的菜单程序的扩展名是_____。

A. mnx
B. prg
C. mpr
D. spr

二、填空题

1. 组合框可以分为_____和_____，其中前者可以输入数据，后者仅具有选项功能。

2. 用来确定复选框是否被选中的属性是_____。

3. 在 Visual FoxPro 中，假设当前文件夹中有菜单程序文件 main. mpr，运行该菜单程序的命令是_____。

4. 在运行一个用户定义的菜单后，如果要从菜单退出，回到系统菜单下，可在命令窗口中输入的命令是_____。

5. 在报表设计器中，域控件用于打印表或视图中的_____、_____和_____的计算结果。

第 8 章　Visual FoxPro 数据库应用系统开发

本章结合一个数据库应用系统开发实例："产品管理系统"，介绍设计、开发 Visual FoxPro 数据库应用系统的基本过程，通过本章的学习，达到对前面所学知识的综合应用，增加理论与实际相结合的能力。

8.1　数据库应用系统开发的一般过程

数据库应用系统开发是一个复杂的系统工程，它涉及组织的内部结构、管理模式、经营管理过程、数据的收集与处理、软件系统开发、计算机系统的管理与应用等多个方面。因此，数据库应用系统的开发需要在软件开发理论和方法的指导下进行。

8.1.1　数据库应用系统设计步骤

数据库应用系统开发方法有很多，如结构化生命周期法、原型法、面向对象法等，本章主要介绍一种传统的开发方法，即结构化生命周期法。

结构化生命周期法是目前比较成熟的方法，其基本思想是将整个系统开发过程划分为需求分析、系统设计、系统实施、系统运行与维护 4 个阶段。第一阶段与最后一个阶段首尾相连，形成系统开发的周期循环过程。

8.1.2　需求分析阶段

需求分析是数据库应用系统设计的起点，为以后的具体设计奠定基础。需求分析的结果是否准确反映了用户的实际要求，将直接影响到后面各个阶段的工作，并影响到所开发的系统的合理性和实用性。经验表明，由于设计要求的不正确或误解，直到系统实施阶段才发现许多错误，则纠正起来要付出很大的代价。因此，必须高度重视系统的需求分析。

需求分析又可以划分为系统规划和系统分析两个阶段。

1. 系统规划

系统规划的主要任务是根据用户提出的系统开发请求，进行初步调查，明确系统要完成的主要功能及其要求和产生的信息，即确定总体结构方案，然后进行可行性研究，确定所要开发的系统是否可行，只有可行才可以进行开发。可行性分析主要从技术、经济和社会 3 个方面分析论证开发系统的可行性。

2. 系统分析

系统分析是根据系统规划阶段所确定的系统总体结构方案对现有的管理系统进行详细调查研究，从调查所获取的信息中分析出合理的信息流动、处理、存储的过程，建立目标系统的逻辑模型。这一阶段的主要工作是：

（1）全面调查管理业务的工作流程、处理方法及信息在所有业务上的流动轨迹，分析功能与数据之间的关系，分析目标系统与当前系统逻辑上的差别，明确目标系统到底要"做什么"，从而从当前系统的逻辑模型导出目标系统的逻辑模型。

（2）编写系统需求说明书：这是系统分析阶段的技术文档，文档主要内容包括：

① 系统概况，包括系统的名称、目标、范围、背景、历史和现状，引用资料和专门术语。

② 系统的总体结构和子系统结构说明。

③ 系统功能说明。

④ 数据流程图。

8.1.3 系统设计阶段

当目标系统逻辑方案审查通过后，就可以开始系统设计了。系统设计阶段实际上是根据目标系统的逻辑模型确定目标系统的物理模型，即解决目标系统"怎样做"的问题。其主要工作包括：

（1）总体设计。根据系统分析阶段获得的功能分析结果，完成应用系统的模块结构设计。即正确划分模块和确定各功能模块的调用关系和接口信息。

（2）详细设计。为各个模块选择适当的技术手段和处理方法，包括对输入/输出和代码等进行设计。

输入设计主要包括用户界面设计、输入操作设计、输入校验设计等。既要确保用户界面美观大方，又要使用户在系统所提供的界面上能方便、灵活地进行输入操作，当用户输入有误时，能及时发现错误并修改错误。

输出设计主要包括输出格式、输出内容和输出方式等。事实上，系统开发的成败、系统最终是否被实际使用、用户是否真正满意，很大程度上取决于输入/输出设计的优与劣。

代码设计是将系统中使用的数据代码化，以便进行信息分类、核对、统计和检索。合理的代码结构是信息系统是否具有生命力的一个重要因素，代码设计过程应全面考虑各数据的特征、用户的需求、计算机处理的特点，遵循代码设计的原则，设计出适合于系统的合理代码结构。

（3）数据库设计。根据系统分析阶段形成的有关文档，并参考计算机数据库技术发展的现状，采用计算机数据库的成熟技术，设计并描述出本应用系统的数据库结构及其内容组成。在进行数据库设计时，应遵循数据库的规范化设计原则。

（4）编写系统设计说明书。系统设计说明书是系统实施的重要依据。系统设计说明书的主要内容包括：

① 引言，说明系统的背景、工作条件、约束、引用资料和专业术语。

② 系统总体技术方案，用结构图表示系统模块的结构，说明主要模块的名称和功能。

③ 系统主要模块的技术手段，代码设计、输入设计和输出设计的结果。

④ 数据库设计的结果。

8.1.4 系统实施阶段

在需求分析和系统设计完成之后，系统开发进入实施阶段。其主要工作包括：

（1）选择应用系统开发工具。根据系统分析与设计的结果以及信息处理的要求选择合适的软件开发工具。

（2）实现应用系统。这一步工作就是使用所选择的开发工具，在计算机上建立数据库、建立数据关联、设计数据库应用系统中的各功能模块，实现各个模块的功能。

（3）系统的调试与测试。一个系统的各项功能实现后，还不能说整个系统开发完成，还要经过周密、细致的调试与测试，这样才能保证开发出的系统在实际使用时不出现问题。因此，应该在这一阶段对系统进行调试和测试。

除此之外，在系统实施阶段还要对操作人员进行培训，编写系统操作手册和有关说明书，完成目标系统转换等。

8.1.5　系统运行与维护阶段

这个阶段是整个系统开发生命周期中最长的一个阶段，可以是几年甚至十几年。这一阶段的主要工作包括系统的日常运行管理、系统评价和系统维护等 3 个方面。若运行良好，则送管理部门指导生产、经营、管理等活动；若有问题，则要对其进行修改、维护或者是局部调整；如果出现了不可调和的大问题——这种情况一般是在系统运行若干年之后，系统运行的环境已经发生了根本的变化时才可能出现，则用户将会进一步提出开发新系统的要求，这标志着原系统生命的结束，新系统即将开始。

8.2　数据库应用系统开发实例

产品管理系统是用于管理产品信息的一类计算机软件的总称。一套完善的产品管理系统应实现产品的集中管理和查询，库存更新，在线销售等功能。本节介绍小型的"产品管理系统"开发过程，希望读者通过本节的学习，能设计出功能更加完善的产品管理系统。

8.2.1　系统分析与设计

本系统运行时首先显示登录界面，登录成功后进入系统主页面。主页面主要功能包括基本表维护、库存管理、销售管理、离开系统等 4 个管理模块。各模块下分别设不同的子模块，完成相应的管理功能，各模块的主要功能设计如下。

（1）登录模块。该模块对进入产品管理系统的用户，进行用户名和密码的验证。对于用户输入的用户名和密码，如果错误应显示相应的提示信息。

（2）基本表维护模块。该模块完成对基本表维护，包括：用户表维护——对登录系统的用户信息进行维护，包括添加、删除、修改用户；客户表维护——对客户信息进行维护，包括添加、删除、修改客户；产品表维护——对产品表信息进行维护，包括添加、删除、修改产品。

（3）库存管理模块。该模块包括库存信息浏览、新增库存等模块。

（4）销售管理模块。该模块包括新增销售、销售记录浏览两个模块。

（5）离开系统模块。该模块主要实现退出系统的操作。

产品管理系统各模块之间的关系如图 8-1 所示。

8.2.2　数据库的设计与实现

根据产品管理系统要完成的功能，设计数据库，数据库的设计是管理系统开发过程中的关键环节。

本系统建立 xsgl 数据库，在该数据库中建立 5 张表，分别是"用户表 yhb"，"客户表 khb"、"产品表 cpb"、"库存表 kcb"、"销售表 xxb"，表结构如表 8-1～表 8-5 所示。

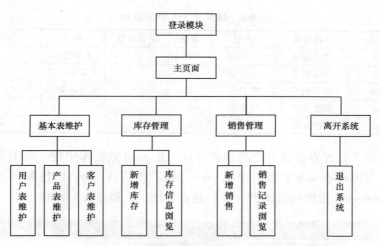

图 8-1 产品管理系统各模块之间的关系

表 8-1 用户表 yhb 的表结构

字段名	字段标题	类型	宽度	小数位数	索引	null
yhbh	用户编号	字符型	6		↑主索引	
yhmc	用户名称	字符型	10			
yhmm	用户密码	字符型	10			

表 8-2 客户表 khb 的表结构

字段名	字段标题	类型	宽度	小数位数	索引	null
khbh	客户编号	字符型	6		↑主索引	
khmc	客户名称	字符型	50			
lxren	联系人	字符型	10			
dz	地址	字符型	100			
dh	电话	字符型	13			
cs	城市	字符型	30			
yb	邮编	字符型	6			
bz	备注	备注型	4			√

表 8-3 产品表 cpb 的表结构

字段名	字段标题	类型	宽度	小数位数	索引	null
cpbh	产品编号	字符型	6		↑主索引	
cpmc	产品名称	字符型	50			
jldw	计量单位	字符型	10			
xsjg	销售价格	数字型	7	2		
zxkcbj	最小库存	数字型	5	0		
bz	备注	备注型	4			√

表 8-4 库存表 kcb 的表结构

字段名	字段标题	类型	宽度	小数位数	索引	null
kcbh	库存编号	字符型	6		↑主索引	
cpbh	产品编号	字符型	6		↑普通索引	
kcsl	库存数量	数字型	5	0		

表 8-5　销售表 xxb 的表结构

字段名	字段标题	类型	宽度	小数位数	索引	null
xsbh	销售编号	字符型	6		↑主索引	
cpbh	产品编号	字符型	6		↑普通索引	
khbh	客户编号	字符型	6		↑普通索引	
xsrq	销售日期	日期型	8			
xssl	销售数量	数字型	5	0		

为了便于查询产品库存信息和产品销售信息，在 xsgl 数据库中建立两个视图分别是：

产品表 cpb 与库存表 kcb 之间的视图 viewcpkc，产品表 cpb、销售表 xxb、客户表 khb 之间的视图 viewxsxx。视图用视图设计器创建，如图 8-2 和图 8-3 所示。

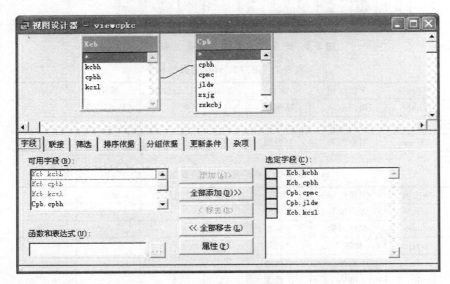

图 8-2　viewcpkc 视图

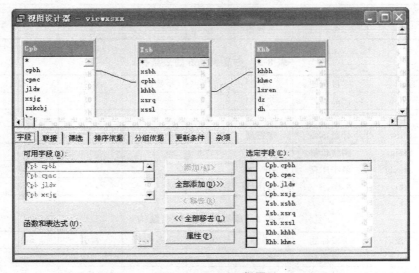

图 8-3　viewxsxx 视图

单击视图设计器中的"属性"按钮，为各字段添加中文标题。

8.2.3 系统的实现

1. 创建项目和数据库。

（1）创建文件夹

在 d：盘创建"产品管理系统"文件夹，并在该文件夹中创建 menu 文件夹、form 文件夹、image 文件夹分别用来存放菜单文件、表单文件、图片文件。表文件直接放在"产品管理系统"文件夹下。也可使用项目管理器向导创建这些文件夹。

（2）创建项目

首先创建一个名为"Management"的项目并保存在"d:\产品管理系统"文件夹中。选择"工具"菜单中的"选项"命令，打开"选项"对话框，选中"文件位置"选项卡，设置默认目录为"d:\产品管理系统"，并设为默认值。

（3）创建数据库

打开 Management 项目后，在"项目管理器"中创建"xsgl"数据库。为数据库添加上节列出的 5 张数据表和 2 个视图。建好的项目如图 8-4 所示。

2. 登录模块。

（1）创建表单文件。选择项目管理器的"文档"选项卡，新建表单，保存为 login.scx。

（2）表单界面。设计如图 8-5 所示界面。登录界面中各控件对象的主要属性见表 8-6。

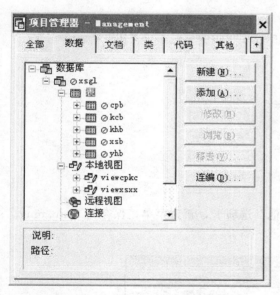

图 8-4　Management 项目管理器

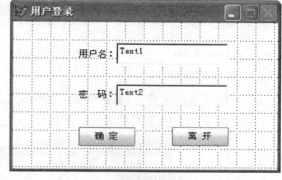

图 8-5　登录界面

表 8-6 "登录界面"中各控件对象的主要属性

控件名称	属性	取值	含义或用途
form1	caption	用户登录	设置表单标题栏提示文字
	borderstyle	2—固定对话框	登录表单窗口大小不能调整
	maxbutton	.f.	登录表单窗口不能最大化
	autocenter	.t.	登录表单窗口显示在屏幕中间
	showwindow	2—作为顶层表单	设为顶层表单

控件名称	属性	取值	含义或用途
label1	caption	用户名：	
label2	caption	密码：	
image1	picture	d:\产品管理系统 \ image \ qd. jpg	设置图片路径
image2	picture	d:\产品管理系统 \ image \ lk. jpg	设置图片路径
text2	passwordchar	*	设置为密码输入模式

（3）添加数据环境。右击表单设计器，打开数据环境设计器，添加 yhb 到数据环境中。

（4）事件代码。

① 确定按钮 image1 的单击事件代码。

```
select yhb
stryhmc＝thisform. text1. value
stryhmm＝thisform. text2. value
locate for    yhmc＝alltrim(stryhmc) and   yhmm＝alltrim(stryhmm)
if found()
    thisform. release
    do form form/sy. scx          && sy. scx 为主页面对应的表单文件
else
    thisform. dlcs＝thisform. dlcs＋1   && dlcs 为表单 forml 的自定义属性,用来存储登录次数初值
    if thisform. dlcs＞＝3             && dlcs 大于或等于 3 就不能再登录
      release thisform
    else
      messtr＝"用户名或密码错误,你还有"＋str(3-thisform. dlcs，1)＋"次登录机会"
      messagebox(messtr)
      thisform. text2. value＝""
      thisform. text1. setfocus
    endif
endif
```

② 离开按钮 image2 的单击事件代码。

```
release thisform
clear events
```

3. 菜单的设计

（1）创建菜单文件。选择项目管理器的"其他"选项卡，新建菜单，保存为 main. mnx。

（2）按图 8-6 建立菜单文件，并保存。

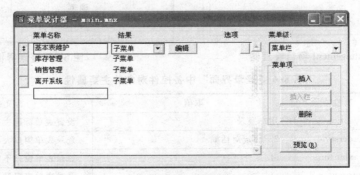

图 8-6　系统菜单

二级菜单如表 8-7 所示。

表 8-7　系统菜单及对应命令

一级菜单名称	子菜单名称	结果	对应表单文件
基本表维护	用户表维护	命令	do form form/yhbd. scx
	客户表维护	命令	do form form/khbd. scx
	产品表维护	命令	do form form/cpbd. scx
库存管理	新增库存	命令	do form form/addkc. scx
	库存信息浏览	命令	do form form/listkc. scx
销售管理	新增销售	命令	do form form/addxs. scx
	销售记录浏览	命令	do form form/listxs. scx
离开系统	退出系统	过程	close all clear all set sysmenu to default clear events

（3）设置菜单文件。要在主页面显示菜单，需要对菜单进行设置，方法是单击"显示"菜单中的"常规选项"命令，打开如图 8-7 所示的对话框，选中"顶层表单"复选框。

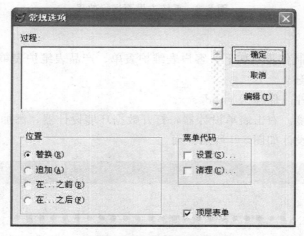

图 8-7　"常规选项"对话框

（4）生成菜单：选择"菜单"菜单中的"生成"命令，生成 main. mpr 文件。

4. 主界面的设计

（1）创建表单文件。保存为 sy. scx。

（2）按照表 8-8 修改表单及表单中各控件对象的属性。

表 8-8　"主界面"表单中各控件对象的属性

控件名称	属性	取值	含义或用途
form1	caption	产品管理系统	设置表单标题栏提示文字
	showwindow	2-作为顶层表单	只有顶层表单才能加入菜单
	windowstate	2-最大化	菜单运行时窗口最大化显示

（3）增加事件代码。

为 form1 的 init 事件添加代码，主要完成在主页面中加载系统菜单的功能。

```
do menu/main. mpr    with this,   "表单"
```

（4）执行表单 sy. scx，效果如图 8-8 所示。

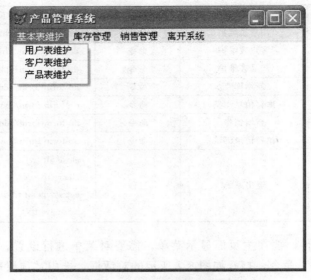

图 8-8　系统主界面运行效果

5. 基本表维护模块

用户表维护表单制作步骤如下。客户表维护表单、产品表维护表单制作过程同用户表维护表单相同，不再赘述。

（1）创建表单文件。保存为 yhbd. scx。

（2）添加数据环境。右击表单设计器，打开数据环境设计器，添加 yhb 到数据环境中。

（3）表单界面。设计如图 8-9 所示界面。

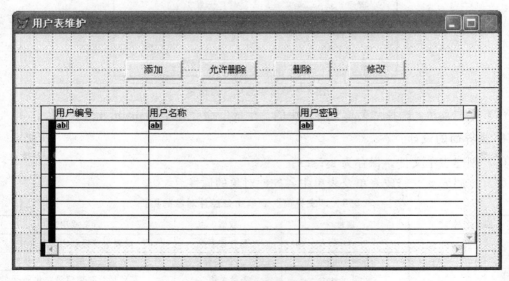

图 8-9　用户表维护界面

其中 grid1 控件对象是通过把数据环境中的表拖动到表单设计中完成的，然后右击表格对象，打开表格生成器调整表格布局。

按照表 8-9 设置表单及表单中各控件对象的属性。

表 8-9　"用户表维护"表单中各控件对象的主要属性

控件名称	属性	取值	含义或用途
form1	caption	用户表维护	设置表单标题栏提示文字
	borderstyle	2-固定对话框	用户表维护窗口大小不能调整
	maxbutton	. f.	用户表维护窗口不能最大化
	autocenter	. t.	用户表维护窗口在窗口居中显示
	showwindow	1—在顶层表单中	设置该表单在顶层表单中运行
command1	caption	添加	
command2	caption	允许删除	
command3	caption	删除	
command4	caption	修改	
grid1	recordsourcetype	1-别名	
	recordsource	yhb	

（4）事件代码。

① form1 的 init 事件代码，主要完成表单初始化。

```
thisform. grid1. columncount=3
thisform. grid1. column1. width=150
thisform. grid1. column2. width=240
thisform. grid1. column3. width=150
this. grid1. enabled=. f.
thisform. grid1. visible=. t.
thisform. grid1. deletemark=. f.
thisform. grid1. refresh
```

② command1 按钮的 click 事件代码，主要完成添加功能。

```
thisform. grid1. enabled=. t.
thisform. grid1. allowaddnew=. f.
thisform. grid1. readonly=. f.
thisform. grid1. deletemark=. f.
append blank
thisform. grid1. setfocus
thisform. refresh
```

③ command2 按钮的 click 事件代码，主要完成允许删除功能。

```
thisform. grid1. enabled=. t.
thisform. grid1. allowaddnew=. f.
thisform. grid1. readonly=. t.
thisform. grid1. deletemark=. t.
thisform. grid1. setfocus
thisform. command1. enabled=. f.
thisform. command4. enabled=. f.
thisform. refresh
```

④ command3 按钮的 click 事件代码，主要完成删除功能。

```
a=messagebox("确定要删除选择的记录吗？"， 1+64， "删除确认")
if a=1
```

```
        use yhb exclusive
        pack
        use yhb share
    endif
    thisform. grid1. recordsource="yhb"
    thisform. grid1. visible=. t.
    thisform. grid1. deletemark=. f.
    thisform. grid1. enabled=. f.
    thisform. grid1. allowaddnew=. f.
    thisform. grid1. readonly=. t.
    thisform. grid1. column1. width=150
    thisform. grid1. column2. width=240
    thisform. grid1. column3. width=150
    thisform. command1. enabled=. t.
    thisform. command4. enabled=. t.
    thisform. grid1. refresh
```

⑤ command4 按钮的 click 事件代码，主要完成修改功能。

```
    thisform. grid1. enabled=. t.
    thisform. grid1. allowaddnew=. f.
    thisform. grid1. deletemark=. f.
    thisform. grid1. setfocus
    thisform. refresh
```

6. 新增库存模块

该模块主要完成产品库存的增加。实现步骤如下。

（1）创建表单文件。保存为 addkc. scx。

（2）添加数据环境。右击表单设计器，打开数据环境设计器，添加 cpb、kcb 到数据环境中。

（3）表单界面。设计如图 8-10 所示表单。

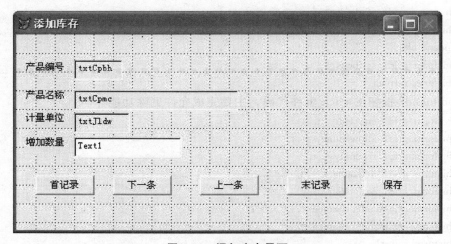

图 8-10　添加库存界面

把数据环境中 cpb 的产品编号、产品名称、计量单位拖动到表单中。其他控件通过从控件工具栏中选择相应控件创建。按照表 8-10 设置表单及表单中各控件对象的主要属性。

表 8-10 "添加库存"表单中各控件对象的主要属性

控件名称	属性	取值	含义或用途
form1	caption	添加库存	设置表单标题栏提示文字
	borderstyle	2—固定对话框	添加库存窗口大小不能调整
	maxbutton	. f.	添加库存窗口不能最大化
	autocenter	. t.	添加库存窗口显示在屏幕中间
	showwindow	1—在顶层表单中	设置该表单在顶层表单中运行
command1	caption	首记录	
command2	caption	下一条	
command3	caption	上一条	
command4	caption	末记录	
command5	caption	保存	
txtcpbh	readonly	. t.	设置文本框为只读状态
txtcpmc	readonly	. t.	
txtjldw	readonly	. t.	
label1	caption	增加数量	
text1			

（4）事件代码。

① command1 按钮的 click 事件代码。

```
go top
thisform. refresh
```

② command2 按钮的 click 事件代码。

```
if not eof()
    skip
endif
thisform. refresh
```

③ command3 按钮的 click 事件代码。

```
if not bof()
    skip -1
endif
thisform. refresh
```

④ command4 按钮的 click 事件代码。

```
go bottom
thisform. refresh
```

⑤ command5 按钮的 click 事件代码。

```
select kcb
n＝recount()
sl＝val(thisform. text1. value)
if(sl！＝0)
    select kcb
    locate for cpbh＝thisform. txtcpbh. value
    if found()
        update kcb set kcsl＝kcsl＋sl where   cpbh＝thisform. txtcpbh. value
    else
```

```
            insert into kcb(kcbh, cpbh, kcsl) values(str(n+1,6), thisform. txtcpbh. value,sl)
         endif
         thisform. text1. value=""
      endif
      select cpb
```

7. 库存信息浏览模块

该模块主要完成产品库存的浏览与查询。实现步骤如下。

（1）创建表单文件。保存为 listdkc. scx。

（2）添加数据环境。右击表单设计器，打开数据环境设计器，添加视图 viewcpkc 到数据环境中。

（3）表单界面。设计如图 8-11 所示表单。

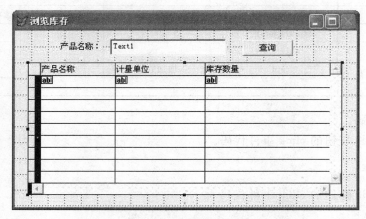

图 8-11　浏览库存界面

把数据环境中 viewcpkc 拖动到表单中。其他控件通过从控件工具栏选择相应控件创建。表 8-11 列出了需要设置的属性。

表 8-11　"库存信息浏览"表单中各控件对象的主要属性

控件名称	属性	取值	含义或用途
form1	caption	添加库存	设置表单标题栏提示文字
	borderstyle	2—固定对话框	库存信息浏览窗口大小不能调整
	maxbutton	. f.	库存信息浏览窗口不能最大化
	autocenter	. t.	库存信息浏览窗口显示在屏幕中间
	showwindow	1—在顶层表单中	设置该表单在顶层表单中运行
command1	caption	查询	
label1	caption	产品名称	

（4）事件代码。

① form1 的 init 事件代码，主要完成表单初始化。

```
thisform. grid1. recordsourcetype=4
thisform. grid1. recordsource="select cpmc,jldw,kcsl from viewcpkc into cursor tmp"
thisform. grid1. refresh
```

② command1 按钮的 click 事件代码，主要完成查询操作。

```
thisform. grid1. recordsourcetype=4
```

thisform. grid1. recordsource＝"select cpmc,jldw,kcsl from viewcpkc where cpmc like'"
＋ alltrim(thisform. text1. text) ＋ "％'" ＋ " into cursor tmp "

thisform. grid1. refresh

8. 新增销售

该模块主要完成新增销售功能。实现步骤如下。

（1）创建表单文件。保存为 addxs. scx。

（2）添加数据环境。右击表单设计器，打开数据环境设计器，添加 cpb、xsb、khb 到数据环境中。

（3）表单界面。设计如图 8-12 所示表单。

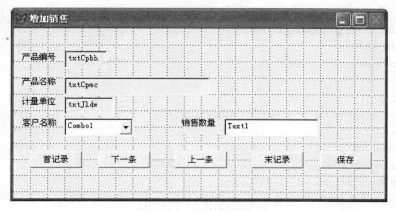

图 8-12　新增销售界面

把数据环境中 cpb 的产品编号、产品名称、计量单位拖动到表单中。其他控件通过从控件工具栏选择相应控件创建。表 8-12 列出了需要设置的属性。

表 8-12　"新增销售"表单中各控件对象的主要属性

控件名称	属性	取值	含义或用途
form1	caption	添加库存	设置表单标题栏提示文字
	borderstyle	2—固定对话框	新增销售窗口大小不能调整
	maxbutton	. f.	新增销售窗口不能最大化
	autocenter	. t.	新增销售窗口显示在屏幕中间
	showwindow	1—在顶层表单中	设置该表单在顶层表单中运行
command1	caption	首记录	
command2	caption	下一条	
command3	caption	上一条	
command4	caption	末记录	
command5	caption	保存	
txtcpbh	readonly	. t.	设置文本框为只读状态
txtcpmc	readonly	. t.	
txtjldw	readonly	. t.	
label1	caption	销售数量	
label2	caption	客户名称	

（4）事件代码。

① command1～command4 的事件代码同增加库存一样。

② form1 的 init 事件代码，主要完成客户下拉列表初始化。

```
select khb
do while not eof()
this. combo1. additem(khmc)
skip
enddo
select cpb
```

③ command5 按钮的 click 事件代码，主要完成保存新销售记录的功能。

```
select xsb
n＝reccount()
select khb
locate for khmc＝thisform. combo1. value
strkhbh＝khbh
sl＝val(thisform. text1. value)
if(sl! ＝0)
    select kcb
    locate for cpbh＝thisform. txtcpbh. value
    if found()
        if kcsl＞sl
        insert into xsb(xsbh,cpbh,khbh,xsrq,xssl) values( str(n＋1,6),
        thisform. txtcpbh. value,strkhbh,date(),sl)
        update kcb set kcsl＝kcsl-sl where cpbh＝thisform. txtcpbh. value
            else
            messagebox("库存不足")
            endif
        else
        messagebox("没库存信息")
        endif
else
    messagebox("数量输入有误")
endif
thisform. text1. value＝""
select cpb
```

9. 销售记录浏览模块

该模块的制作过程同库存信息浏览模块，只需要添加视图 viewxsxx 到数据环境中。

8.2.4　系统的编译和发布

这一阶段的工作主要有两个方面，一是全部文档的整理交付，二是对所完成的软件（数据、程序等）打包并形成发行版本。

1. 构造 Visual FoxPro 应用程序

一个完整的应用程序，即使规模不大，也会涉及多种类型的文件，如数据库、表以及表单、查询、菜单、报表等，如果把这些文件都放在一个文件夹下，将会给以后的修改、维护工作带来很大的不便，因此，需要建立一个层次清晰的目录结构。在 8.2.3 节介绍的"产品管理系统"中，分别建立了不同的文件夹，把不同类型文件分类存放。

用项目管理器组织应用系统，创建或打开项目文件，将已经开发好的各个程序组件通过项目管理器添加到项目中，或者直接在项目管理器下创建应用程序的各个组件并进行调试。

每个 Visual FoxPro 应用程序都由大量的功能组件组成，要将各个组件联结在一起，形成可执行的应用程序，还需要为应用程序设置一个起始点，即项目的主文件。当用户运行应用程序时，系统首先启动项目的主文件，然后主文件再依次调用所需要的其他组件。

为项目建立一个程序作为主文件，项目主文件又称为主程序，也可以使用一个表单作为主文件，该表单将主程序的功能和初始的用户界面集成在一起。

2. 在项目中添加主程序 main. prg

代码如下。

```
application. visible=. f.
set sysmenu to
application. caption="产品信息管理"
set safety off
set date ansi
set cent on
set default to d:\产品管理系统
open database xsgl
do form form \ login. scx
read events
set sysmenu to default
close all
quit
```

在项目选择器中选择 main. prg，设为主文件。方法是：单击 main. prg 程序，从"项目"菜单或快捷菜单中选择"设置主文件"选项。

主程序 main. prg 主要完成下面几项工作。

① 初始化环境。

② 显示初始的用户界面。

③ 控制事件循环。

应用程序的环境建立以后，接着显示初始的用户界面，这时，需要建立一个事件循环来等待用户的交互动作。若要控制事件循环执行，需要执行 read events 命令，该命令使 Visual FoxPro 开始处理鼠标单击等用户事件。如果初始过程中没有 read events，在 Visual FoxPro 交互环境中，可以正确运行应用程序，但是，如果要在菜单或者主屏幕中运行应用程序，程序将显示片刻后，很快退出。

从执行 read events 命令开始，到相应的 clear event 命令（结束事件循环命令）执行期间，主文件中所有的处理过程全部挂起，因此将 read events 命令放在主文件的正确位置十分重要。一般在主程序中，在初始化环境并显示了初始的用户界面后，就可以执行 read events 命令。

例如，在主程序中执行下面两个命令。

```
do form form\login. scx
read events
```

应用程序将启动一个表单，之后系统就在表单界面控制之下了，等待用户的交互。

应用程序同时也必须提供一种方法结束事件循环。结束事件循环，需要执行 clear event

命令。通常，可以使用一个"退出"菜单项或表单上的"退出"按钮执行 clear event 命令，clear event 命令将退出 Visual FoxPro 的事件循环，返回给执行 read events 命令的程序，执行 read events 命令的下一条命令。

④ 退出应用程序时恢复开发环境。

3. 连编项目

（1）测试项目

要检查所有的程序组件是否可用，需要对项目进行测试。测试项目，需要重新连编项目，这样 Visual FoxPro 会分析文件的引用，然后重新编译修改过的文件。

（2）编译项目

把项目编译成应用程序文件（.app）或可执行文件（.exe）。

测试项目或编译项目的操作步骤如下。

① 在项目管理器中单击"连编"按钮，系统打开"连编选项"对话框，如图 8-13 所示。

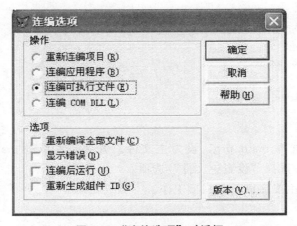

图 8-13 "连编选项"对话框

② 在"连编选项"对话框中选择适当的选项。

③ 单击"确定"按钮。

④ 若在"连编选项"对话框中选择"连编应用程序"、"连编可执行文件"或"连编 com dll"单选项，系统将打开"另存为"对话框，要求用户输入应用程序名称、可执行文件名称或动态链接库名称。

连编成功后，打开存放可执行文件的文件夹，双击可执行文件，即可直接运行该应用程序。

在"连编选项"对话框中，系统提供了 4 个操作和 4 个选项，它们分别对应于 4 个单选项和 4 个复选框。它们的具体含义如下。

① 重新连编项目：创建和连编项目文件。该操作的主要目的是为了检查程序中所用到的文件是否已在项目中，如果未在项目中则进行查找，找到后将其添加到项目中。

② 连编应用程序：将项目编译成一个应用程序文件（.app）。应用程序文件只能在 Visual FoxPro 环境中运行。

③ 连编可执行文件：将项目编译成一个可执行文件（.exe）。可执行文件可以独立于

Visual FoxPro 环境运行。

④ 连编 COM DLL：将项目中的类信息编译成一个动态链接库（.dll）。该操作主要用于把 Visual FoxPro 类库文件编译成其他应用程序也能够使用的 com 服务程序。

⑤ 重新编译全部文件：若选中该复选框，Visual FoxPro 将重新编译项目中的所有文件，并为每一个源文件创建目标文件。

⑥ 显示错误：若选中该复选框，Visual FoxPro 将在连编项目结束后，立即打开一个编辑窗口以显示编译错误。

⑦ 连编运行：若选中该复选框，编译成功后立即运行所编译的应用程序或可执行文件。

⑧ 重新生成组件 ID：若选中该复选框，系统将安装和注册包含在项目中的 ole 服务程序。

4. 应用系统的发布过程

制作发布盘的步骤如下。

（1）创建发布目录

创建发布目录可按如下步骤进行。

① 创建目录，目录名为希望在用户机器上出现的名称。

② 把发布目录分成适合于应用程序的子目录。

③ 把应用程序项目中的文件复制到相应目录中。应用程序（.exe）必须放到该树的根目录下。

（2）创建发布盘

从系统菜单中选择"工具"菜单中"向导"下的"安装"命令，即可运行"安装向导"。"安装向导"压缩发布目录树中的文件，并把这些压缩过的文件复制到磁盘映射目录，每个磁盘放置在一个独立的子目录中。用"安装向导"创建应用程序磁盘映射之后，就把每个磁盘映射目录的内容复制到一张独立的磁盘上。在发布盘生成后，通过运行"磁盘 1"上的 setup.exe 程序，便可在用户机器上安装应用程序的所有文件了。

（3）安装向导

"安装向导"需要一个目录名为 distrib.src 的工作目录。如果"安装向导"提示创建 distrib.src 目录或指定其位置，则要确认创建该目录的位置，或选择"定位目录"并指定该目录的位置。同 Visual FoxPro 其他向导一样，"安装向导"也是一个一个步骤引导用户操作，最后完成安装。

小　结

本章介绍了数据库应用系统设计的基本方法和一个产品管理系统的设计实例。通过本章学习进一步理解数据库的概念、数据库应用系统的开发特点、数据库、表、视图、表单、菜单的创建方法、SQL 语句的使用方法以及程序设计的基本方法。

参 考 文 献

[1] 宋秀芹著. Visual FoxPro 程序设计教程. 北京：国防工业出版社，2011.12

[2] 武妍等著. Visual FoxPro 程序设计教程（第 2 版）. 上海：上海交通大学出版社，2007

[3] 李雁翎著. Visual FoxPro 应用基础与面向对象程序设计教程（第 2 版）. 北京：高等教育出版社，2002.9

[4] 胡维华著. Visual FoxPro 程序设计教程（第 2 版）. 杭州：浙江科学技术出版社，2000.1

[5] 王利著. 全国计算机等级考试二级教程——Visual FoxPro 程序设计/教育部考试中心. 北京：高等教育出版社，2001

[6] 余文芳著. Visual FoxPro 数据库应用. 北京：北京人民邮电出版社，2006.7

[7] 邓洪涛著. 数据库系统及应用（Visual FoxPro）（第 2 版）. 北京：清华大学出版社，2007.2

[8] 康萍著. Visual Foxpro 数据库应用. 北京：清华大学出版社，2007.1

[9] 于江涛著. Visual FoxPro 程序设计. 北京：中国铁道出版社，2006.8

[10] 戴仕明等著. Visual FoxPro 程序设计与应用开发. 北京：清华大学出版社，2006.10